高等职业教育建筑工程技术专业系列教材

总主编 /李 辉
执行总主编 /吴明军

建筑工程施工组织

（第2版）

主 编 申永康 王 琦
副主编 周 磊 黄春蕾
参 编 卜 伟 赵 浩
主 审 张 迪

重庆大学出版社

内 容 提 要

本书是高等职业教育建筑工程技术专业系列教材之一,是根据信息化教学的需要精心打造的新形态教材。全书共分为8个项目,主要内容包括建筑工程施工组织概述、建筑工程流水施工、网络计划技术、施工准备工作、单位工程施工组织设计、施工组织总设计、绿色施工与智能建造技术、施工进度计划控制。通过学习,学生能够掌握建筑工程施工组织的基本知识,具备编制单位工程施工组织设计、指导现场施工、进行施工过程控制等技能。

本书主要作为高等职业教育建筑工程技术、工程造价等专业的教学用书,也可作为岗位培训教材或供土建工程技术人员学习参考。

图书在版编目(CIP)数据

建筑工程施工组织／申永康,王琦主编.--2版
.--重庆:重庆大学出版社,2022.7
高等职业教育建筑工程技术专业系列教材
ISBN 978-7-5624-7567-5

Ⅰ.①建… Ⅱ.①申… ②王… Ⅲ.①建筑工程—施工组织—高等职业教育—教材 Ⅳ.①TU721

中国版本图书馆 CIP 数据核字(2020)第 139748 号

高等职业教育建筑工程技术专业系列教材
建筑工程施工组织
(第 2 版)
主 编 申永康 王 琦
副主编 周 磊 黄春蕾
主 审 张 迪
策划编辑:范春青 刘颖果
责任编辑:范春青 版式设计:范春青
责任校对:关德强 责任印制:赵 晟
*
重庆大学出版社出版发行
出版人:饶帮华
社址:重庆市沙坪坝区大学城西路 21 号
邮编:401331
电话:(023)88617190 88617185(中小学)
传真:(023)88617186 88617166
网址:http://www.cqup.com.cn
邮箱:fxk@cqup.com.cn(营销中心)
全国新华书店经销
重庆长虹印务有限公司印刷
*
开本:787mm×1092mm 1/16 印张:16 字数:401 千
2013 年 12 月第 1 版 2022 年 7 月第 2 版 2022 年 7 月第 9 次印刷
ISBN 978-7-5624-7567-5 定价:48.00 元

编委会名单

顾　　问　吴　泽

总　主　编　李　辉

执行总主编　吴明军

编　　委　（以姓氏笔画为序）

王　戎　申永康　白　峰　刘孟良

刘晓敏　刘鉴秾　杜绍堂　李红立

杨丽君　肖　进　张　迪　张银会

陈文元　陈年和　陈晋中　赵淑萍

赵朝前　胡　瑛　钟汉华　袁建新

袁雪峰　袁景翔　黄　敏　黄春蕾

董　伟　韩建绒　覃　辉　黎洪光

颜立新　戴安全

序　言

进入 21 世纪,高等职业教育建筑工程技术专业办学在全国呈现出点多面广的格局。截至 2021 年,我国已有 890 多所院校开设了高职建筑工程技术专业,在校生达到 20 多万人。如何培养面向企业、面向社会的建筑工程技术技能型人才,是广大建筑工程技术专业教育工作者一直在思考的问题。建筑工程技术专业作为教育部、住房和城乡建设部确定的国家技能型紧缺人才培养专业,也被许多示范高职院校选为探索构建"工作过程系统化的行动导向教学模式"课程体系建设的专业,这些都促进了该专业的教学改革和发展,其教育背景以及理念都发生了很大变化。

为了满足建筑工程技术专业职业教育改革和发展的需要,重庆大学出版社在历经多年深入高职高专院校调研基础上,组织编写了这套"高等职业教育建筑工程技术专业规划教材"。该系列教材由四川建筑职业技术学院吴泽教授担任顾问,住房和城乡建设职业教学指导委员会副主任委员李辉教授、四川建筑职业技术学院吴明军教授分别担任总主编和执行总主编,以国家级示范高职院校,或建筑工程技术专业为国家级特色专业、省级特色专业的院校为编著主体,全国共 20 多所高职高专院校建筑工程技术专业骨干教师参与完成,极大地保障了教材的品质。

系列教材精心设计该专业课程体系,共包含两大模块:通用的"公共模块"和各具特色的"体系方向模块"。公共模块包含专业基础课程、公共专业课程、实训课程三个小模块;体系方向模块包括传统体系专业课程、教改体系专业课程两个小模块。各院校可根据自身教改和教学条件实际情况,选择组合各具特色的教学体系,即传统教学体系(公共模块+传统体系专业课)和教改教学体系(公共模块+教改体系专业课)。

本系列教材在编写过程中,力求突出以下特色:

（1）依据《高等职业学校专业教学标准（试行）》中"高等职业学校建筑工程技术专业教学标准"和"实训导则"编写，紧贴当前高职教育的教学改革要求。

（2）教材编写以项目教学为主导，以职业能力培养为核心，适应高等职业教育教学改革的发展方向。

（3）教改教材的编写以实际工程项目或专门设计的教学项目为载体展开，突出"职业工作的真实过程和职业能力的形成过程"，强调"理实"一体化。

（4）实训教材的编写突出职业教育实践性操作技能训练，强化本专业的基本技能的实训力度，培养职业岗位需求的实际操作能力，为停课进行的实训专周教学服务。

（5）每本教材都有企业专家参与大纲审定、教材编写以及审稿等工作，确保教学内容更贴近建筑工程实际。

我们相信，本系列教材的出版将为高等职业教育建筑工程技术专业的教学改革和健康发展起到积极的促进作用！

住房和城乡建设职业教育教学指导委员会副主任委员

第 2 版前言

　　"建筑工程施工组织"是高等职业教育建筑工程技术专业及其他土建类相关专业的一门专业主干课程,主要阐述了建筑工程施工组织的基本理论、基本方法和基本技能,以及建筑施工组织和管理的现行行业规范和标准。

　　本书内容注意与当前专业热点紧密结合,突出实用性,注意突出对解决工程实践问题能力的培养,力求做到特色鲜明、层次分明、条理清晰、结构合理。本版内容在第一版基础上增加了绿色施工及智能建造技术以及建筑工程施工组织的重难点(即施工进度计划控制)的介绍,修改以后更加凸显了教材内容的实用性与先进性。本书编写团队开发了教材相应知识点微视频及相关教学资源,以方便学校实施线上线下互动教学。

　　本书由西安工程大学申永康、杨凌职业技术学院王琦任主编,杨凌职业技术学院周磊、重庆建筑工程职业学院黄春蕾任副主编,由咸阳职业技术学院张迪教授担任主审。全书由8个项目组成,项目1、项目5、项目7由西安工程大学申永康编写,项目2由重庆建筑工程职业学院黄春蕾编写,项目3由杨凌职业技术学院周磊编写,项目4由杨凌职业技术学院卜伟编写,项目6由杨凌职业技术学院王琦编写,项目8由西安工程大学赵浩编写。申永康承担了全书的统稿和校订工作。

　　在本书编写过程中引用了大量的规范、专业文献和资料,恕未在书中一一注明。在此,对有关作者表示诚挚的谢意。

　　由于时间仓促,编者水平有限,书中难免存在的缺点和疏漏,恳请广大读者批评指正。

编　者

2022 年 3 月

前　言

　　"建筑工程施工组织"是高等职业教育建筑工程技术专业及其他相关土建类专业的一门主干专业课程,主要阐述了建筑工程施工组织的基本理论、基本方法以及建设项目管理的主要内容,以及建筑施工组织的现行行业规范和标准。

　　本教材是依据《高等职业院校专业教学标准(试行)》中"建筑工程技术专业教学标准"对建筑工程施工组织课程的要求进行编写的。在本书编写过程中,注意与相关学科基本理论和知识的联系,突出实用性,突出对解决工程实践问题的能力培养,力求做到特色鲜明、层次分明、条理清晰、结构合理。教材内容组织体现了建筑工程施工组织的基本理论及基本方法与工程实践相结合的原则,前3章主要介绍基本概念、基本理论与基本方法;后4章结合建筑工程施工组织与管理的特点,主要介绍基于建筑工程施工过程的施工组织的实务技术。

　　本教材由杨凌职业技术学院申永康任主编,重庆建筑工程职业学院黄春蕾与辽宁水利职业学院佟欣任副主编,由杨凌职业技术学院张迪担任主审。全书共7章,第1,5章由杨凌职业技术学院申永康编写,第2章由重庆建筑工程职业学院黄春蕾编写,第3章由杨凌职业技术学院谢琼编写,第4章由昆明冶金专科学校胡瑛编写,第6章由杨凌职业技术学院申琳编写,第7章由辽宁水利职业学院佟欣编写,申永康还承担了全书的统稿和校订工作。

　　在本书编写中引用了大量的规范、专业文献和资料,恕未在书中一一注明,在此,对有关作者表示诚挚的谢意。

　　由于时间仓促,编者水平有限,书中难免存在缺点和疏漏,恳请广大读者批评指正。

编　者

2013 年 8 月

目　录

项目 1
建筑工程施工组织概述

项目导读

- 内容及要求 主要介绍了基本建设、建设项目的概念及其组成,基本建设程序及施工组织设计的分类,建筑产品和建筑施工的特点,以及编制施工组织设计的基本原则。通过本项目的学习,应了解基本建设项目的组成、建筑产品和建筑施工的各自特点;掌握我国现行的基本建设程序和施工组织设计的分类,能够根据施工组织设计的基本原则编制施工组织设计。
- 重点 建设项目基本建设程序与建筑工程施工组织设计的分类。
- 难点 建设项目基本建设程序。
- 关键词 基本建设项目,施工组织设计,基本建设程序。

1.1 基本建设项目与基本建设程序

1.1.1 基本建设项目

1)基本建设

基本建设是指以固定资产扩大再生产为目的,国民经济各部门、各单位购置和建造新的固定资产的经济活动,以及与其有关的工作。简言之,即是形成新的固定资产的过程。基本建设为国民经济的发展和人民物质文化生活水平的提高奠定了物质基础。基本建设主要是通过新建、扩建、改建和重建工程,特别是新建和扩建工程的建造,以及与其有关的工作来实现的。因此,建筑施工是完成基本建设的重要活动。

基本建设是一种综合性的宏观经济活动。它还包括工程的勘察与设计、土地的征购、物资的购置等。它横跨于国民经济各部门,包括生产、分配和流通各环节。其主要内容有建筑工程、安装工程、设备购置、列入建设预算的工具及器具购置、列入建设预算的其他基本建设工作。

2)基本建设项目及其组成

基本建设项目,简称建设项目,是指有独立计划和总体设计文件,并能按总体设计要求组织施工,工程完工后可以形成独立生产能力或使用功能的工程项目。在工业建设中,一般以拟建的厂矿企业单位为一个建设项目,如一个制药厂、一个客车厂等;在民用建设中,一般以拟建的企事业单位为一个建设项目,如一所学校、一所医院等。

各建设项目的规模和复杂程度各不相同。一般情况下,将建设项目按其组成内容从大到小划分为若干个单项工程、单位工程、分部工程和分项工程等项目。

（1）单项工程

单项工程是指具有独立的设计文件,能够独立地组织施工,竣工后可以独立发挥生产能力和效益的工程,又称为工程项目。一个建设项目可以由一个或几个单项工程组成。例如,一所学校中的教学楼、实验楼和办公楼等。

单位工程

（2）单位工程

单位工程是指具有单独设计图纸,可以独立施工,但竣工后一般不能独立发挥生产能力和经济效益的工程。一个单项工程通常都由若干个单位工程组成。例如,一个工厂车间通常由建筑工程、管道安装工程、设备安装工程、电器安装工程等单位工程组成。

（3）分部工程

分部工程一般是指按单位工程的部位、构件性质、使用的材料或设备种类等不同而划分的工程。例如,一幢房屋的土建单位工程,按其部位可以划分为基础、主体、屋面和装修等分部工程;按其工种可以划分为土石方工程、砌筑工程、钢筋混凝土工程、防水工程和抹灰工程等。

（4）分项工程

分项工程一般是按分部工程的施工方法、使用材料、结构构件的规格等不同因素划分的,用简单的施工过程就能完成的工程。例如,房屋的基础分部工程可划分为挖土、混凝土垫层、砌毛石基础和回填土等分项工程。

1.1.2　建设项目的建设程序

建设项目的建设程序,是指建设项目建设全过程中各项工作必须遵循的先后顺序。建设程序是指建设项目从设想、选择、评估、决策、设计、施工到竣工验收、投入生产整个建设过程中,各项工作必须遵循的先后次序的法则。按照建设项目发展的内在联系和发展过程,建设程序分成若干阶段,这些发展阶段有严格的先后次序,不能任意颠倒、违反它的发展规律。

1）建设项目的工作程序

在我国按现行规定,建设项目从建设前期工作到建设、投产一般要经历以下几个阶段的工作程序:

①根据国民经济和社会发展长远规划,结合行业和地区发展规划的要求,提出项目建议书。

②在勘察、试验、调查研究及详细技术经济论证的基础上编制可行性研究报告。

③根据项目的咨询评估情况,对建设项目进行决策。

④根据可行性研究报告编制设计文件。

⑤初步设计经批准后,做好施工前的各项准备工作。

⑥组织施工,并根据工程进度,做好生产准备。

⑦项目按批准的设计内容建成并经竣工验收合格后,正式投产,交付生产使用。

⑧生产运营一段时间后(一般为两年),进行项目后评价。

以上程序可由项目审批主管部门视项目建设条件、投资规模作适当合并。

2）内容和步骤

目前,我国基本建设程序的内容和步骤主要有:前期工作阶段,主要包括项目建议书、可行性研究、设计工作;建设实施阶段,主要包括施工准备、建设实施;竣工验收阶段和后评价阶段。这几个大的阶段中每一阶段都包含着许多环节和内容。

（1）前期工作阶段

• 项目建议书

项目建议书是要求建设某一具体项目的建议文件,是基本建设程序中最初阶段的工作,是投资决策前对拟建项目的轮廓设想。项目建议书的主要作用是推荐一个拟进行建设的项目的初步说明,论述它建设的必要性、条件的可行性和获得的可能性,供基本建设管理部门选择并确定是否进行下一步工作。

项目建议书报经有审批权限的部门批准后,可以进行可行性研究工作,但并不表明项目非上不可,项目建议书不是项目的最终决策。

项目建议书的审批程序:项目建议书首先由项目建设单位通过其主管部门报行业归口主管部门和当地发展计划部门(其中工业技改项目报经贸部门),由行业归口主管部门提出项目审查意见(着重从资金来源、建设布局、资源合理利用、经济合理性、技术可行性等方面进行初审),发展计划部门参考行业归口主管部门的意见,并根据国家规定的分级审批权限负责审、报批。凡行业归口主管部门初审未通过的项目,发展计划部门不予审批、报批。

• 可行性研究

①可行性研究。项目建议书一经批准,即可着手进行可行性研究。可行性研究是指在项目决策前,通过对项目有关的工程、技术、经济等各方面条件和情况进行调查、研究、分析,对各种可能的建设方案和技术方案进行比较论证,并对项目建成后的经济效益进行预测和评价的一种科学分析方法,由此考查项目技术上的先进性和适用性,经济上的盈利性和合理性,建设的可能性和可行性。可行性研究是项目前期工作的最重要内容,它从项目建设和生

产经营的全过程考查分析项目的可行性,其目的是回答项目是否有必要建设,是否可能建设和如何进行建设的问题,其结论为投资者的最终决策提供直接的依据。因此,凡大中型项目以及国家有要求的项目,都要进行可行性研究,其他项目有条件的也要进行可行性研究。

②可行性研究报告的编制。可行性研究报告是确定建设项目、编制设计文件和项目最终决策的重要依据,要求必须有相当的深度和准确性。承担可行性研究工作的单位必须是经过资格审定的规划、设计和工程咨询单位,要有承担相应项目的资质。

③可行性研究报告的审批。可行性研究报告经评估后按项目审批权限由各级审批部门进行审批。其中大中型和限额以上项目的可行性研究报告要逐级报送国家发展和改革委员会审批,同时要委托有资格的工程咨询公司进行评估。小型项目和限额以下项目,一般由省级发展计划部门、行业归口管理部门审批。受省级发展计划部门、行业主管部门的授权或委托,地区发展计划部门可以对授权或委托权限内的项目进行审批。可行性研究报告批准即国家同意该项目进行建设后,一般先列入预备项目计划。列入预备项目计划并不等于列入年度计划,何时列入年度计划,要根据其前期工作进展情况、国家宏观经济政策和对财力、物力等因素进行综合平衡后决定。

• 设计工作

一般建设项目(包括工业、民用建筑、城市基础设施、水利工程、道路工程等),设计过程划分为初步设计和施工图设计两个阶段。对技术复杂而又缺乏经验的项目,可根据不同行业的特点和需要,增加技术设计阶段。对一些水利枢纽、农业综合开发、林区综合开发项目,为解决总体部署和开发问题,还需进行规划设计或编制总体规划,规划审批后编制具有符合规定深度要求的实施方案。

①初步设计(基础设计)。初步设计的内容依项目的类型不同而有所变化,一般来说,它是项目的宏观设计,即项目的总体设计、布局设计,主要的工艺流程、设备的选型和安装设计,土建工程量及费用的估算等。初步设计文件应当满足编制施工招标文件、主要设备材料订货和编制施工图设计文件的需要,是下一阶段施工图设计的基础。

初步设计(包括项目概算)根据审批权限,由发展计划部门委托投资项目评审中心组织专家审查通过后,按照项目实际情况,由发展计划部门或会同其他有关行业主管部门审批。

②施工图设计(详细设计)。施工图设计的主要内容是根据批准的初步设计,绘制出正确、完整和尽可能详细的建筑、安装图纸。施工图设计完成后,必须由施工图设计审查单位审查并加盖审查专用章后使用。审查单位必须是取得审查资格,且具有审查权限要求的设计咨询单位。经审查的施工图设计还必须经有审批权限的部门进行审批。

(2)建设实施阶段

• 施工准备

①建设开工前的准备。主要内容包括:征地、拆迁和场地平整;完成施工用水、电、路等工程;组织设备、材料订货;准备必要的施工图纸;组织招标投标(包括监理、施工、设备采购、设备安装等方面的招标投标)并择优选择施工单位,签订施工合同。

②项目开工审批。建设单位在工程建设项目可行性研究报告经批准,建设资金已经落实,各项准备工作就绪后,应当向当地建设行政主管部门或项目主管部门及其授权机构申请项目开工审批。

● 建设实施

①项目开工建设时间。开工许可审批之后即进入项目建设施工阶段。开工之日按统计部门规定是指建设项目设计文件中规定的任何一项永久性工程(无论生产性或非生产性)第一次正式破土开槽开始施工的日期。公路、水库等需要进行大量土石方工程的,以开始进行土石方工程作为正式开工日期。

②年度基本建设投资额。国家基本建设计划使用的投资额指标,是以货币形式表现的基本建设工作,是反映一定时期内基本建设规模的综合性指标。年度基本建设投资额是建设项目当年实际完成的工作量,包括用当年资金完成的工作量和动用库存的材料、设备等内部资源完成的工作量;而财务拨款是当年基本建设项目实际货币支出。投资额是以构成工程实体为准,财务拨款是以资金拨付为准。

③生产或使用准备。生产准备是生产性施工项目投产前所要进行的一项重要工作。它是基本建设程序中的重要环节,是衔接基本建设和生产的桥梁,是建设阶段转入生产经营的必要条件。使用准备是非生产性施工项目正式投入运营使用所要进行的工作。

(3)竣工验收阶段

● 竣工验收的范围

根据国家规定,所有建设项目按照上级批准的设计文件所规定的内容和施工图纸的要求全部建成,工业项目经负荷试运转和试生产考核能够生产合格产品,非工业项目符合设计要求并能够正常使用,都要及时组织验收。

● 竣工验收的依据

按国家现行规定,竣工验收的依据是经过上级审批机关批准的可行性研究报告、初步设计或扩大初步设计(技术设计)、施工图纸和说明、设备技术说明书、招标投标文件和工程承包合同、施工过程中的设计修改签证、现行的施工技术验收标准及规范以及主管部门有关审批、修改、调整文件等。

● 竣工验收的准备

竣式验收主要有三方面的准备工作:一是整理技术资料。各有关单位(包括设计、施工单位)应将技术资料进行系统整理,由建设单位分类立卷,交生产单位或使用单位统一保管。技术资料主要包括土建方面、安装方面、各种有关的文件、合同和试生产的情况报告等。二是绘制竣工图纸。竣工图必须准确、完整、符合归档要求。三是编制竣工决算。建设单位必须及时清理所有财产、物资和未花完或应收回的资金,编制工程竣工决算,分析预(概)算执行情况,考核投资效益,报规定的财政部门审查。

竣工验收必须提供的资料文件。一般非生产项目的验收要提供以下文件资料:项目的审批文件、竣工验收申请报告、工程决算报告、工程质量检查报告、工程质量评估报告、工程质量监督报告、工程竣工财务决算批复、工程竣工审计报告、其他需要提供的资料。

● 竣工验收的程序和组织

按国家现行规定,建设项目的验收根据项目的规模大小和复杂程度可分为初步验收和竣工验收两个阶段进行。规模较大、较复杂的建设项目应先进行初步验收,然后进行全部建设项目的竣工验收;规模较小、较简单的项目,可以一次进行全部项目的竣工验收。

建设项目全部完成,经过各单项工程的验收,符合设计要求,并具备竣工图表、竣工决算、工程总结等必要文件资料,由项目主管部门或建设单位向负责验收的单位提出竣工验收申请报告。竣工验收的组织要根据建设项目的重要性、规模大小和隶属关系而定,大中型和限额以上基本建设和技术改造项目,由国家发展和改革委员会或由国家发展和改革委员会委托项目主管部门、地方政府部门组织验收,小型项目和限额以下基本建设和技术改造项目由项目主管部门和地方政府部门组织验收。竣工验收要根据工程的规模大小和复杂程度组成验收委员会或验收组。验收委员会或验收组负责审查工程建设的各个环节,听取各有关单位的工作总结汇报,审阅工程档案并实地查验建筑工程和设备安装,并对工程设计、施工和设备质量等方面作出全面评价。不合格的工程不予验收;对遗留问题提出具体解决意见,限期落实完成。最后经验收委员会或验收组一致通过,形成验收鉴定意见书。验收鉴定意见书由验收会议的组织单位印发,各有关单位执行。

生产性项目的验收根据行业不同又有不同的规定。工业、农业、林业、水利及其他特殊行业,要按照国家相关的法律、法规及规定执行。上述程序只是反映项目建设共同的规律性程序,不可能反映各行业的差异性。因此,在建设实践中,还要结合行业项目的特点和条件,有效地去贯彻执行基本建设程序。

(4)后评价阶段

建设项目后评价是工程项目竣工投产、生产运营一段时间后,再对项目的立项决策、设计施工、竣工投产、生产运营等全过程进行系统评价的一种技术经济活动。通过建设项目后评价以达到肯定成绩,总结经验,研究问题,吸取教训,提出建议,改进工作,不断提高项目决策水平和投资效果的目的。

我国目前开展的建设项目后评价一般都按 3 个层次组织实施,即项目单位的自我评价、项目所在行业的评价和各级发展计划部门(或主要投资方)的评价。

1.1.3 建筑工程项目及施工程序

建设项目是为完成依法立项的新建、改建、扩建的各类工程(土木工程、建筑工程及安装工程等)而进行的、有起止日期的、达到规定要求的一组相互关联的受控活动组成的特定过程,包括策划、勘察、设计、采购、施工、试运行、竣工验收和移交等。有时也简称为项目。

建筑工程项目是建设项目中的主要组成内容,也称建筑产品,建筑产品的最终形式为建筑物和构筑物。建筑工程施工项目是建筑施工企业自建筑工程施工投标开始到保修期满为止的全过程中完成的项目。

建筑施工程序,是指项目承包人从承接工程业务到工程竣工验收一系列工作必须遵循的先后顺序,是建设项目建设程序中的一个阶段。它可以分为承接业务签订合同、施工准备、正式施工和竣工验收 4 个阶段。

1)承接业务签订合同

项目承包人承接业务的方式有 3 种:国家或上级主管部门直接下达;受项目发包人委托而承接;通过投标中标而承接。不论采用哪种方式承接业务,项目承包人都要检查项目的合法性。

承接施工任务后,项目发包人与项目承包人应根据《中华人民共和国民法典》和《中华人民共和国招标投标法》的有关规定及要求签订施工合同。施工合同应规定承包的内容、要求、工期、质量、造价及材料供应等,明确合同双方应承担的义务和职责以及应完成的施工准备工作(土地征购、申请施工用地、施工许可证、拆除障碍物,接通场外水源、电源、道路等内容)。施工合同经双方负责人签字后具有法律效力,必须共同履行。

2)施工准备

签订施工合同以后,项目承包人应全面了解工程性质、规模、特点及工期要求等,进行场址勘察、技术经济和社会调查,收集有关资料,编制施工组织总设计。施工组织总设计经批准后,项目承包人应组织先遣人员进入施工现场,与项目发包人密切配合,共同做好各项开工前的准备工作,为顺利开工创造条件。根据施工组织总设计的规划,对首批施工的各单位工程,应抓紧落实各项施工准备工作。如图纸会审,编制单位工程施工组织设计,落实劳动力、材料、构件、施工机具及现场"七通一平"等。具备开工条件后,提出开工报告并经审查批准,即可正式开工。

3)正式施工

施工过程是施工程序中的主要阶段,应从整个施工现场的全局出发,按照施工组织设计,精心组织施工,加强各单位、各部门的配合与协作,协调解决各方面问题,使施工活动顺利开展。

在施工过程中,应加强技术、材料、质量、安全、进度等各项管理工作,落实项目承包人项目经理负责制及经济责任制,全面做好各项经济核算与管理工作,严格执行各项技术、质量检验制度,抓紧工程收尾和竣工工作。

4)工程验收、交付生产使用

这是施工的最后阶段。在交工验收前,项目承包人内部应先进行预验收,检查各分部分项工程的施工质量,整理各项交工验收的技术经济资料。在此基础上,由项目发包人组织竣工验收,经相关部门验收合格后,到主管部门备案,办理验收签证书,并交付使用。

1.2 建筑产品与建筑施工的特点

建筑产品是指建筑企业通过施工活动生产出来的产品。它主要包括各种建筑物和构筑物。建筑产品与一般其他工业产品相比较,其本身和施工过程都具有一系列的特点。

1.2.1 建筑产品的特点

(1)建筑产品的固定性

一般建筑产品均由基础和主体两部分组成。基础承受其全部荷载,并传

建筑产品
的特点

给地基,同时将主体固定在地面上。任何建筑产品在使用期间都是在选定的地点上建造和使用,它在空间上是固定的。

（2）建筑产品的多样性

建筑产品不仅要满足复杂的使用功能的要求,它所具有的艺术价值还要体现出地方的或民族的风格、物质文明和精神文明程度等。同时,由于受到建造地点的自然条件等诸因素的影响,而使建筑产品在规模、建筑形式、构造和装饰等方面具有千变万化的差异。可以说,世界上没有一模一样的建筑产品。

（3）建筑产品的体积庞大性

无论是复杂还是简单的建筑产品,均是为构成人们生活和生产的活动空间或满足某种使用功能而建造的。建造一个建筑产品需要大量的建筑材料、制品、构件和配件。因此,一般的建筑产品要占用大片的土地和高耸的空间。建筑产品与其他工业产品相比较,体积格外庞大。

1.2.2　建筑工程施工的特点

建筑产品本身的特点决定了建筑产品在施工过程具有以下特点:

（1）建筑工程施工的流动性

建筑产品的固定性决定了建筑施工的流动性。在建筑产品的生产过程中,工人及其使用的材料和机具不仅要随建筑产品建造地点的不同而流动,而且在同一建筑产品的施工中,要随产品进展的部位不同,移动施工的工作面。这给建筑工人的生活、生产带来很多不便和困难,这也是建筑工程施工区别于一般工业生产的主要不同点。

建筑施工
的特点

（2）建筑施工的单件性及连续性

建筑产品地点的固定性和类型的多样性决定了产品生产的单件性。每个建筑产品应在选定的地点上单独设计和施工。一般把建筑物分成基础工程、主体工程和装饰工程三部分,一个功能完善的建筑产品则需要完成所有的工作步骤才能够使用,另外工艺上要求它不能够间断施工使得其工作具有一定的连续性,如混凝土的浇筑。

（3）建筑施工的周期长及季节性

建筑产品的体积庞大性决定了其施工周期长,需要投入大量的劳动力、材料、机械设备等。与一般的工业产品比较,其施工周期少则几个月,多则几年。这也使得整个建筑产品的建造过程受到风吹、雨淋、日晒等自然条件的影响,因此工程施工具有冬季施工、夏季施工和雨季施工等季节性施工特性。

（4）建筑施工的复杂性

建筑产品的固定性、庞体性及多样性决定了建筑施工的复杂性。一方面,建筑产品的固定性和庞体性决定了建筑施工多为露天作业,必然使施工活动受自然条件的制约;另一方面,施工活动中还有大量的高空作业、地下作业,以及建筑产品本身的多种多样,造成建筑施工的复杂性。这就要求事先有一个全面的施工组织设计,提出相应的技术、组织、质量、安全、节约等保证措施,避免发生质量和安全事故。同时,建筑产品的建造时间长、建造地质和地域差异、环境变化、政策变化、价格变化等因素使得整个过程充满了变数和变化。另外,在整个建筑产品的施工过程中参与的单位和部门繁多,作为一个项目管理者要与上至国家机关各部门的领导,下至施工现场的操作工人打交道,需要协调各方面和各层次之间的关系。

1.2.3　施工技术与组织的发展趋势

1)以计算机信息技术为代表的建筑施工信息化技术

建筑施工组织
发展新特点

该技术包括以智能化虚拟建造技术、"互联网+"施工管理技术与传统施工工艺信息化技术。智能化虚拟建造技术以目前比较流行的 BIM 技术与 3D 打印技术为代表,已经宣布建造新时代的来临;"互联网+"施工管理技术是以互联网技术改造传统施工管理模式,已经出现了施工现场远程监控系统、智慧工地管理系统等管理技术,代表了工地管理智能化时代的来临;另外,利用信息化技术对传统的施工工艺进行改造,如出现的深基坑施工监控、大体积混凝土温控等技术即代表了传统施工技术与施工组织信息化的融合。

2)以精细化管理为代表的绿色施工技术

绿色施工是指工程建设中,在保证质量、安全等基本要求的前提下,通过科学管理和技术进步,最大限度地节约资源与减少对环境负面影响的施工活动。该技术的核心为"四节一环保",即节能、节地、节水、节材和环境保护,主要内容包括:减少场地干扰、尊重基地环境;施工结合气候;节水节电环保;减少环境污染,提高环境品质;实施科学管理、保证施工质量等。

3)以工业化为代表的建筑施工装配式生产技术

建筑工业化是指通过现代化制造、运输、安装和科学管理的大工业生产方式,来代替传统建筑业中分散的、低水平的、低效率的手工业生产方式。它的主要标志是建筑设计标准化、构配件生产施工化、施工机械化和组织管理科学化。2015 年 3 月,美国博客网站 Sploid 的编辑收到了一名中国读者发来的视频,视频用延时摄影的方式记录了 57 层的"小天城"在 19 天内拔地而起的全过程。这个视频很快红遍网络,一天 3 层的"中国速度"震惊了世界,预示了未来建筑工业化快速发展的趋势。

1.3　建筑工程施工组织设计

施工组织设计是对施工活动实行科学管理的重要手段,它具有战略部署和战术安排的双重作用。它体现了实现基本建设计划和设计的要求,提供了各阶段的施工准备工作内容,协调施工过程中各施工单位、各施工工种、各项资源之间的相互关系,包括施工技术和施工质量的要求等。

1.3.1 建筑工程施工组织设计的作用和任务

建筑工程施工组织设计是规划和指导拟建工程从施工准备到竣工验收全过程的综合性的技术经济文件。由于受建筑产品及其施工特点的影响,每个工程项目开工前必须根据工程特点与施工条件,编制施工组织设计。

1)建筑施工组织设计的作用

建筑施工组织设计是对施工过程实行科学管理的重要手段,是检查工程施工进度、质量、成本三大目标的依据。通过编制施工组织设计,明确工程的施工方案、施工顺序、劳动组织措施、施工进度计划及资源需要量计划,明确临时设施、材料、机具的具体位置,有效地使用施工现场,提高经济效益。

2)建筑施工组织设计的任务

根据国家的各项方针、政策、规程和规范,从施工的全局出发,结合工程的具体条件,确定经济合理的施工方案,对拟建工程在人力和物力、时间和空间、技术和组织等方面统筹安排,以期达到耗工少、工期短、质量高和造价低的最优效果。

1.3.2 建筑工程施工组织设计的分类

建筑施工组织设计按编制阶段和对象的不同,分为施工组织总设计、单位工程施工组织设计和分部(分项)工程施工组织设计三类。

1)施工组织总设计

施工组织总设计是以一个建筑群或建设项目为编制对象,用以指导一个建筑群或建设项目施工全过程的各项施工活动的技术、经济和组织的综合性文件。施工组织总设计一般是在建设项目的初步设计或扩大初步设计被批准之后,在总承包单位的工程师领导下进行编制。

2)单位工程施工组织设计

单位工程施工组织设计是以一个单位工程为编制对象,用以指导单位工程施工全过程的技术、经济和组织的综合性文件。单位工程施工组织设计是在施工图设计完成之后、工程开工之前,在施工项目技术负责人领导下进行编制。

3)分部(分项)工程施工组织设计

分部(分项)工程施工组织设计是以分部(分项)工程为编制对象,对结构特别复杂、施工难度大、缺乏施工经验的分部(分项)工程编制的作业性施工设计。分部(分项)工程施工组织设计由单位工程施工技术员负责编制。

1.3.3 编制施工组织设计的基本原则

在组织施工或编制施工组织设计时,应根据建筑工程施工的特点及以往积累的经验,遵循以下原则进行:

建筑施工组织
设计多样性

①认真贯彻国家对工程建设的各项方针和政策,严格执行基本建设程序。严格控制固定资产投资规模,保证国家的重点建设;对基本建设项目必须实行严格的审批制度;严格按基本建设程序办事;严格执行建筑施工程序。要做到"五定",即定建设规模、定投资总额、定建设工期、定投资效果、定外部协作条件。

②坚持合理的施工程序和施工顺序。建筑工程施工有其本身的客观规律,按照反映这种规律的工作程序组织施工,就能保证各施工过程相互促进,加快施工进度。

a.施工顺序随工程性质、施工条件和使用要求会有所不同,但一般遵循如下规律:先做准备工作,后正式施工。准备工作是为后续生产活动正常进行创造必要的条件。准备工作不充分就贸然施工,不仅会引起施工混乱,而且还会造成资源浪费,延误工期。

b.先进行全场性工作,后进行各个工程项目施工。场地平整、管网敷设、道路修筑和电路架设等全场性工作先进行,为施工中用电、供水和场内运输创造条件。

c.对于单位工程,既要考虑空间顺序,也要考虑各工种之间的顺序。空间顺序解决施工流向问题,它是根据工程使用要求、工期和工程质量来决定的。工种顺序解决时间上的搭接问题,它必须做到保证质量、充分利用工作面、争取时间。

还有先地下后地上,地下工程先深后浅;先主体、后装修;管线工程先场外、后场内的施工顺序。

③尽量采用国内外先进的施工技术,进行科学的组织和管理。采用先进的技术和科学的组织管理方法是提高劳动生产率、改善工程质量、加快工程进度、降低工程成本的主要途径。在选择施工方案时,要积极采用新技术、新工艺、新设备,以获得最大的经济效益。同时,也要防止片面追求先进而忽视经济效益的做法。

④采用流水施工、网络计划技术组织施工。实践证明,采用流水施工方法组织施工,不仅能使拟建工程的施工有节奏、均衡、连续地进行,而且还会带来显著的技术、经济效益。网络计划技术是当代计划管理的最新方法。它是应用网络图的形式表示计划中各项工作的相互关系,具有逻辑严密、层次清晰、关键问题明确的特点,可进行计划方案的优化、控制和调整,有利于计算机在计划管理中的应用。实践证明,管理中采用网络计划技术,可有效地缩短工期和节约成本。

⑤尽量减少临时设施,科学合理地布置施工平面图。尽量利用正式工程、原有或就近已有设施,以减少各种临时设施;尽量利用当地资源,合理安排运输、装卸与存储作业,减少物资运输量,避免二次搬运;精心进行现场布置,节约现场用地,不占或少占农田;做好现场文明施工。

⑥充分利用现有机械设备,提高机械化程度。建筑产品生产需要消耗巨大的体力劳动,在建筑施工过程中,尽量以机械化施工代替手工操作,这是建筑技术进步的另一重要标志。为此在组织工程项目施工时,要结合当地和工程情况,充分利用现有的机械设备,扩大机械

化施工范围,提高机械化施工程度。同时要充分发挥机械设备的生产率,保证其作业的连续性,提高机械设备的利用率。

⑦科学地安排冬季、雨季施工项目,提高施工的连续性和均衡性。建筑工程施工一般都是露天作业,易受气候影响,严寒和下雨的天气都不利于建筑施工的正常进行。如果不采取相应的技术措施,冬季和雨季就不能连续施工。目前,已经有成功的冬雨季施工措施,保证施工正常进行,但是施工费用也会相应增加。因此,在施工进度计划安排时,要根据施工项目的具体情况,将适合冬雨季节施工的、不会过多增加施工费用的施工项目安排在冬雨季进行施工,提高施工的连续性和均衡性。

综合上述原则,既是建筑产品生产的客观需要,又是加快施工进度、缩短工期、保证工程质量、降低工程成本、提高建筑施工企业和工程项目建设单位的经济效益的需要,所以必须在施工过程中认真地贯彻执行。

拓展阅读

《建筑施工组织设计规范》(GB/T 50502—2009)基本术语与基本规定,请扫码阅读。

拓展阅读

项目小结

(1)基本建设项目是指具有独立计划和总体设计文件,并能按总体设计要求组织施工,工程完工后可以形成独立生产能力或使用功能的工程项目。基本建设项目根据对象不同可分为单项工程、单位工程、分部工程与分项工程。基本建设成效包括三个阶段,即前期工作阶段、建设实施阶段、竣工验收阶段和后评价阶段。

(2)建筑产品的特点包括固定性、多样性、体积庞大性;建筑施工的特点包括施工的流动性、单件性及连续性、周期长及季节性、复杂性;施工技术与组织的发展趋势包括建筑施工信息化技术、绿色施工技术、建筑施工装配式生产技术等。

(3)建筑施工组织设计分为施工组织总设计、单位工程施工组织设计和分部(分项)工程施工组织设计三类。

思考与练习

1.1 试述建筑施工组织课程的研究对象和任务。

1.2 试述基本建设、基本建设程序、建筑施工程序、基本建设项目组成的概念。

1.3 试述建筑产品的特点及建筑施工的特点。

1.4 试述施工组织设计的作用和分类。

1.5 编制施工组织设计应遵循哪些基本原则?

项目 2
建筑工程流水施工

项目导读

● 内容及要求 主要介绍流水施工的基本概念,流水施工参数的概念和含义,各参数的计算方法,组织流水施工的基本方式及其适用条件。通过本项目的学习,应掌握不同流水施工的基本概念和原理,熟悉不同流水施工的主要参数及参数的确定和计算方法,根据不同的工程实际,能够对一些简单的单位工程选择流水施工的方式并合理地组织流水施工。

● 重点 流水施工的组织方式。

● 难点 流水施工参数的确定和计算。

● 关键词 流水施工,时间参数,空间参数,工艺参数。

2.1 流水施工的基本概念

建筑产品的生产过程非常复杂,往往需要多个施工过程、多个专业班组相互配合才能完成。由于采用的施工方法不同、班组数不同、工作程序不同等,会使工程的工期、造价、质量等方面有所矛盾,这就需要找到一种较好的施工组织方式,科学合理地安排施工生产。

施工组织
的方式

2.1.1 常用的施工组织形式

建筑产品的常用的施工组织形式主要有 3 种:依次施工、平行施工和流水施工。为了说明这 3 种方式的概念和特点,现以一实例进行对比与分析。

【例2.1】 某4幢同结构的住宅楼,其基础工程分挖土、垫层、基础及回填土4个施工过程:挖土2 d、垫层1 d、基础3 d、回填土1 d。它们所需劳动力人数分别是16人、30人、20人、10人。试组织施工并绘制劳动力动态曲线图。

1)依次施工

依次施工是按一定的施工顺序,各施工段或施工过程依次施工、依次完成的一种施工组织方式,其施工进度、工期和劳动力需要量动态曲线如图2.1、图2.2所示。

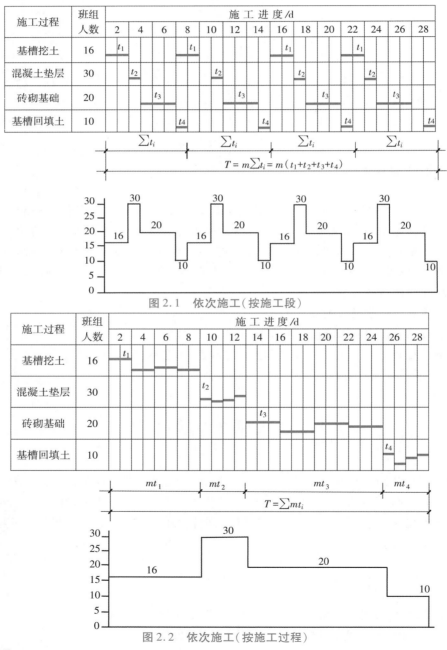

图2.1 依次施工(按施工段)

图2.2 依次施工(按施工过程)

由图 2.1 和图 2.2 可以看出,依次施工组织方式具有以下特点:

①工作面有空闲,工期较长;

②各专业队(组)不能连续工作,产生窝工现象;

③若由一个工作队完成全部施工任务,不能实现专业化生产;

④单位时间内投入的资源量的种类较少,有利于资源供应组织;

⑤施工现场的组织管理较简单。

它适用于工作面有限、规模小、工期要求不紧的工程。

2)平行施工

平行施工是对所有的施工段同时开工、同时完工的组织方式。其施工进度、工期和劳动力需要量动态曲线如图 2.3 所示。

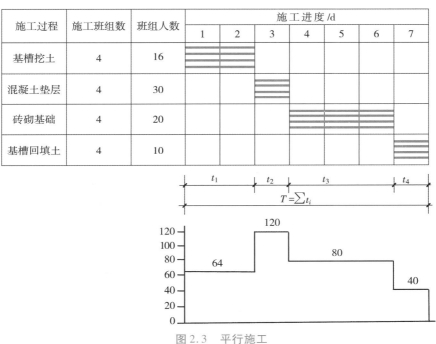

施工过程	施工班组数	班组人数	施工进度 /d						
			1	2	3	4	5	6	7
基槽挖土	4	16							
混凝土垫层	4	30							
砖砌基础	4	20							
基槽回填土	4	10							

图 2.3 平行施工

由图 2.3 可以看出,平行施工组织方式具有以下特点:

①工作面能充分利用,施工段上无闲置,工期短;

②若由一个工作队完成全部施工任务,不能实现专业化生产;

③单位时间内投入的资源数量成倍增加,不利于资源供应组织;

④施工现场的组织管理较复杂,不利于现场的文明施工和安全管理。

这种施工组织方式一般适用于工期要求紧、大规模的建筑群。

3)搭接施工

当上一施工过程为下一施工过程提供了足够的工作面时,下一施工过程可提前进入该段施工。各施工过程之间最大限度地搭接起来,充分利用了工作面,有利于缩短工期。

4）流水施工

流水施工是指将施工对象划分成若干个施工过程和施工段，各施工过程分别由专业班组去完成，所有的施工过程按一定的时间间隔依次投入施工，各施工过程陆续开工、陆续竣工，使同一施工过程的施工班组保持连续、均衡施工，不同的施工过程尽可能搭接施工的组织方式。其施工进度、工期和劳动力需要量动态曲线如图2.4所示。

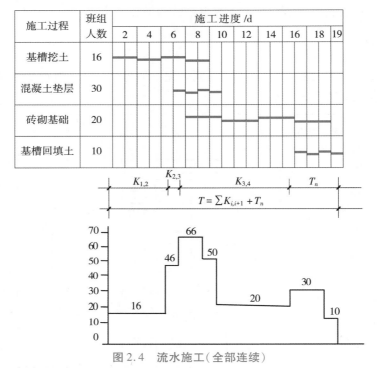

图2.4　流水施工（全部连续）

由图2.4可以看出，流水施工组织方式具有以下特点：

①合理利用工作面，工期适中；

②各施工段上，不同的工作队（组）依次连续地进行施工；

③实现了施工的专业化；

④单位时间内投入施工的资源量较为均衡，有利于资源供应的组织工作；

⑤为施工现场的文明施工和科学管理创造了有利条件。

从3种施工组织方式的对比分析中，可以看出流水施工方式是一种先进的、科学的施工组织方式。

2.1.2　流水施工的组织条件和经济效果

1）流水施工的组织条件

（1）划分施工过程

把拟建工程，根据工程特点、施工要求、工艺要求、工程量大小将建造过程分解为若干个施工过程,它是组织专业化施工和分工协作的前提。

(2)划分施工段

根据组织流水施工的需要,将拟建工程在平面上或空间上划分为工程量大致相等的若干个施工段,它是形成流水的前提。

(3)每个施工过程组织对应的专业班组

在一个流水组中,每一个施工过程尽可能组织对应的专业班组,这样可使每个专业班组按施工顺序,依次、连续、均衡地从一个施工段转移到另一施工段进行相同的操作,它是提高质量、增加效益的保证。

(4)保证主导施工过程连续、均衡地施工

主导施工过程是指工程量较大、施工时间较长、对总工期有决定性影响的施工过程,必须连续、均衡地组织施工;对次要施工过程,可考虑与相邻的施工过程合并,如不能合并,为缩短工期,可安排间断施工。

(5)不同的施工过程尽可能组织平行搭接施工

根据施工顺序和不同施工过程之间的关系,在工作面允许条件下,除去必要的技术和组织间歇时间外,力求在工作时间上有搭接和工作空间上有搭接,从而使工作面的使用、工期更加合理。

2)流水施工的技术经济效果

流水施工组织方式既然是一种先进、科学的施工组织方式,那么应用这种方式进行施工必须会体现出优越的技术经济效果,主要体现在以下几方面:

(1)缩短施工工期

由于流水施工的连续性,减少了时间间歇,加快了各专业队的施工进度,相邻工作队在开工时间上最大限度地、合理地搭接,充分利用了工作面,从而可以大大地缩短施工工期。

(2)提高劳动生产率、保证质量

各个施工过程均采用专业班组操作,可提高工人的熟练程度和操作技能,从而提高工人的劳动生产率,同时工程质量也易于保证和提高。

(3)方便资源调配、供应

采用流水施工,使得劳动力和其他资源的使用比较均衡,从而可避免出现劳动力和资源的使用大起大落的现象,减轻了施工组织者的压力,为资源的调配、供应和运输带来方便。

(4)降低工程成本

由于组织流水施工缩短了工期,提高了工作效率,资源消耗均衡,便于物资供应,用工少,因此减少了人工费、机械使用费、暂设工程费、施工管理费等有关费用支出,降低了工程成本。

2.1.3 流水施工进度计划的表达形式

1)横道图

流水施工的横道图表达形式如图2.5(a)、(b)所示,其左边列出各施工过程(或施工段)名称,右边用水平线段在时间坐标下画出施工进度,水平线段的长度表示某施工过程在某施工段上的作业时间,水平线的位置表示某施工过程在某施工段上作业的开始到结束时间。

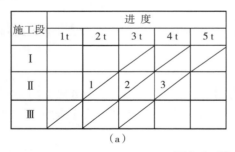
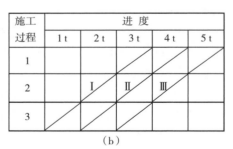

(a)   (b)

图2.5 流水施工的横道图

图2.5(a),(b)中,1,2,3表示施工过程,Ⅰ,Ⅱ,Ⅲ表示施工段,t表示一个时间单位。

横道图的优点是:绘图简单,施工过程及其先后顺序表达清楚,时间和空间状况形象直观,使用方便,因而被广泛用来表达施工进度计划。

2)斜线图

斜线图法是将横道图中的水平进度改为斜线来表达的一种形式,如图2.6(a)、(b)所示。

(a)   (b)

图2.6 流水施工的斜线图

斜线图的优点是:施工过程及其先后顺序表达清楚,时间和空间状况形象直观,斜向进度线的斜率可以直观地表示出各施工过程的进展速度,斜线的斜率越大,施工速度越快,但编制实际工程进度计划不如横道图方便。

3)网络图

网络图的表达形式,详见项目3"网络计划技术"。

流水施工参数

2.2 流水施工的参数

在组织流水施工时,为了清楚、准确地表达各施工过程在时间上和空间上的相互依存关系,需引入一些描述施工进度计划图特征和各种数量关系的参数,这些参数称为流水施工参数。

流水施工参数按其性质的不同,一般可分为工艺参数、空间参数和时间参数 3 种。

2.2.1 工艺参数

工艺参数主要是指在组织流水施工时,用以表达流水施工在施工工艺进展状态的参数,通常有施工过程数和流水强度。

1)施工过程数 n

施工过程数是指一组流水的施工过程数目,用 n 表示。施工过程可以是分项、分部工程,单位工程或单项工程的施工过程。施工过程划分的数目多少、粗细程度与下列因素有关:

①施工进度计划的作用不同,施工过程数也不同。编制控制性施工进度计划时,划分的施工过程较粗,数目要少,一般情况下,施工过程最多分解到分部工程;编制实施性进度计划时,划分的施工过程较细,数目要多,绝大多数施工过程要分解成分项工程。

②与工程建筑和结构的复杂程度有关。工程的建筑和结构越复杂,相应的施工过程数目越多,如砖混与框架的混合结构的施工过程数目多于同等规模的砖混结构。

③与工程施工方案有关。不同的施工方案,其施工顺序和施工方法也不相同,如框架主体结构的施工,采用模板不同,施工过程数也不同。

④与劳动组织及劳动量大小有关。劳动量小的施工过程,当组织流水施工有困难时,可与其他施工过程合并。如垫层劳动量较小时可与挖土合并成一个施工过程,可使计划简单明了。

此外,施工过程的划分与施工班组及施工习惯有关。如安装玻璃、油漆施工可分可合,因为有的是混合班组,有的是单一工程的班组。

一个工程需要确定的施工过程,一般以能表达一个工程的完整施工过程,又能做到简单明了进行安排为原则。

2)流水强度

流水强度是每一施工过程在单位时间内所完成的工作量。

①机械施工过程的流水强度按下式计算:

$$V_i = \sum_{i=1}^{x} R_i \cdot S_i \qquad (2.1)$$

式中　V_i——第 i 施工过程的流水强度；

R_i——投入第 i 施工过程的某种主要施工机械的台数；

S_i——该种施工机械的产量定额；

x——投入第 i 施工过程的主要施工机械的种类数。

②手工操作过程的流水强度按下式计算：

$$V_i = R_i \cdot S_i \qquad (2.2)$$

式中　V_i——第 i 施工过程的手工操作流水强度；

R_i——投入第 i 施工过程的工人数；

S_i——第 i 施工过程的产量定额。

2.2.2　空间参数

空间参数是用来表达流水施工在空间布置上所处状态的参数，包括工作面、施工段和施工层。

1）工作面 a

工作面是指供工人进行操作或施工机械进行作业的活动空间。工作面大小的确定要掌握一个适度的原则，以最大限度地提高工人工作效率为前提，按所能提供的工作面大小、安全技术和施工技术规范的规定来确定工作面。工作面过大或过小都会影响工人的工作效率。一些主要工种的工作面取值可参见表 2.1。

表 2.1　主要工种工作面参考数据表

工作项目	每个技工的工作面	说　明
砖基础	7.6 m/人	以 $1\frac{1}{2}$ 砖计，2 砖乘以 0.8，3 砖乘以 0.55
砌砖墙	8.5 m/人	以 1 砖计，$1\frac{1}{2}$ 砖乘以 0.71，3 砖乘以 0.55
混凝土柱、墙基础	8 m³/人	机拌、机捣
混凝土设备基础	7 m³/人	机拌、机捣
现浇钢筋混凝土柱	2.45 m³/人	机拌、机捣
现浇钢筋混凝土梁	3.20 m³/人	机拌、机捣
现浇钢筋混凝土墙	5 m³/人	机拌、机捣
现浇钢筋混凝土楼板	5.3 m³/人	机拌、机捣
预制钢筋混凝土柱	3.6 m³/人	机拌、机捣
预制钢筋混凝土制梁	3.6 m³/人	机拌、机捣
预制钢筋混凝土层架	2.7 m³/人	机拌、机捣
混凝土地坪及面层	40 m²/人	机拌、机捣
外墙抹灰	16 m²/人	
内墙抹灰	18.5 m²/人	

续表

工作项目	每个技工的工作面	说　明
卷材屋面	18.5 m²/人	
防水水泥砂浆屋面	16 m²/人	

2）施工段数 m

施工段是组织流水施工时将工程在平面上划分为若干个独立施工的区段,其数量称为施工段数,用 m 表示。每个施工段在某个时段里只供一个施工班组施工。

施工段的划分,应符合以下几方面要求:

①施工段的划分应与工程对象的平面及结构布置相协调,施工段的分界可利用结构原有的伸缩缝、沉降缝、单元分界处作为界线。

②施工段的划分应满足主导工程的施工过程组织流水施工的要求。

③施工段的划分应考虑工作面要求,施工段过多,工作面过小,工作面不能充分利用;施工段过少,工作面过大,会引起资源过分集中,导致断流。

④各施工段的劳动量应大致相等。

⑤若工程对象需划分施工层时,施工段数的划分应保证使各个专业班组连续施工。每层最少施工段数目 m 和施工过程数 n 的关系有以下 3 种情况:

● 当 $m=n$,工作队连续施工,施工段上始终有施工班组,工作面能充分利用,比较理想;

● 当 $m<n$,施工班组不能连续施工而窝工;

● 当 $m>n$,施工班组连续,工作面有停歇,但有时这是必要的,如利用间歇时间做养护、备料等。

因此每一层最少施工段数 m 应满足:$m \geqslant n$。

3）施工层数

施工层数是指在施工对象的竖向上划分的操作层数。其目的是满足操作高度和施工工艺的要求。如装修工程可以一个楼层为一个施工层,砌筑工程可按一步架高为一个施工层。

2.2.3　时间参数

时间参数是指用以表达流水施工在时间上开展状态的参数。时间参数主要有流水节拍、流水步距、间歇时间、搭接时间和流水施工工期。

1）流水节拍（t_i）

流水节拍是指从事某一施工过程的专业班组在某一施工段上完成对应的施工任务所需的时间,通常用 t_i 表示。其大小反映施工速度的快慢和施工的节奏性。流水节拍可按以下方法确定:

流水节拍

（1）定额计算法

按式（2.3）计算：

$$t_i = \frac{Q_i}{S_i R_i N_i} = \frac{P_i}{R_i N_i} = \frac{Q_i H_i}{R_i N_i} \tag{2.3}$$

式中　t_i——某施工过程的流水节拍；

　　　Q_i——某施工过程在某施工段上的工作量；

　　　S_i——某施工过程的产量定额；

　　　R_i——某专业班组人数或机械台数；

　　　N_i——某专业班组或机械的工作班次；

　　　P_i——某施工过程在某施工段上的劳动量；

　　　H_i——某施工过程的时间定额。

（2）工期倒排法

对于有工期要求的工程，为了满足工期要求，可用工期倒排法，即根据对施工任务规定的完成日期，采用倒排进度法。其方法是首先将一个工程对象划分为几个施工阶段，估计出每一阶段所需要的时间，比如对一单位工程可划分为地基与基础阶段、主体阶段及装修阶段；然后将每一施工阶段划分为若干个施工过程和在平面上划分为若干个施工段（竖向划分施工层）；再确定每一施工过程在每一施工阶段的作业持续时间；最后即可确定出各施工过程在各施工段（层）上的作业时间，即流水节拍。

2）流水步距（$K_{i,i+1}$）

流水步距是指相邻两个专业工作队（组）相继投入同一施工段开始工作的时间间隔，用 $K_{i,i+1}$ 表示。在施工段不变的情况下，K 越大工期越长，K 越小工期越短。

流水步距的数目等于 $(n-1)$ 个参加流水施工的施工过程数。确定流水步距要考虑以下几个因素：

①尽量保证各主要专业队（组）连续施工；

②保持相邻两个施工过程的先后顺序；

③使相邻两专业队（组）在时间上最大限度、合理地搭接；

④K 取半天的整数倍；

⑤保持施工过程之间足够的技术、组织间歇时间。

3）间歇时间（t_j）

（1）技术间歇时间

由于施工工艺或质量保证的要求，在相邻两个施工过程之间必须留有的时间间隔称为技术间歇时间。例如，钢筋混凝土的养护、屋面找平层干燥等。

（2）组织间歇时间

由于组织技术原因，在相邻两个施工过程之间留有的时间间隔，称为组织间歇时间。主要是前道工序的检查验收，对下道工序的准备而考虑的。例如，基础工程的验收、浇筑混凝土之前检查钢筋和预埋件并作记录、转层准备等。

4）搭接时间（t_d）

搭接时间是指在同一施工段上，不等前一施工过程进行完，后一施工过程提前投入施工，相邻两施工过程同时在同一施工段上的工作时间。搭接施工可使工期缩短，要多合理采用。

5）流水施工工期（T）

流水施工工期是指从第一个施工过程进入施工到最后一个施工过程退出施工所经过的总时间，用 T 来表示。一般可用下式计算：

$$T = \sum_{1}^{n-1} K_{i,i+1} + T_n \qquad (2.4)$$

式中　T——流水施工工期；

　　　T_n——最后一个施工过程在各个施工段的持续时间之和；

　　　$\sum_{1}^{n-1} K_{i,i+1}$——流水步距之和。

2.3　流水施工的基本方式

流水施工方式根据流水施工节拍特征的不同，可分为全等节拍流水、成倍节拍流水、异节拍流水和无节奏流水 4 种方式。

流水施工
的形式

2.3.1　全等节拍流水施工

流水施工组织
的分类

1）等节拍等步距流水施工

等节拍等步距流水施工是指同一施工过程在各施工段上的流水节拍都相等，不同施工过程之间的流水节拍也相等，且流水节拍等于流水步距的一种流水施工方式。

（1）流水步距的确定

$$K_{i,i+1} = t_i \qquad (2.5)$$

式中　$K_{i,i+1}$——第 i 个施工过程和第 $i+1$ 个施工过程之间的流水步距；

　　　t_i——第 i 个施工过程的流水节拍。

（2）工期的计算

$$T = \sum K_{i,i+1} + T_n$$

$$\sum K_{i,i+1} = (n-1)t_i ; T_n = mt_i$$

$$T = (n-1)t_i + mt_i = (m+n-1)t_i \qquad (2.6)$$

式中　T——某工程流水施工工期；

　　　$\sum K_{i,i+1}$——所有流水步距之和；

　　　T_n——最后一个施工过程在各个施工段的持续时间之和。

【例2.2】 某工程划分为A,B,C,D 4个施工过程,每一施工过程分为4个施工段,流水节拍均为2 d,过程之间无技术、组织间歇时间。试确定流水步距,计算工期并绘流水施工进度计划。

【解】 (1)计算工期

$$T=(m+n-1)t_i=(4+4-1)\times2 \text{ d}=14 \text{ d}$$

(2)用横道图绘制流水施工进度计划(图2.7)

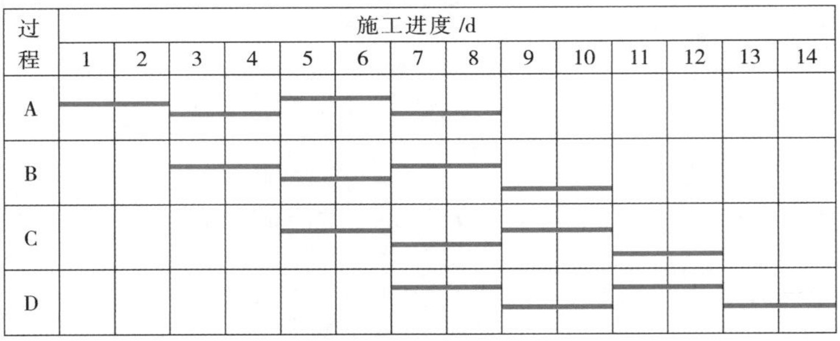

过程	施工进度 /d													
	1	2	3	4	5	6	7	8	9	10	11	12	13	14
A														
B														
C														
D														

图2.7 某工程无间歇流水施工进度计划

2)等节拍不等步距流水施工

等节拍不等步距流水施工是指同一施工过程在各施工段上的流水节拍都相等,不同施工过程之间的流水节拍也相等,但各个施工过程之间存在间歇时间和搭接时间的一种流水施工方式。

(1)流水步距的确定

$$K_{i,i+1}=t_i+t_j-t_d \tag{2.7}$$

式中 t_j——第i个施工过程与第$i+1$个施工过程之间的间歇时间;

t_d——第i个施工过程与第$i+1$个施工过程之间的搭接时间。

(2)工期的计算

$$T=\sum K_{i,i+1}+T_n$$

$$\sum K_{i,i+1}=(n-1)t_i+\sum t_j-\sum t_d ; T_n=mt_i$$

$$T=(m+n-1)t_i+\sum t_j-\sum t_d \tag{2.8}$$

式中 $\sum t_j$——所有间歇时间总和;

$\sum t_d$——所有搭接时间总和。

【例2.3】 某分部工程划分为A,B,C,D 4个施工过程,每个施工过程划分为3个施工段,其流水节拍均为4 d,其中施工过程A与B之间有2 d的搭接时间,施工过程C与D之间有1 d的间歇时间。试绘制进度计划并计算流水施工工期。

【解】 (1)计算工期

$$T=(m+n-1)t_i+\sum t_j-\sum t_d=(4+3-1)\times4 \text{ d}+1 \text{ d}-2 \text{ d}=23 \text{ d}$$

(2)用横道图绘制流水施工进度计划(图2.8)

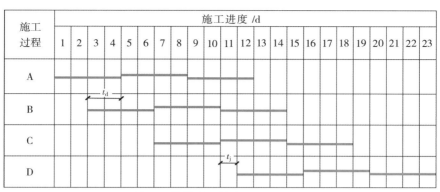

图 2.8 某工程等节拍不等步距流水施工进度计划

3）全等节拍流水施工方式的适用

全等节拍流水施工方式是一种比较理想的流水施工方式,但条件需求严格,往往难以满足,不易达到,比较适用于分部工程流水施工。

2.3.2 成倍节拍流水施工

成倍节拍流水施工是指同一施工过程在各个施工段的流水节拍相等,不同施工过程之间的流水节拍不完全相等,但各施工过程的流水节拍均为其中最小流水节拍的整数倍的一种流水施工方式。

（1）每个施工过程工作队数的确定

$$D_i = \frac{t_i}{t_{\min}} \qquad n' = \sum D_i \qquad (2.9)$$

式中　D_i——某施工过程所需施工队数;

　　　$t_{\min}$——所有流水节拍中最小流水节拍;

　　　n'——施工队总数目。

（2）成倍节拍流水步距的确定

$$K_{i,i+1} = t_{\min} \qquad (2.10)$$

（3）成倍节拍流水施工的工期计算

$$T = (m+n'-1)t_{\min} \qquad (2.11)$$

【例2.4】 某项目由 A,B,C 3 个施工过程组成,流水节拍分别为 2 d、6 d、4 d,$M=6$,试组织成倍节拍流水施工。

【解】 （1）求工作队数

$$D_A = \frac{t_A}{t_{\min}} = \frac{2}{2} = 1（个）；D_B = \frac{t_B}{t_{\min}} = \frac{6}{2} = 3（个）；D_C = \frac{t_C}{t_{\min}} = \frac{4}{2} = 2（个）$$

$$n' = \sum D_i = (1 + 3 + 2)个 = 6个$$

（2）计算工期

$$T = (m + n' - 1)t_{\min} = (6 + 6 - 1) \times 2\ d = 22\ d$$

（3）用横道图绘制流水施工进度计划（图2.9）

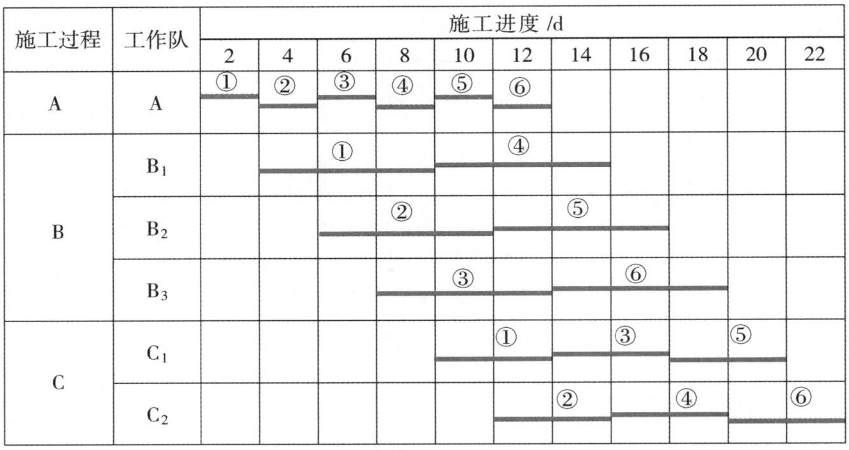

施工过程	工作队	施工进度 /d										
		2	4	6	8	10	12	14	16	18	20	22
A	A	①	②	③	④	⑤	⑥					
B	B₁			①			④					
	B₂				②			⑤				
	B₃					③			⑥			
C	C₁						①		③		⑤	
	C₂							②		④		⑥

图2.9　某工程成倍节拍流水施工进度计划

（4）成倍节拍流水施工方式的适用范围

成倍节拍流水施工方式比较适用于线形工程（管道、道路等）的施工。

2.3.3　异节拍流水施工

异节拍流水施工是指同一施工过程在各个施工段的流水节拍相等，不同施工过程之间的流水节拍既不完全相等，又不互成倍数的一种流水施工方式。

（1）异节拍流水步距的确定

$$K_{i,i+1} = t_i + t_j - t_d \quad （当 t_i \leqslant t_{i+1} 时） \tag{2.12a}$$

$$K_{i,i+1} = mt_i - (m-1)t_{i+1} + t_j - t_d \quad （当 t_i > t_{i+1} 时） \tag{2.12b}$$

（2）异节拍流水施工工期的计算

$$T = \sum K_{i,i+1} + T_n \tag{2.13}$$

【例2.5】　某工程划分为A，B，C，D 4个施工过程，分4个施工段组织流水施工，各施工过程的流水节拍分别为$t_A = 2$ d，$t_B = 1$ d，$t_C = 3$ d，$t_D = 1$ d，试组织流水施工。

【解】　（1）计算流水步距

$t_A > t_B \qquad t_j = t_d = 0$

$K_{A,B} = mt_A(m-1)t_B + t_j - t_d = 4×2$ d$-(4-1)×1$ d$+0+0 = 5$ d

$t_B < t_C \qquad t_j = t_d = 0$

$K_{B,C} = t_B + t_j - t_d = 1$ d

$t_C > t_D \qquad t_j = t_d = 0$

$K_{C,D} = mt_C - (m-1)t_D + t_j - t_d = 4×3$ d$-(4-1)×1$ d$+0+0 = 9$ d

（2）计算工期

$$T = \sum K_{i,i+1} + T_n = (5+1+9+4×1) d = 19 d$$

（3）用横道图绘制流水施工进度计划（图2.10）

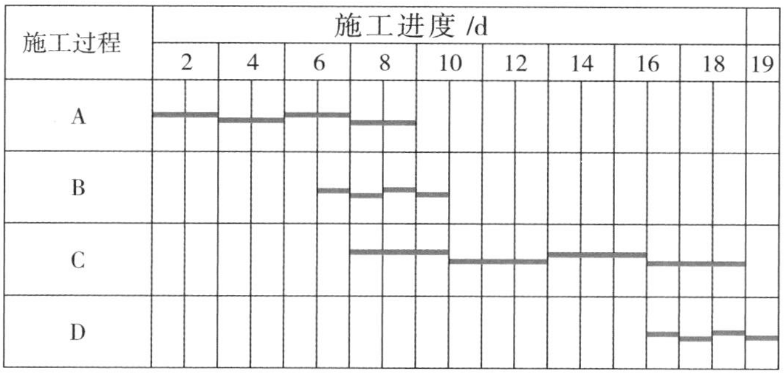

图 2.10 异节拍流水施工进度计划

（3）异节拍流水施工方式的适用范围

异节拍流水施工方式由于条件易满足，符合实际，具有很强的适用性，广泛应用于分部和单位工程流水施工中。

2.3.4 无节奏流水施工

无节奏流水施工是指同一施工过程在各施工段上的流水节拍不完全相等的一种流水施工方式。

（1）无节奏流水步距的确定

无节奏流水步距的计算采用"累加斜减取大差法"，即：

①将每个施工过程的流水节拍逐段累加；

②错位相减，即前一个施工过程在某施工段的流水节拍累加值减去后一施工过程在该施工段的前一个施工段的流水节拍累加值，结果为一组差值；

③取这组差值的最大值作为流水步距。

（2）无节奏流水施工工期的计算

$$T = \sum K_{i,i+1} + T_n \tag{2.14}$$

【例 2.6】 某工程流水节拍如表 2.2 所示，试组织流水施工。

表 2.2 某工程流水节拍值

施工过程	施工段			
	Ⅰ	Ⅱ	Ⅲ	Ⅳ
A	2	3	1	4
B	2	2	3	3
C	3	1	2	3
D	2	3	2	1

【解】 （1）求流水节拍累加值（表 2.3）

表 2.3　流水节拍累加值

施工过程	施工段			
	I	II	III	IV
A	2	5	6	10
B	2	4	7	10
C	3	4	6	9
D	2	5	7	8

（2）错位相减

```
  2  5  6  10
-    2  4  7  10
――――――――――――
  2  3  2  3 -10
```

故 $K_{A,B} = 3$ d

```
  2  4  7  10
-    3  4  6  9
――――――――――――
  2  1  3  4 -9
```

故 $K_{B,C} = 4$ d

```
  3  4  6  9
-    2  5  7  8
――――――――――――
  3  2  1  2 -8
```

故 $K_{C,D} = 3$ d

（3）工期计算

$$T = \sum K_{i,i+1} + T_n = (3 + 4 + 3 + 2 + 3 + 2 + 1)d = 18 \text{ d}$$

（4）用横道图绘制流水施工进度计划（图 2.11）

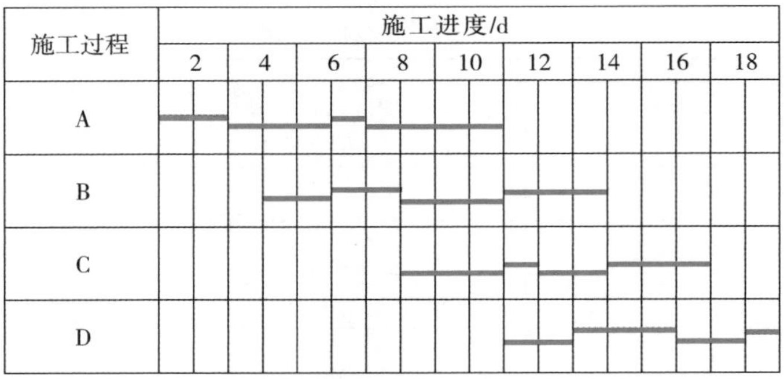

施工过程	施工进度/d								
	2	4	6	8	10	12	14	16	18
A									
B									
C									
D									

图 2.11　某工程流水施工进度计划

（3）无节奏流水施工方式的适用范围

无节奏流水施工在进度安排上比较灵活、自由,适用于各种不同结构性质和规模的工程施工组织。

2.4 流水施工应用实例

2.4.1 框架结构房屋的流水施工和搭接施工结合应用

某 5 层教学楼,建筑面积为 1 800 m²。基础为钢筋混凝土条形基础,主体工程为现浇框架结构。装修工程为铝合金窗、胶合板门,外墙用白色外墙砖贴面,内墙为中级抹灰,外加 106 涂料。屋面工程为现浇细石钢筋混凝土屋面板,防水层为 851 涂料,外加架空隔热层。其劳动量如表 2.4 所示。

本工程是由基础分部、主体分部、屋面分部、装修分部、水电分部组成,因其各分部的劳动量差异较大,应采用分别流水法,先分别组织各分部的流水或搭接施工,然后再考虑各分部之间的相互搭接施工。具体组织方法如下:

1)基础工程

基础工程包括基槽挖土、浇筑混凝土垫层、绑扎基础钢筋(含侧模安装)、浇筑基础混凝土、浇筑素混凝土墙基础、回填土等施工过程。考虑到基础混凝土垫层劳动量比较小,可与挖土合并为一个施工过程,又考虑到基础混凝土与素混凝土墙基是同一工种,班组施工可合并为一个施工过程。

表 2.4 某 5 层教学楼框架结构房屋劳动量一览表

序 号	分项名称	劳动量/工日
	基础工程	
1	基础挖土	224
2	混凝土垫层	16
3	基础扎筋	64
4	基础混凝土	130
5	素混凝土墙基础	70
6	回填土	64
	主体工程	
7	脚手架	112
8	柱筋	100
9	柱、梁、板模板(含梯)	1 200
10	柱混凝土	400
11	梁、板筋(含梯)	400
12	梁、板混凝土(含梯)	900
13	拆模板	200
14	砌墙	900

续表

序　号	分项名称	劳动量/工日
	屋面工程	
15	屋面防水层	64
16	屋面隔热层	36
	装修工程	
17	楼地面及楼梯地面水泥砂浆	600
18	天棚、墙面中级抹灰	800
19	天棚、墙面 106 涂料	60
20	铝合金窗	100
21	胶合板门	59
22	油漆	60
23	外墙面砖	480
24	室外工程	
25	卫生设备安装	
26	水电安装及其他	

基础工程经过合并共为 4 个施工过程($n = 4$),组织全等节拍流水,由于占地 400 m² 左右,考虑到工作面的因素,将其划分为 2 个施工段($m = 2$)。流水节拍和流水施工工期计算如下:

基槽挖土和垫层的劳动量之和为 240 工日,施工班组人数 30 人,$m = 2$,采用一班制,垫层需要养护 1 d,流水节拍计算如下:

$$t_{挖、垫} = \frac{224 + 16}{30 \times 2} \text{ d} = 4 \text{ d}$$

绑扎基础钢筋(含侧模安装),劳动量为 64 工日,施工班组人数为 8 人,$m = 2$,采用一班制,其流水节拍计算如下:

$$t_{扎筋} = \frac{64}{8 \times 2} \text{ d} = 4 \text{ d}$$

基础混凝土和素混凝土墙基础劳动量共为 200 工日,施工班组人数为 25 人,$m = 2$,采用一班制,基础混凝土完成后需要养护 1 d,其流水节拍计算如下:

$$t_{混凝土} = \frac{130 + 70}{25 \times 2} \text{ d} = 4 \text{ d}$$

基础回填土劳动量为 64 工日,施工班组人数为 8 人,$m = 2$,采用一班制,混凝土墙基础完成后间歇 1 d 回填,其流水节拍计算如下:

$$t_{回} = \frac{64}{8 \times 2} \text{ d} = 4 \text{ d}$$

工期计算为

$$T_L = (m + n - 1) t_i + \sum t_j - \sum t_d = [(2 + 4 - 1) \times 4 + 2] \text{ d} = 22 \text{ d}$$

2）主体工程

主体工程包括立柱钢筋,安装柱、梁、板、楼梯木模板,浇捣柱混凝土,安装梁、板、楼梯钢筋,浇捣梁、板、楼梯混凝土,搭设脚手架,拆木模板,砌墙等分项工程。

主体工程由于有层间关系,$m=2$,$n=6$,$m<n$,工作班组会出现窝工现象。但本工程只要求模板工程施工班组一定要连续施工,其余施工过程的施工班组与其他的工种统一考虑调度安排。根据上述条件,主体工程采用搭接施工较适宜。其流水节拍、流水步距、施工工期计算如下:

绑扎柱钢筋的劳动量为 100 工日,施工班组人数 10 人,施工段数 $m=2×5$,采用一班制,其流水节拍计算如下:

$$t_{柱筋} = \frac{100}{10 \times 5 \times 2} d = 1 d$$

安装柱、梁、板模板(含楼梯模板)的劳动量为 1 200 工日,施工班组人数 20 人,施工段数 $m=2×5$,采用一班制,其流水节拍计算如下:

$$t_{安模} = \frac{1\ 200}{20 \times 5 \times 2} d = 6 d$$

浇捣柱混凝土的劳动量为 400 工日,施工班组人数 20 人,施工段数 $m=2×5$,采用二班制,其流水节拍计算如下:

$$t_{柱混凝土} = \frac{400}{20 \times 2 \times 5 \times 2} d = 1 d$$

绑扎梁、板钢筋(含楼梯钢筋)的劳动量为 400 工日,施工班组人数为 20 人,施工段数 $m=2×5$,采用一班制,其流水节拍计算如下:

$$t_{梁、板筋} = \frac{400}{20 \times 2 \times 5} d = 2 d$$

浇捣梁、板混凝土(含楼梯混凝土)的劳动量为 900 工日,施工班组人数 30 人,施工段数 $m=2×5$,采用三班制,其流水节拍计算如下:

$$t_{梁、板混凝土} = \frac{900}{30 \times 2 \times 5 \times 3} d = 1 d$$

实际中拆柱模可比拆梁、板模提前,但计划安排上可视为一个施工过程,即待梁、板混凝土浇捣 12 d 后拆模板(采取早拆体系)。

拆除柱、梁、板模板(含楼梯模板)的劳动量为 200 工日,施工班组人数 10 人,施工段数 $m=2×5$,采用一班制,其流水节拍计算如下:

$$t_{拆模} = \frac{200}{10 \times 2 \times 5} d = 2 d$$

砌墙的劳动量为 900 工日,施工班组人数 30 人,施工段数 $m=2×5$,采用一班制,其流水节拍计算如下:

$$t_{砌墙} = \frac{900}{30 \times 2 \times 5} d = 3 d$$

主体施工工期计算:由于主体施工只有安装柱、梁、板模板时采用连续施工,其余工序均采用间断式流水施工,故无法用公式计算本工程主体施工工期。须采用分析计算方法,即 10 段(每层两段)梁、板模板的安装时间之和加上其他工序的流水节拍,再加上养护间歇时间,即可求得主体阶段施工工期。

$$T_L = 10 \times t_{安模} + t_{柱筋} + t_{柱混凝土} + t_{梁、板筋} + t_{梁、板混凝土} \times 2 + t_{养护} + t_{拆模} + t_{砌墙} \times 2$$
$$= (10 \times 6 + 1 + 1 + 2 + 1 \times 2 + 12 + 2 + 2 \times 3)\ d = 86\ d$$

其中,乘以 2 的两项分别为屋面混凝土连续浇筑和最后一层砖墙连续砌筑。

3)屋面工程

屋面工程包括屋面防水层和隔热层,考虑到屋面防水要求高,所以不分段施工,即采用依次施工的方式。

屋面防水层劳动量为 64 工日,施工班组人数为 8 人,采用一班制,其施工延续时间为:

$$t_{防} = \frac{64}{8}\ d = 8\ d$$

屋面隔热层劳动量为 36 工日,施工班组人数为 18 人,采用一班制,其施工延续时间为:

$$t_{隔热} = \frac{36}{18}\ d = 2\ d$$

4)装修工程

装修工程包括楼地面、楼梯地面、天棚、内墙抹灰、106 涂料、外墙面砖、铝合金窗、胶合板门、油漆等。

由于装修阶段施工过程多,组织固定节拍较困难,若每一层视为一段,共为 5 段,由于各施工过程劳动量不同,同时泥工需要量比较集中,所以采用异节拍流水施工。其流水节拍、流水步距、施工工期计算如下:

楼地面和楼梯地面合并为一项,劳动量为 600 工日,施工班组人数 30 人,一层为一段,$m=5$,采用一班制,其流水节拍计算如下:

$$t_{地面} = \frac{600}{30 \times 5}\ d = 4\ d$$

天棚和墙面抹灰合并为一项,劳动量为 800 工日,施工班组人数 40 人,一层为一段,$m=5$,采用一班制,其流水节拍计算如下:

$$t_{抹灰} = \frac{800}{40 \times 5}\ d = 4\ d$$

铝合金窗的劳动量为 100 工日,施工班组人数 10 人,一层为一段,$m=5$,采用一班制,其流水节拍计算如下:

$$t_{铝窗} = \frac{100}{10 \times 5}\ d = 2\ d$$

胶合板门的劳动量为 59 工日,施工班组人数 6 人,一层为一段,$m=5$,采用一班制,其流水节拍计算如下:

$$t_{胶合板门} = \frac{59}{6 \times 5}\ d \approx 2\ d$$

106 涂料的劳动量为 60 工日,施工班组人数 6 人,一层为一段,$m=5$,采用一班制,其流水节拍计算如下:

$$t_{涂料} = \frac{60}{6 \times 5} \, d = 2 \, d$$

油漆的劳动量为 60 工日,施工人数为 6 人,一层为一段,$m=5$,采用一班制,其流水节拍计算如下:

$$t_{油漆} = \frac{60}{6 \times 5} \, d \approx 2 \, d$$

外墙面砖自上而下不分层不分段施工(不参加主体流水),劳动量为 480 工日,施工班组人数 30 人,采用一班制,其施工延续时间计算如下:

$$t_{外墙砖} = \frac{480}{30} \, d = 16 \, d$$

脚手架不分层不分段与主体平行施工。

装修工程流水施工工期计算:

因为　$t_{地面} = t_{抹灰}$,$t_j = 3$,$t_d = 0$

所以　$T_{地面,抹灰} = t_{地面} + t_j - t_d = (4+3-0) \, d = 7 \, d$

因为　$t_{抹灰} > t_{铝窗}$,$t_j = 1$,$t_d = 0$

所以　$T_{抹灰,铝窗} = (5 \times 4 - 4 \times 2 + 1) \, d = 13 \, d$

因为　$t_{铝窗} = t_{胶合板门}$,$t_j = 0$,$t_d = 0$

所以　$T_{铝窗,门} = t_{铝窗} + t_j - t_d = (2+0-0) \, d = 2 \, d$

因为　$t_{胶合板门} = t_{涂料}$,$t_j = 0$,$t_d = 0$

所以　$T_{门,涂料} = t_{胶合板门} + t_j - t_d = (2+0-0) \, d = 2 \, d$

因为　$t_{涂料} = t_{油漆}$,$t_j = 0$,$t_d = 0$

所以　$T_{涂料,油漆} = t_{涂料} + t_j - t_d = (2+0-0) \, d = 2 \, d$

所以　$T_L = (7+13+2+2+2+2 \times 5) \, d = 36 \, d$

根据上述计算的流水节拍、流水步距、分部流水工期绘出横线进度计划,如图 2.12 所示。

2.4.2　砖混结构房屋的流水施工综合应用

某 5 层砖混结构(有构造柱)住宅,楼建筑面积为 4 687.6 m²,基础为钢筋混凝土条形基础,主体工程为砖混结构,楼板为现浇钢筋混凝土;装饰工程为铝合金窗、夹板门,外墙为浅色面砖贴面,内墙、顶棚为中级抹灰,外加 106 涂料,地面为普通抹灰;屋面工程为现浇钢筋混凝土屋面板,屋面保温为炉渣混凝土上做三毡四油防水层,铺绿豆砂;设备安装及水、暖、电工程配合土建施工。具体劳动量如表 2.5 所示。

施工进度/d

序号	分项工程名称	劳动量/工日	人数	班制	天数
1	基槽挖土（含垫层）	240	30	1	8
2	基础扎钢筋	64	8	1	8
3	基础混凝土（含墙基）	200	25	1	8
4	回填土	64	8	1	8
	主体工程	112			
5	脚手架				
6	柱钢筋	100	10	1	10
7	柱、板模板（含墙）	1200	20	1	60
8	柱混凝土	400	20	2	10
9	梁、板钢筋（含梯）	400	20	1	20
10	梁、板混凝土（含梯）	900	30	3	10
11	拆模	200	10	1	20
12	墙砌（含门窗）	900	30	1	30
	屋面工程				
13	屋面防水层	64	8	1	8
14	屋面保温隔热层	36	18	1	2
	装修工程				
15	楼地面及楼梯木踢脚板	600	30	1	20
16	天棚、墙面中级抹灰	640	40	1	20
17	铝合金窗	100	10	1	10
18	胶合板门	60	6	1	10
19	天棚、墙面106涂料	60	6	1	10
20	油漆	60	6	1	10
21	外墙面砖	450	30	1	15
22	水电				

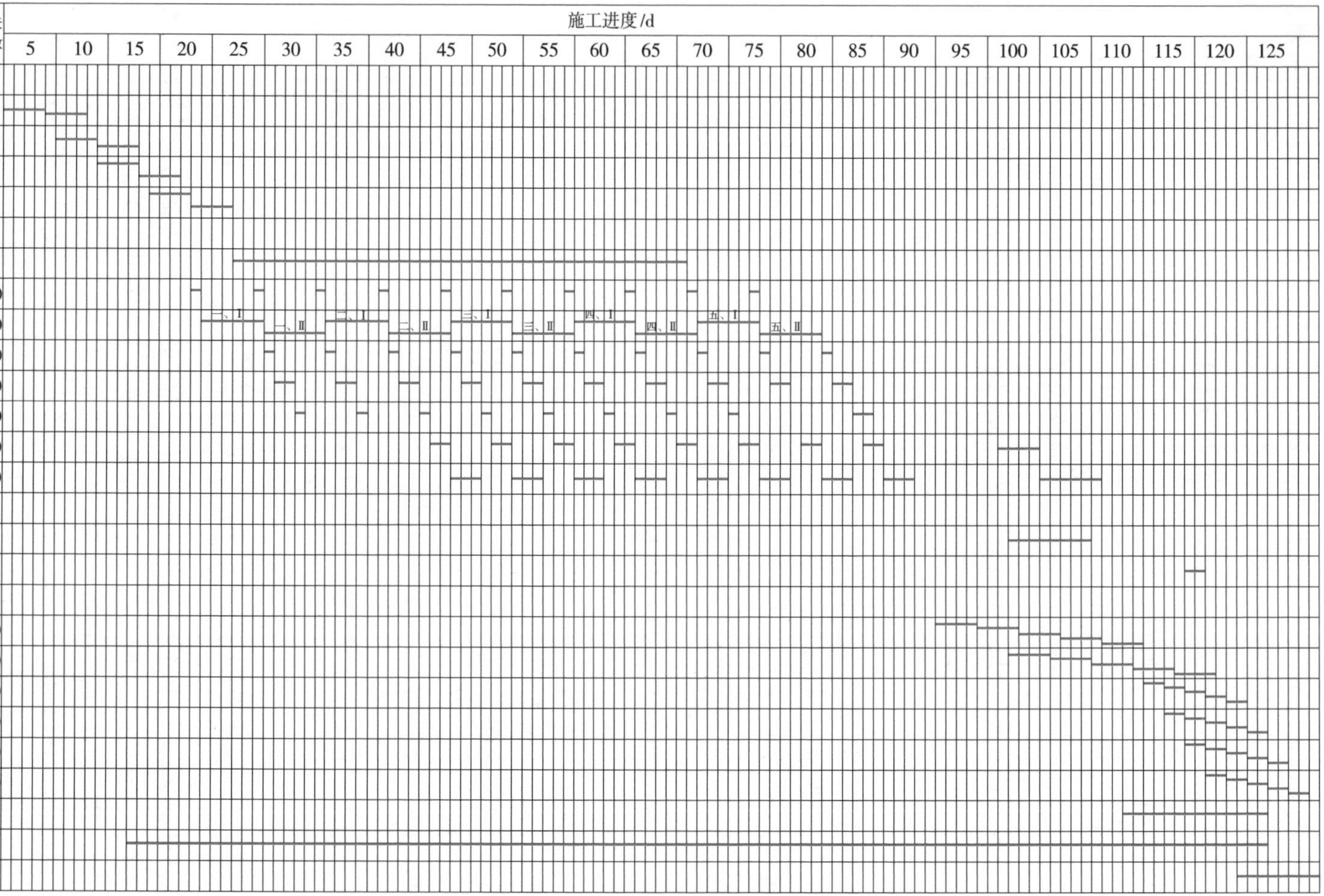

图2.12 某5层框架结构横道图进度计划

表 2.5 某 5 层砖混结构房屋劳动量表

序 号	分项名称	劳动量/工日
	基础工程	
1	基础挖土	384
2	混凝土垫层	161
3	基础扎筋	152
4	基础混凝土(含墙基)	316
5	回填土	150
	主体工程	
6	脚手架	
7	构造柱筋	88
8	砌砖墙	1 380
9	构造柱模	98
10	构造柱混凝土	360
11	梁板模板(含梯)	708
12	梁板筋(含梯)	450
13	梁板混凝土(含梯)	978
14	拆柱、梁板模板(含梯)	146
	屋面工程	
15	屋面板找平层	47
16	屋面隔汽层	23
17	屋面保温层	80
18	屋面找平层	54
19	卷材防水层	68
	装修工程	
20	楼地面及楼梯抹灰(含垫层)	392
21	天棚中级抹灰	466
22	内墙面中级抹灰	1 164
23	铝合金窗扇、门	158
24	内涂料	59
25	油漆	26
26	外墙面砖	657
27	台阶散水	35
28	水电安装及其他	

本工程是由基础、主体、屋面、装修、水电 5 个分部工程组成,因其各分部工程劳动量差异较大,应采用分别流水法,先组织各分部工程的流水施工,再考虑各分部工程之间的搭接施工。

1)基础工程

基础工程包括基础挖土、混凝土垫层、绑扎基础钢筋(含侧模安装)、浇筑基础混凝土、浇筑混凝土基础墙基和回填土 6 个施工过程。

考虑基础混凝土与素混凝土墙基是同一工种,班组施工可合并成一个施工过程。由于

该建筑占地面积 940 m² 左右,考虑工作面的因素,将其划分为 2 个施工段,流水节拍和流水施工工期计算如下:

基础挖土劳动量为 384 工日,施工班组人数 20 人,采用二班制,其流水节拍计算如下:

$$t_{挖} = \frac{384}{20 \times 2 \times 2} \text{ d} = 4.8 \text{ d} \quad 取 5 \text{ d}$$

素混凝土垫层,其劳动量为 161 工日,施工班组人数 20 人,采用一班制,垫层需养护 1 d,其流水节拍计算如下:

$$t_{垫} = \frac{161}{20 \times 2} \text{ d} = 4 \text{ d}$$

基础绑扎钢筋(含侧模安装),劳动量为 152 工日,采用一班制,施工班组人数 20 人,其流水节拍计算如下:

$$t_{扎} = \frac{152}{20 \times 2} \text{ d} = 3.8 \text{ d} \quad 取 4 \text{ d}$$

基础混凝土和素混凝土墙基劳动量为 316 工日,施工班组人数 20 人,采用二班制,其完成后需养护 1 d,其流水节拍计算如下:

$$t_{混} = \frac{316}{20 \times 2 \times 2} \text{ d} = 3.9 \text{ d} \quad 取 4 \text{ d}$$

基础回填土劳动量为 150 工日,施工班组人数 20 人,采用一班制,其流水节拍计算如下:

$$t_{回} = \frac{150}{20 \times 2} \text{ d} = 3.8 \text{ d} \quad 取 4 \text{ d}$$

工期计算:

$$T_{基} = K_{挖,垫} + K_{垫,扎} + K_{扎,混} + K_{混,回} + T_{回}$$
$$= (6 + 5 + 4 + 5 + 8) \text{ d} = 28 \text{ d}$$

2)主体工程

主体工程包括搭拆脚手架、绑扎构造柱钢筋、砌砖墙、安装构造柱模板、浇构造柱混凝土、安梁板模板、绑扎梁板筋、浇梁板混凝土、拆除模板等分项工程。主体工程由于有层间关系,$m=2$,$n=9$,$m<n$,工作班组会出现窝工现象。由于砌砖墙为主导过程,必须安排砌墙的施工班组一定要连续施工,其余施工过程的施工班组与工地统一安排。所以主体工程,只能组织间断的异节拍流水施工。

构造柱钢筋劳动量 88 工日,班组人数 9 人,施工段数 $m=2 \times 5$,采用一班制,其流水节拍计算如下:

$$t_{构筋} = \frac{88}{9 \times 2 \times 5} \text{ d} = 0.98 \text{ d} \quad 取 1 \text{ d}$$

砖墙砌筑其劳动量 1 380 工日,施工班组人数 20 人,施工段数 $m=2 \times 5$,采用一班制,其流水节拍计算如下:

$$t_{砌} = \frac{1\ 380}{20 \times 2 \times 5} \text{ d} = 6.9 \text{ d} \quad 取 7 \text{ d}$$

构造柱模板劳动量98工日,施工班组人数10人,施工段数 $m = 2 \times 5$,采用一班制,其流水节拍计算如下:

$$t_{构模} = \frac{98}{10 \times 2 \times 5} \, d = 0.98 \, d \quad 取 \, 1 \, d$$

构造柱混凝土劳动量360工日,施工班组人数20人,施工段 $m = 2 \times 5$,采用二班制,其流水节拍计算如下:

$$t_{构混} = \frac{360}{20 \times 2 \times 5 \times 2} \, d = 0.9 \, d \quad 取 \, 1 \, d$$

梁板模板(含楼梯)的劳动量708工日,施工班组25人,施工段 $m = 2 \times 5$,采用一班制,其流水节拍计算如下:

$$t_{板模} = \frac{708}{25 \times 2 \times 5} \, d = 3.0 \, d$$

梁板钢筋(含楼梯)劳动量450工日,施工班组人数23人,施工段 $m = 2 \times 5$,采用一班制,其流水节拍计算如下:

$$t_{板筋} = \frac{450}{23 \times 2 \times 5} \, d = 1.9 \, d \quad 取 \, 2 \, d$$

梁板混凝土(含楼梯)劳动量978工日,施工班组人数25人,施工段 $m = 2 \times 5$,采用二班制,其流水节拍计算如下:

$$t_{板混} = \frac{978}{25 \times 2 \times 5 \times 2} \, d = 1.96 \, d \quad 取 \, 2 \, d$$

拆柱梁板模板劳动量146工日,施工班组人数15人,施工段数 $m = 2 \times 5$,采用一班制,其流水节拍计算如下:

$$t_{拆梁柱模} = \frac{146}{15 \times 2 \times 5} \, d \approx 1.0 \, d$$

模板拆除待梁板混凝土浇筑12 d后进行。因除砌砖墙为连续施工外,其余过程均为间断式流水施工,故工期计算如下:

$$\begin{aligned} T_{主} &= t_{构筋} + 10 \times t_{砌} + t_{构模} + t_{构混} + t_{板模} + t_{板筋} + t_{板混} + t_{养间} + t_{拆梁柱模} \\ &= (1 + 10 \times 7 + 1 + 1 + 3 + 2 + 2 + 12 + 1) d \\ &= 93 \, d \end{aligned}$$

3)屋面工程

屋面工程包括屋面板找平层、屋面隔汽层、屋面保温层、屋面找平层、卷材防水层(含保护层)等,考虑防水要求较高,采用不分段施工。

屋面板找平层劳动量为47工日,施工班组人数8人,采用一班制,其工作延续时间为:

$$t_{找平} = \frac{47}{8} \, d \approx 6 \, d$$

屋面隔汽层,劳动量为23工日,施工班组人数6人,采用一班制,其工作延续时间为:

$$t_{隔} = \frac{23}{6} \, d \approx 4 \, d$$

隔汽层待找平层干燥 10 d 后进行。

屋面保温层劳动量为 80 工日,施工班组人数 20 人,采用一班制,其工作延续时间为:

$$t_{保} = \frac{80}{20} \text{ d} = 4 \text{ d}$$

屋面保温层找平层劳动量为 54 工日,施工班组人数 12 人,采用一班制,其工作延续时间为:

$$t_{找} = \frac{54}{12} \text{ d} \approx 5 \text{ d}$$

卷材防水层劳动量为 68 工日,施工班组人数 10 人,采用一班制,其工作延续时间为:

$$t_{防} = \frac{68}{10} \text{ d} \approx 7 \text{ d}$$

防水层待找平层干燥 15 d 后进行。

屋面工程工期计算:

$$
\begin{aligned}
T_{屋} &= t_{找平} + t_{间} + t_{隔} + t_{保} + t_{找} + t_{间} + t_{防} \\
&= (6 + 10 + 4 + 4 + 5 + 15 + 7)\text{d} \\
&= 51 \text{ d}
\end{aligned}
$$

4)装修工程

装修工程分为楼地面、楼梯地面、天棚、内墙抹灰、外墙面砖、铝合金窗、夹板门、油漆、室内喷白、台阶散水等。

装修阶段施工过程多,劳动量不同,组织固定节拍很困难,故采用连续式异节拍流水施工,每一层划分为一个施工段,共 5 段。

楼地面及楼梯抹灰(含垫层)劳动量为 392 工日,施工班组人数 20 人,采用一班制,$m = 5$,其流水节拍为:

$$t_{楼地抹} = \frac{392}{20 \times 5} \text{ d} \approx 4 \text{ d}$$

天棚中级抹灰劳动量为 466 工日,施工班组人数 25 人,采用一班制,$m = 5$,其流水节拍为:

$$t_{棚抹} = \frac{466}{25 \times 5} \text{ d} \approx 4 \text{ d}$$

天棚抹灰待楼地面抹灰完成 8 d 后进行。

内墙中级抹灰劳动量为 1 164 工日,施工班组人数 30 人,采用一班制,$m = 5$,其流水节拍为:

$$t_{墙抹} = \frac{1\ 164}{30 \times 5} \text{ d} \approx 8 \text{ d}$$

铝合金窗扇、夹板门劳动量为 158 工日,施工班组人数 8 人,采用一班制,$m = 5$,其流水节拍为:

$$t_{窗门} = \frac{158}{8 \times 5} \text{ d} \approx 4 \text{ d}$$

室内涂料劳动量为 59 工日,施工班组人数 6 人,采用一班制,$m = 5$,流水节拍为:

$$t_{涂} = \frac{59}{6 \times 5} \, d \approx 2 \, d$$

油漆劳动量为 26 工日,施工班组人数 3 人,采用一班制,其流水节拍为:

$$t_{油} = \frac{26}{3 \times 5} \, d \approx 2 \, d$$

外墙面砖劳动量为 657 工日,施工班组 22 人,采用一班制,其流水节拍为:

$$t_{外墙} = \frac{657}{22 \times 5} \, d \approx 6 \, d$$

外墙装修可与室内装饰平行进行,考虑施工人员状况,可在室内地面完成后开始外装修。

台阶散水劳动量为 35 工日,施工班组人数 6 人,采用一班制,其工作延续时间为:

$$t_{台} = \frac{35}{6} \, d \approx 6 \, d$$

其与室内油漆同步进行。

装修工程工期:

$$\begin{aligned}
T_{装} &= K_{地,棚} + K_{棚,内墙} + K_{内墙,窗} + K_{窗,涂} + K_{涂,油} + T_{油} \\
&= (8 + 4 + 24 + 12 + 2 + 2 \times 5) \, d \\
&= 60 \, d
\end{aligned}$$

5)总工期计算

①在基础工程第一段回填土结束后,主体工程构造柱钢筋绑扎即开始,基础工程与主体搭接时间为 4 d。

②在主体工程梁板混凝土浇完后,装修工程即开始,主体工程与装修工程搭接时间为 13 d。

③装修工程与屋面工程平行施工,屋面工程在主体工程梁板混凝土浇完后,第 8 d 开始施工。

该工程总工期:

$$\begin{aligned}
T &= T_{基} + T_{主} + T_{装} - t_{基,主} - t_{主,装} \\
&= (28 + 93 + 60 - 4 - 13) \, d \\
&= 164 \, d
\end{aligned}$$

该 5 层砖混结构住宅楼流水施工进度如图 2.13 所示。

项目小结

本项目主要介绍了建筑施工流水组织的基本概念、3 类流水施工参数、流水施工的基本方式及其适用条件。

(1)建筑施工的组织形式。常用的施工组织形式主要有 3 种:依次施工、平行施工和流水施工。流水施工方式是一种先进的、科学的施工组织方式,具有缩短施工工期、提高劳动生产率、保证质量,方便资源调配、供应,降低工程成本的优点。

序号	施工过程	劳动量 (人班天)	班组人数	每班工日数
	基础工程			
1	基础挖土	384	20	2 10
2	混凝土垫层	161	20	1 8
3	基础砌筑	152	20	1 8
4	基础混凝土 挖土(含垫基)	316	20	2 8
5	回填土	150	20	1 8
	主体工程			
6	脚手架			
7	结构柱筋	88	5	1 10
8	砌墙砖	1380	20	1 70
9	结构柱墙板	98	10	1 10
10	结构柱混凝土	360	20	2 10
11	梁板楼板(含楼)	708	25	1 30
12	梁板筋(含梯)	450	23	1 20
13	梁板混凝土 (含梯)	978	25	2 20
14	拆柱梁板模板 (含板)	146	15	1 10
	屋面工程			
15	屋面找坡平层	47	8	1 6
16	屋面隔气层	23	6	1 4
17	屋面保温层	80	20	1 4
18	屋面找平层	54	12	1 5
19	卷材找平层	68	10	1 7
	装修工程			
20	楼地面(楼梯抹灰)(含楼层)	392	20	1 20
21	天棚中级抹灰	466	25	1 20
22	内墙中级抹灰	1164	30	1 40
23	铝合金窗扇,门	158	8	1 20
24	室内涂料	59	6	1 10
25	油漆	26	3	1 10
26	外墙面砖	657	22	1 30
27	台阶散水	35	6	1 6
28	水电安装及其他			

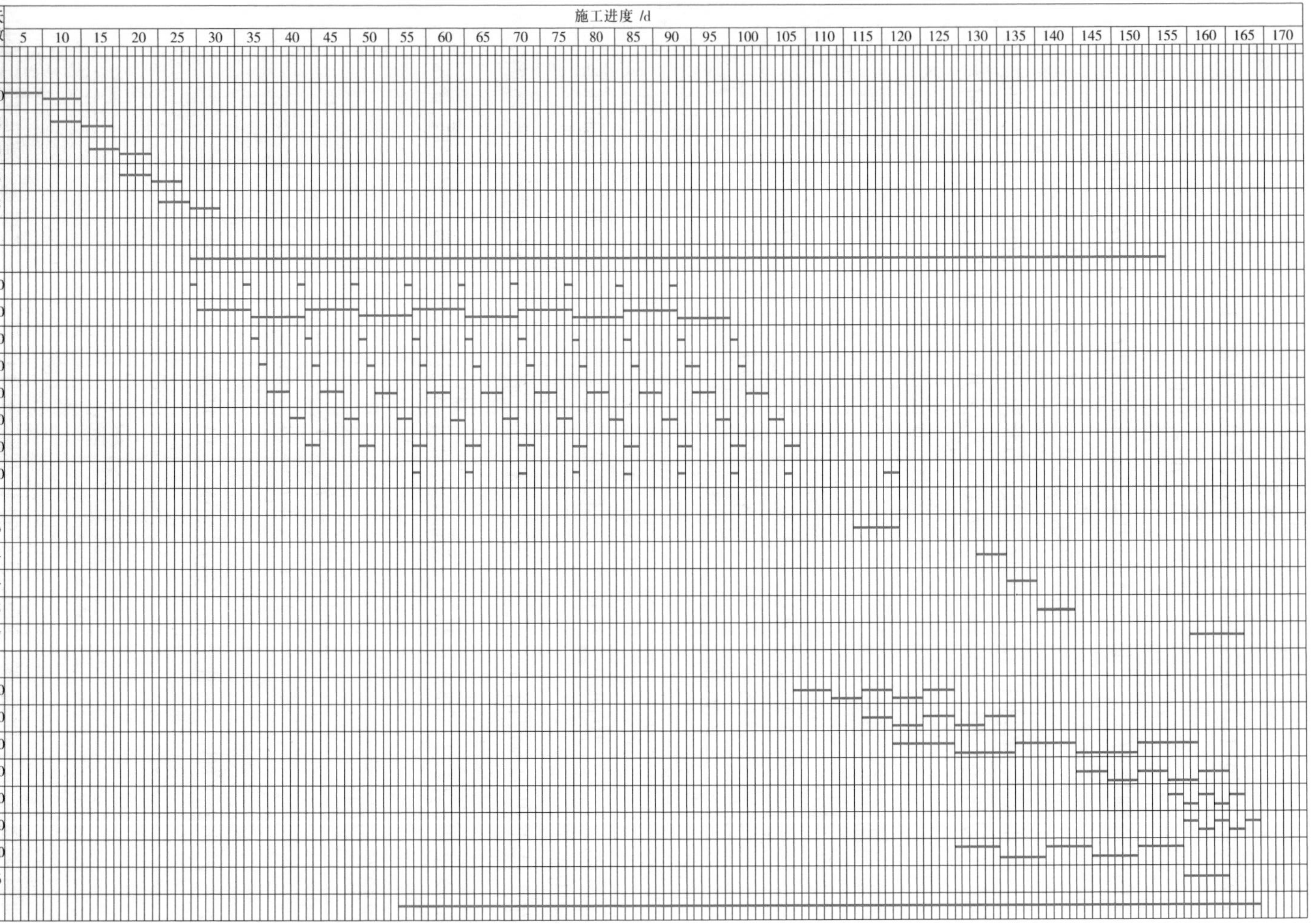

图2.13　某5层砖混结构住宅流水施工进度表

（2）流水施工的组织条件及表达形式。流水施工组织必须满足划分施工过程、划分施工段、施工过程对应专业班组、保证主导施工过程连续均衡施工、不同施工过程尽可能平行搭接施工的条件。流水施工可用横道图、斜线图和网络图 3 种方式表达。

（3）3 类流水施工参数。流水施工参数包括工艺参数、空间参数和时间参数，其中工艺参数包括施工过程数与流水强度；空间参数包括工作面、施工段数、施工层数；时间参数包括流水节拍、流水步距、间歇时间、搭接时间和流水施工工期。

（4）流水施工的基本方式。流水施工方式根据流水施工节拍特征的不同，可分为全等节拍流水、成倍节拍流水、异节拍流水和无节奏流水 4 种施工方式。

思考与练习

2.1　组织施工有哪几种方式？各有何特点？

2.2　什么是流水施工？为什么要采用流水施工？

2.3　流水施工的技术经济效果体现在哪些方面？

2.4　流水施工有哪些主要参数？

2.5　划分施工段的基本原则是什么？

2.6　什么是流水节拍？确定流水节拍应考虑哪些因素？

2.7　什么是流水步距？确定流水步距应考虑哪些因素？

2.8　进度计划表达方式有哪些？

2.9　等节奏流水具有什么特征？怎样组织等节奏流水施工？

2.10　异节奏流水具有什么特征？怎样组织异节奏流水施工？

2.11　无节奏流水具有什么特征？怎样组织无节奏流水施工？

2.12　某工程有 A，B，C 3 个施工过程，每个施工过程均划分为 4 个施工段。设 $t_A = 3$ d，$t_B = 5$ d，$t_C = 4$ d。试分别计算依次施工、平行施工及流水施工的工期，并绘出各自的施工进度计划。

2.13　某项目由 4 个施工过程组成，划分为 4 个施工段。每段流水节拍均为 3 d，且知第二个施工过程需待第一个施工过程完工后 2 d 才能开始进行，又知第三个施工过程可与第二个施工过程搭接 1 d。试计算工期并绘出施工进度计划。

2.14　某分部工程，已知施工过程 $n = 4$，施工段数 $m = 4$，每段流水节拍分别为 $t_1 = 2$ d，$t_2 = 6$ d，$t_3 = 8$ d，$t_4 = 4$ d，试组织成倍节拍流水并绘制施工进度计划。

2.15　某分部工程，已知施工过程 $n = 4$，施工段数 $m = 5$，每段流水节拍分别为 $t_1 = 2$ d，$t_2 = 5$ d，$t_3 = 3$ d，$t_4 = 4$ d，试计算工期并绘出流水施工进度计划。

2.16　某二层现浇钢筋混凝土工程，施工过程分别为支模板、扎钢筋、浇混凝土，每层每段的流水节拍分别为 $t_支 = 4$ d，$t_扎 = 4$ d，$t_浇 = 2$ d，施工层间技术间歇为 2 d，为使工作队连续施工，求每层最少的施工段数，计算工期并绘出流水施工进度计划。

2.17　已知各施工过程在各施工段上的作业时间如表 2.6 所示，试组织流水施工。

表 2.6　某工程流水节拍值

施工段	施工过程			
	1	2	3	4
Ⅰ	5	4	2	3
Ⅱ	3	4	5	3
Ⅲ	4	5	3	2
Ⅳ	3	5	4	3

某工程横道图
进度计划绘制

项目 3
网络计划技术

项目导读

● **内容及要求**　主要介绍网络计划技术的基本概念和构成要素;单、双代号网络图各要素的含义、绘图规则、参数的含义和计算方法,关键工作和关键线路的概念、判断方法,时标网络图的绘制方法,网络图的优化。通过本项目学习,应熟悉网络计划技术的基本概念,掌握双代号网络图的绘制及其参数计算,了解单代号网络图与时标网络图,熟悉双代号网络图的优化,具有能利用网络图对一般工程进行流水施工组织,并对网络图进行优化、调整的能力。

● **重点**　双代号网络图的绘制及其参数计算,双代号网络图的优化。

● **难点**　双代号网络图的绘制及参数计算。

● **关键词**　网络计划,双代号网络计划,单代号网络计划、时标网络计划。

3.1　网络计划技术概述

网络计划技术是以网络图来表达工程的进度计划,在网络图中可确切地表明各项工作的相互联系和制约关系。它是 20 世纪 50 年代末发展起来的,依其起源有关键线路法(CPM)与计划评审法(PERT)之分。

关键线路法以网络图的形式表示各工序间在时间和空间上的相互关系以及各工序的工期,通过时间参数的计算,确定关键线路和总工期,从而制订出系统计划并指出系统管理的关键所在。关键线路法主要应用于以往在类似工程中已取得一定经验的承包工程。关键线路法问世后,立刻引起世界各国的重视,很多国家引入该法都收到了良好的效果。1961年,华罗庚教授将该方法引入我国,我国自1965年开始应用网络计划技术,经过多年的实践和应用,至今已得到不断扩大和发展。为了使网络计划技术在工程计划编制与控制的实际应用中遵循统一的技术规定,做到概念正确、计算原则一致和表达方式统一,以保证网络计划管理的科学性、规范性,住建部于1992年颁发了行业标准《工程网络计划技术规程》(JGJ/T 1001—1991),并于2015年颁发了重新修订的行业标准《工程网络计划技术规程》(JGJ/T 121—2015)。

3.1.1 网络计划技术的原理及优缺点

1)网络计划技术的基本原理

网络计划
基本原理

①利用网络图的形式表达一项工程中各项工作的先后顺序及逻辑关系;

②通过对网络图时间参数的计算,找出关键工作、关键线路;

③利用优化原理,改善网络计划的初始方案,以选择最优方案;

④在网络计划的执行过程中进行有效的控制和监督,保证合理地利用资源,力求以最少的消耗获取最佳的经济效益和社会效益。

2)网络计划技术的优缺点

(1)优点

①能全面而明确地反映出各项工作开展的先后顺序和它们之间的相互制约、相互依赖的关系;

②可以进行各种时间参数的计算;

③能在工作繁多、错综复杂的计划中找出影响工程进度的关键工作和关键线路,便于管理者抓住主要矛盾,集中精力确保工期,避免盲目施工;

④能够从许多可行方案中,选出最优方案;

⑤保证自始至终对计划进行有效的控制与监督;

⑥利用网络计划中反映出的各项工作的时间储备,可以更好地调配人力、物力,以达到降低成本的目的;

⑦可以利用计算机进行计算、优化、调整和管理。

(2)缺点

表达计划不直观,不宜看懂;不能反映出流水施工的特点;不易显示资源平衡情况;在计算劳动力、资源消耗量时,与横道图相比较为困难。

3.1.2 网络计划的表达方法

网络计划的表达形式是网络图。网络图按其节点和箭线所代表的含义不同,可分为双代号网络图和单代号网络图;按有无时间坐标分为时标网络图与非时标网络图。

1)按工作和事件在网络图中的表示方法分类

(1)双代号网络图

用一根箭线及其带编号的两端节点表示一项工作的网络图称为双代号网络图。工作的名称写在箭线上面,工作持续时间写在箭线下面,箭尾表示工作的开始,箭头表示工作的结束,如图3.1所示。

网络计划的
表达方式

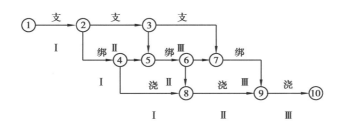

图3.1 双代号网络图

(2)单代号网络图

用一个节点及其编号表示一项工作,并用箭线表示工作之间的逻辑关系的网络图称为单代号网络图。节点所表示的工作名称、持续时间和工作代号等标注在节点内,如图3.2所示。

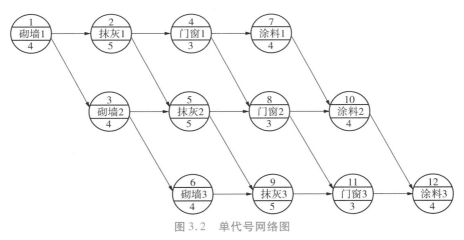

图3.2 单代号网络图

2)按肯定与非肯定不同分类

(1)肯定型网络计划

肯定型网络计划是指各工作数量、各工作之间的逻辑关系及各工作的持续时间都肯定的网络计划。

(2)非肯定型网络计划

非肯定型网络计划是指在各工作数量、各工作之间的逻辑关系及各工作的持续时间三者之中,有一项及其以上不肯定的网络计划。

3）按网络计划包括范围不同分类

（1）局部网络计划

局部网络计划是指以一个建筑物或构筑物中的一部分,或以一个分部工程为对象编制的网络计划。

（2）单位工程网络计划

单位工程网络计划是指以一个单位工程或单体工程为对象编制的网络计划。

（3）综合网络计划

综合网络计划是指以一个单项工程或一个建设项目为对象编制的网络计划。

4）网络计划的其他分类

（1）时标网络计划

时标网络计划是指以时间坐标为尺度编制的网络计划,它的最主要特点是时间直观,可以直接显示时差。

（2）搭接网络计划

搭接网络计划是指前后工作之间有多种逻辑关系的肯定型网络计划,其主要特点是可以表示各种搭接关系。

3.2 双代号网络计划

3.2.1 双代号网络图的概念

双代号
网络计划

双代号网络图是用一根箭线及其两端节点的编号表示一项工作的网络图。在双代号网络图中,一般工作的名称写在箭线上面,工作持续时间写在箭线下面;箭尾表示工作的开始,箭头表示工作的结束;在箭线前后的衔接处画圆圈表示节点,并在节点内编上号码,编号一般由大到小,箭头节点编号大于箭尾节点编号。箭尾节点号码是 i,箭头节点号码是 j,以节点编号 i 和 j 代表一项工作名称,如图 3.3 所示。

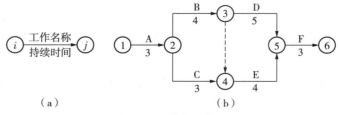

（a） （b）

图 3.3 双代号网络图

3.2.2 双代号网络图的基本知识

1）双代号网络图的基本符号

（1）箭线

箭线有实箭线和虚箭线两种。

● 实箭线

网络图中一端带箭头的实线即为实箭线。在双代号网络图中，它与其两端的节点表示一项工作，如图 3.4（a）所示。

一根箭线表示一项工作所消耗的时间和资源，分别用数字标注在箭线的下方和上方。一般而言，每项工作的完成都要消耗一定的时间和资源，如砌砖墙、浇混凝土等；也存在只消耗时间而不消耗资源的工作，如混凝土养护、砂浆找平层干燥等技术间歇，若单独考虑时，也应作为一项工作对待。

箭线的方向表示工作进行的方向，应保持自左向右的总方向。箭尾表示工作的开始，箭头表示工作的结束。

箭线可以画成直线、折线和斜线。必要时，箭线也可以画成曲线，为使图形整齐，宜画成水平直线或由水平线和垂直线组成的折线。

● 虚箭线

虚箭线仅表示工作之间的逻辑关系，它既不消耗时间，也不消耗资源。虚箭线可画成水平直线、垂直线或折线，如图 3.4（b）所示。当虚箭线很短，不易表示时，则也可用实箭线表示，但其持续时间应用零标注，如图 3.4（c）所示。

（a）实箭线　　　　　　　　（b）虚箭线　　　　　　　　（c）虚箭线

图 3.4　箭线

（2）节点

在双代号网络图中，箭线端部的圆圈就是节点。双代号网络图中的节点表示工作之间的逻辑关系。

①节点表示前面工作结束和后面工作开始的瞬间，所以节点不需要消耗时间和资源。

②箭线的箭尾节点表示该工作的开始，箭线的箭头节点表示该工作的结束。

③根据节点在网络图中的位置不同可以分为起点节点、终点节点和中间节点。网络图中的第一个节点就是起点节点，表示一项任务的开始。网络图中的最后一个节点就是终点节点，表示一项任务的完成。除起点节点和终点节点以外的节点称为中间节点，中间节点都有双重的含义，它既是前面工作的箭头节点，也是后面工作的箭尾节点，如图 3.5 所示。

图 3.5　双代号网络节点示意图

（3）节点编号

网络图中的每个节点都要编号，以便于网络图时间参数的计算和检查网络图是否正确。

①节点编号的基本规则是：箭头节点编号要大于箭尾节点编号。

②节点编号的顺序是：从起点节点开始，依次向终点节点进行；箭尾节点编号在前，箭头节点编号在后，凡是箭尾节点没编号的，箭头节点不能编号。

③在一个网络图中，所有节点不能出现重复编号，编号的号码可以按自然数顺序进行，也可以非连续编号，以便适应网络计划调整中增加工作的需要，编号留有余地。

2）双代号网络图的逻辑关系

（1）工艺逻辑关系

工艺逻辑关系是由施工工艺所决定的各个施工过程之间客观上存在的先后顺序关系。对于一个具体的工程项目而言，当确定施工方法之后，各个施工过程的先后顺序一般是固定的，有的是绝对不允许颠倒的。如图3.6所示，支模1→扎筋1→混凝土1为工艺逻辑关系。

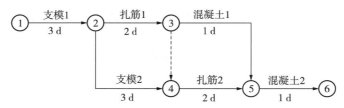

图3.6　某混凝土工程双代号网络图

（2）组织逻辑关系

组织逻辑关系是施工组织安排中，考虑劳动力、机具、材料及工期等方面的影响，在各施工过程之间主观上安排的施工顺序，这种关系不受施工工艺的限制，不是由工程性质本身决定的，而是在保证工作质量、安全和工期等的前提下，可以人为安排的顺序关系。如图3.6所示，支模1→支模2，扎筋1→扎筋2等为组织关系。

3）双代号网络图的基本概念

（1）紧前工作

在网络图中，相对于某工作而言，紧排在该工作之前的工作称为该工作的紧前工作。

（2）紧后工作

在网络图中，相对于某工作而言，紧排在该工作之后的工作称为该工作的紧后工作。

（3）平行工作

在网络图中，相对于某工作而言，可以与该工作同时进行的工作即为该工作的平行工作。

紧前工作、紧后工作和平行工作之间的关系如图3.7所示。

（4）先行工作

对于某工作而言，从网络图的第一个节点（起点节点）开始，顺箭头方向经过一系列箭线到达该工作为止的各条通路上的所有工作，都称为该工作的先行工作。

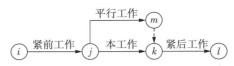

图 3.7 双代号网络图各工作逻辑关系示意图

(5)后续工作

对于某工作而言,从该工作之后开始,顺箭头方向经过一系列箭线与节点到网络图最后一个节点(终点节点)的各条通路上的所有工作,都称为该工作的后续工作。

在建设工程进度控制中,后续工作是一个非常重要的概念。因为在工程网络计划的实施过程中,如果发现某项工作进度出现拖延,则受到影响的工作必然是该工作的后续工作。

4)线路、关键线路和关键工作

(1)线路

在网络图中从起点节点开始,沿箭头方向顺序通过一系列箭线与节点,最后到达节点的通路称为线路。线路上各工作持续时间之和,称为该线路的长度。

(2)关键线路和关键工作

沿着箭线的方向有很多条线路,通过对各条线路的工期计算,可以找到工期最长的线路,这种线路则称为"关键线路",位于关键线路上的工作称为关键工作。

(3)线路性质

● 关键线路性质

①关键线路的线路时间代表整个网络计划的计划总工期;

②关键线路上的工作都称为关键工作;

③关键线路没有时间储备,关键工作也没有时间储备;

④在网络图中关键线路至少有一条;

⑤当管理人员采取某些技术组织措施,缩短关键工作的持续时间就可能使关键线路变为非关键线路。

● 非关键线路性质

①非关键线路的线路时间只代表该条线路的计划工期;

②非关键线路上的工作,除了关键工作之外,都称为非关键工作;

③非关键线路有时间储备,非关键工作也有时间储备;

④在网络图中,除了关键线路之外,其余的都是非关键线路;

⑤当管理人员由于工作疏忽,拖长了某些非关键工作的持续时间,就可能使非关键线路转变为关键线路。

3.2.3 双代号网络图的绘制

1)绘制网络图的基本规则

①必须正确表达已定的逻辑关系,如表 3.1 所示。

双代号网络图
绘制

表 3.1　双代号网络图逻辑关系表

序号	工作之间的逻辑关系	网络图中的表示方法	说　明
1	A,B 两项工作依次施工		A 制约 B 的开始,B 依赖 A 的结束
2	A,B,C 三项工作同时开始施工		A,B,C 三项工作为平行施工方式
3	A,B,C 三项工作同时结束		A,B,C 三项工作为平行施工方式
4	A,B,C 三项工作,A 结束后,B,C 才能开始		A 制约 B,C 的开始,B,C 依赖 A 的结束,B,C 为平行施工
5	A,B,C 三项工作,A,B 结束后,C 才能开始		A,B 为平行施工,A,B 制约 C 的开始,C 依赖 A,B 的结束
6	A,B,C,D 四项工作,A,B 结束后,C,D 才能开始		引出节点 正确地表达了 A,B,C,D 之间的关系
7	A,B,C,D 四项工作,A 完成后,C 才能开始,A,B 完成后,D 才能开始		引出虚工作 正确地表达它们之间的逻辑关系
8	A,B,C,D,E 五项工作,A,B,C 完成后,D 才能开始,B,C 完成后,E 才能开始		引出虚工作 正确地表达它们之间的逻辑关系
9	A,B,C,D,E 五项工作,A,B 完成后,C 才能开始,B,D 完成后,E 才能开始		

　　②网络图中,严禁出现循环回路,如图 3.8 所示。

　　③网络图中的箭线(包括虚箭线,以下同)应保持自左向右的方向,不应出现箭头指向左方的水平箭线和箭头偏向左方的斜向箭线。

④网络图中严禁出现双向箭头和无箭头的连线。如图 3.9 所示为错误的箭线画法。

图 3.8　存在循环回路错误的网络图　　图 3.9　错误的工作箭线画法

⑤网络图中严禁出现没有箭尾节点的箭线和没有箭头节点的箭线。如图 3.10 所示为错误节点画法。

（a）存在没有箭尾节点的箭线　　　（b）存在没有箭头节点的箭线

图 3.10　错误的画法

⑥严禁在箭线上引入或引出箭线。如图 3.11 所示为错误的画法。

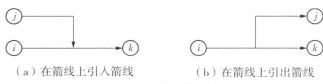

（a）在箭线上引入箭线　　　　（b）在箭线上引出箭线

图 3.11　错误的画法

但当网络图的起点节点有多条箭线引出（外向箭线）或终点节点有多条箭线引入（内向箭线）时，为使图形简洁，可用母线法绘图，如图 3.12 所示。

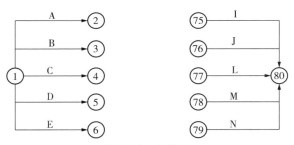

图 3.12　母线法

⑦应尽量避免网络图中工作箭线的交叉。当交叉不可避免时，可以采用过桥法或指向法处理，如图 3.13 所示。

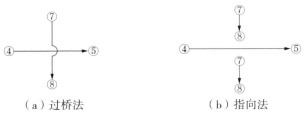

（a）过桥法　　　　　　　（b）指向法

图 3.13　箭线交叉的表示方法

⑧网络图中应只有一个起点节点和一个终点节点（任务中部分工作需要分期完成的网络计划除外）。如图 3.14（a）所示为存在多个起点节点和多个终点节点的错误网络图，图

3.14（b）为正确的网络图。

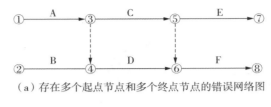

（a）存在多个起点节点和多个终点节点的错误网络图

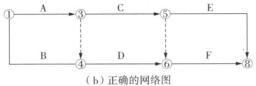

（b）正确的网络图

图 3.14　起点和终点节点的绘制

2）网络图绘制的基本方法

（1）网络图的布图技巧

①网络图的布局要条理清晰，重点突出；

②关键工作、关键线路尽可能布置在中心位置；

③密切相关的工作，尽可能相邻布置，尽量减少箭线交叉；

④尽量采用水平箭线，减少倾斜箭线。

（2）绘制方法

为使双代号网络图绘制简洁、美观，宜用水平箭线和垂直箭线表示，在绘制之前，先确定出各个节点的位置号，再按节点位置及逻辑关系绘制网络图。

①无紧前工作的工作，其开始节点的位置号为0；

②有紧前工作的工作，其开始节点位置号等于其紧前工作的开始节点位置号的最大值加1；

③有紧后工作的工作，其结束节点位置号等于其紧后工作的开始节点位置号的最小值；

④无紧后工作的工作，其结束节点位置号等于网络图中各个工作的结束节点位置号的最大值加1。

（3）双代号网络图绘制步骤

①根据已知的紧前工作确定出紧后工作；

②确定出各工作的开始节点和结束节点位置号；

③根据节点位置号和逻辑关系绘出网络图。

3）双代号网络图绘制示例

【例3.1】　已知某网络图的资料如表3.2所示，试绘制其双代号网络图。

表 3.2　各项工作逻辑关系表

工　作	A	B	C	D	E	G	H
紧前工作	—	—	—	—	A、B	B、C、D	C、D

【解】 （1）列出关系表，确定紧后工作和各工作的节点位置号，如表3.3所示。

表3.3 各工作关系及位置号表

工 作	A	B	C	D	E	G	H
紧前工作	—	—	—	—	A、B	B、C、D	C、D
紧后工作	E	E、G	G、H	G、H	—	—	—
开始节点位置号	0	0	0	0	(0+1)=1	(0+1)=1	(0+1)=1
结束节点位置号	1	1	1	1	(1+1)=2	(1+1)=2	(1+1)=2

（2）根据由关系表确定的节点位置号绘出网络图，如图3.15所示。

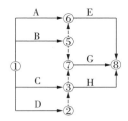

图3.15 例3.1双代号网络图

【例3.2】 已知各工作的逻辑关系如表3.4所示，试绘制双代号网络图并对节点进行编号。

表3.4 各项工作的逻辑关系表

工作	A	B	C	D	E	F	G	H	I	J
紧前工作	—	A	B	B	B	C、D	C、E	F、G	F	H、I
紧后工作	B	C、D、E	F、G	F	G	H、I	H	J	J	—

【解】 （1）列出关系表，如表3.5所示。

表3.5 各项工作逻辑关系及位置号表

工作	A	B	C	D	E	F	G	H	I	J
紧前工作	—	A	B	B	B	C、D	C、E	F、G	F	H、I
紧后工作	B	C、D、E	F、G	F	G	H、I	H	J	J	—
开始节点位置号	0	1	2	2	2	3	3	4	4	5
结束节点位置号	1	2	3	3	3	4	4	5	5	6

（2）根据节点位置号绘出网络图，如图3.16所示。

3.2.4 双代号网络图时间参数的计算

所谓网络计划，是指在网络图上加注时间参数而编制的进度计划。网络计划时间参数的计算应在各项工作的持续时间确定之后进行。

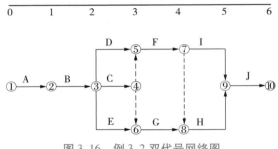

图 3.16　例 3.2 双代号网络图

1) 时间参数的概念

所谓时间参数,是指在网络计划、工作及节点上所具有的各种时间值。双代号网络图的时间参数包括各工作的时间参数、各节点的时间参数、有关工期的参数以及时差。

(1)各工作的时间参数

工作持续时间(D)——一项工作从开始到完成的时间;

最早开始时间(ES)——各紧前工作全部完成后,本工作有可能开始的最早时刻;

最早完成时间(EF)——各紧前工作全部完成后,本工作有可能完成的最早时刻;

最迟开始时间(LS)——在不影响整个任务按期完成的前提下,工作必须开始的最迟时刻;

最迟完成时间(LF)——在不影响整个任务按期完成的前提下,工作必须完成的最迟时刻。

(2)各节点的时间参数

节点最早时间(ET)——双代号网络计划中,以该节点为开始节点的各项工作的最早开始时间;

节点最迟时间(LT)——双代号网络计划中,以该节点为完成节点的各项工作的最迟完成时间。

(3)工期

计算工期——据时间参数计算所得到的工期,用 T_c 表示;

要求工期——任务委托人所提出的指令性工期,用 T_r 表示;

计划工期——根据要求工期和计算工期所确定的作为实施目标的工期,用 T_p 表示。

①当规定了要求工期时,计划工期不应超过要求工期,即

$$T_p \leqslant T_r \tag{3.1}$$

②未规定要求工期时,可令计划工期等于计算工期,即

$$T_p = T_r \tag{3.2}$$

(4)时差

自由时差——各工作在不影响后续工作最早开始时间的前提下,也就是在不影响计划子目标工期的前提下,本工作所具有的机动时间。

总时差——各工作在不影响计划总工期的情况下所具有的机动时间,也就是在不影响其所有后续工作最迟开始时间的前提下所具有的机动时间。

2)时间参数的计算

(1)按工作计算法

所谓按工作计算法,就是以网络计划中的工作为对象,直接计算各项工作的时间参数。为了简化计算,网络计划时间参数中的开始时间和完成时间都应以时间单位的终了时刻为标准。

下面以图3.17所示双代号网络计划为例,说明按工作计算法计算时间参数的过程,其计算结果如图3.18所示。

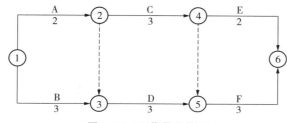

图 3.17　双代号网络图

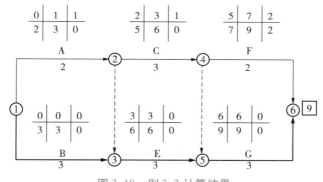

图 3.18　例 3.3 计算结果

- 计算工作的最早开始时间和最早完成时间

顺着箭线方向依次进行,其计算步骤如下:

①以网络计划起点节点为开始节点的工作,当未规定其最早开始时间时,其最早开始时间为零。例如在本例中,工作1—2和工作1—3的最早开始时间都为零,即

$$\mathrm{ES}_{1-2} = 0 \qquad \mathrm{ES}_{1-3} = 0$$

②工作的最早完成时间可利用下式进行计算:

$$\mathrm{EF}_{i-j} = \mathrm{ES}_{i-j} + D_{i-j} \tag{3.3}$$

例如在本例中,工作1—2和工作1—3的最早完成时间分别为:

$$\mathrm{EF}_{1-2} = \mathrm{ES}_{1-2} + D_{1-2} = 0+2 = 2 \qquad \mathrm{EF}_{1-3} = \mathrm{ES}_{1-3} + D_{1-3} = 0+3 = 3$$

③其他工作的最早开始时间应等于其紧前工作最早完成时间的最大值,即

$$\mathrm{ES}_{i-j} = \max\{\mathrm{EF}_{i-j}\} = \max\{\mathrm{ES}_{h-i} + D_{h-i}\} \tag{3.4}$$

例如在本例中,其他工作的最早开始时间分别为:

$$\text{ES}_{2-3} = \text{ES}_{1-2} + D_{1-2} = 0+2 = 2 \qquad \text{ES}_{2-4} = \text{ES}_{1-2} + D_{1-2} = 0+2 = 2$$

$$\text{ES}_{3-5} = \max\{\text{ES}_{1-3} + D_{1-3}, \text{ES}_{2-3} + D_{2-3}\} = \max\{0+3, 2+0\} = 3$$

$$\text{ES}_{4-5} = \text{ES}_{2-4} + D_{2-4} = 2+3 = 5 \qquad \text{ES}_{4-6} = \text{ES}_{2-4} + D_{2-4} = 2+3 = 5$$

$$\text{ES}_{5-6} = \max\{\text{ES}_{3-5} + D_{3-5}, \text{ES}_{4-5} + D_{4-5}\} = \max\{3+3, 5+0\} = 6$$

其他工作的最早完成时间分别为:

$$\text{EF}_{2-3} = \text{ES}_{2-3} + D_{2-3} = 2+0 = 2 \qquad \text{EF}_{2-4} = \text{ES}_{2-4} + D_{2-4} = 2+3 = 5$$

$$\text{EF}_{3-5} = \text{ES}_{3-5} + D_{3-5} = 3+3 = 6 \qquad \text{EF}_{4-5} = \text{ES}_{4-5} + D_{4-5} = 5+0 = 5$$

$$\text{EF}_{4-6} = \text{ES}_{4-6} + D_{4-6} = 5+2 = 7 \qquad \text{EF}_{5-6} = \text{ES}_{5-6} + D_{5-6} = 6+3 = 9$$

④网络计划的计算工期应等于以网络计划终点节点为完成节点的工作的最早完成时间的最大值,即

$$T_c = \max\{\text{EF}_{i-n}\} = \max\{\text{ES}_{i-n} + D_{i-n}\} \tag{3.5}$$

在本例中,网络计划的计算工期为:

$$T_c = \max\{\text{EF}_{4-6}, \text{EF}_{5-6}\} = \max\{7, 9\} = 9$$

● 确定网络计划的计划工期

网络计划的计划工期应按式(3.1)式(3.2)确定。在本例中,假设未规定要求工期,则其计划工期就等于计算工期,即

$$T_p = T_c = 9$$

计划工期应标注在网络计划终点节点的右上方,如图3.18所示。

● 计算工作的最迟完成时间和最迟开始时间

工作最迟完成时间和最迟开始时间的计算应从网络计划的终点节点开始,逆着箭线方向依次进行,其计算步骤如下:

①以网络计划终点节点为完成节点的工作,其最迟完成时间等于网络计划的计划工期,即

$$\text{LF}_{i-n} = T_p \tag{3.6}$$

例如在本例中,工作4—6和工作5—6的最迟完成时间为:

$$\text{LF}_{4-6} = T_p = 9 \qquad \text{LF}_{5-6} = T_p = 9$$

②工作的最迟开始时间可利用下式进行计算:

$$\text{LS}_{i-j} = \text{LF}_{i-j} - D_{i-j} \tag{3.7}$$

例如在本例中,工作4—6和工作5—6的最迟开始时间分别为:

$$\text{LS}_{4-6} = \text{LF}_{4-6} - D_{4-6} = 9-2 = 7 \qquad \text{LS}_{5-6} = \text{LF}_{5-6} - D_{5-6} = 9-3 = 6$$

③其他工作的最迟完成时间应等于其紧后工作最迟开始时间的最小值,即

$$\text{LF}_{i-j} = \min\{\text{LS}_{j-k}\} = \min\{\text{LF}_{j-k} - D_{j-k}\} \tag{3.8}$$

例如在本例中,其他工作的最迟完成时间分别为:

$$\text{LF}_{4-5} = \text{LF}_{5-6} - D_{5-6} = 9-3 = 6 \qquad \text{LF}_{3-5} = \text{LF}_{5-6} - D_{5-6} = 9-3 = 6$$

$$\text{LF}_{2-4} = \min\{\text{LF}_{4-6} - D_{4-6}, \text{LF}_{4-5} - D_{4-5}\} = \min\{9-2, 6-0\} = 6$$

$$\text{LF}_{2-3} = \text{LF}_{3-5} - D_{3-5} = 6-3 = 3 \qquad \text{LF}_{1-3} = \text{LF}_{3-5} - D_{3-5} = 6-3 = 3$$

$$LF_{1-2} = \min\{LF_{2-4} - D_{2-4}, LF_{2-3} - D_{2-3}\} = \min\{6-3, 3-0\} = 3$$

其他工作的最迟开始时间分别为：

$$LS_{1-2} = LF_{1-2} - D_{1-2} = 3-2 = 1 \qquad LS_{1-3} = LF_{1-3} - D_{1-3} = 3-3 = 0$$

$$LS_{2-3} = LF_{2-3} - D_{2-3} = 3-0 = 3 \qquad LS_{2-4} = LF_{2-4} - D_{2-4} = 6-3 = 3$$

$$LS_{3-5} = LF_{3-5} - D_{3-5} = 6-3 = 3 \qquad LS_{4-5} = LF_{4-5} - D_{4-5} = 6-0 = 6$$

● 计算工作的总时差

工作的总时差等于该工作最迟完成时间与最早完成时间之差，或该工作最迟开始时间与最早开始时间之差，即

$$TF_{i-j} = LF_{i-j} - EF_{i-j} = LS_{i-j} - ES_{i-j} \tag{3.9}$$

例如在本例中，工作 1—2 和工作 4—5 的总时差为：

$$TF_{1-2} = LS_{1-2} - ES_{1-2} = 1-0 = 1 \qquad TF_{4-5} = LS_{4-5} - ES_{4-5} = 6-5 = 1$$

● 计算工作的自由时差

工作自由时差的计算应按以下两种情况分别考虑：

①对于有紧后工作的工作，其自由时差等于本工作之紧后工作最早开始时间减本工作最早完成时间所得之差的最小值，即

$$FF_{i-j} = \min\{ES_{j-k} - EF_{i-j}\} = \min\{ES_{j-k} - ES_{i-j} - D_{i-j}\} \tag{3.10}$$

例如在本例中，工作 1—2 和工作 1—3 的自由时差分别为：

$$FF_{1-2} = \min\{ES_{2-4} - EF_{1-2}, ES_{3-5} - EF_{1-2}\} = \min\{2-2, 3-2\} = 0$$

$$FF_{1-3} = ES_{3-5} - EF_{1-3} = 3-3 = 0$$

②对于无紧后工作的工作，也就是以网络计划终点节点为完成节点的工作，其自由时差等于计划工期与本工作最早完成时间之差，即

$$FF_{i-n} = T_p - EF_{i-n} = T_p - ES_{i-n} - D_{i-n} \tag{3.11}$$

例如在本例中，工作 4—6 和工作 5—6 的自由时差分别为：

$$FF_{4-6} = T_p - EF_{4-6} = 9-7 = 2$$

$$FF_{5-6} = T_p - EF_{5-6} = 9-9 = 0$$

需要指出的是，对于网络计划中以终点节点为完成节点的工作，其自由时差与总时差相等。此外，由于工作的自由时差是其总时差的构成部分，因此，当工作的总时差为零时，其自由时差必然为零，可不必进行专门计算。

● 确定关键工作和关键线路

在网络计划中，总时差最小的工作为关键工作。特别地，当网络计划的计划工期等于计算工期时，总时差为零的工作就是关键工作。例如在本例中，工作 1—3、工作 3—5 和工作 5—6 的总时差均为零，故它们都是关键工作。

找出关键工作之后，将这些关键工作首尾相连，便至少构成一条从起点节点到终点节点的通路，通路上各项工作的持续时间总和最大的就是关键线路。在关键线路上可能有虚工作存在。

关键线路一般用粗箭线或双线箭线标出，也可以用彩色箭线标出。例如在本例中，线路 ①—③—⑤—⑥即为关键线路。

（2）标号法

标号法是一种快速寻求网络计划计算工期和关键线路的方法。它利用按节点计算法的基本原理,对网络计划中的每一个节点进行标号,然后利用标号值确定网络计划的计算工期和关键线路。

下面以图3.19所示网络计划为例,说明标号法的计算过程,其计算结果见图。

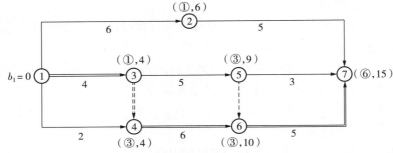

图3.19 双代号网络计划(标号法)

网络计划起点节点的标号值为零。

例如在本例中,节点①的标号值为零,即 $b_1 = 0$。

其他节点的标号值应根据式(3.24)按节点编号从小到大的顺序逐个进行计算。

$$b_j = \max\{b_i + D_{i-j}\} \tag{3.12}$$

例如在本例中,其他节点的标号值分别为:

$b_2 = b_1 + D_{1-2} = 0 + 6 = 6$

$b_3 = b_1 + D_{1-3} = 0 + 4 = 4$

$b_4 = \max\{b_1 + D_{1-4}, b_3 + D_{3-4}\} = \max\{0 + 2, 4 + 0\} = 4$

$b_5 = b_3 + D_{3-5} = 4 + 5 = 9$

$b_6 = \max\{b_5 + D_{5-6}, b_4 + D_{4-6}\} = \max\{9 + 0, 4 + 6\} = 10$

$b_7 = \max\{b_2 + D_{2-2}, b_5 + D_{5-7}, b_6 + D_{6-7}\} = \max\{6 + 5, 9 + 3, 10 + 5\} = 15$

当计算出节点的标号值后,用其标号值及其源节点对该节点进行双标号。所谓源节点,就是用来确定本节点标号值的节点。例如在本例中,节点④的标号值4是由节点③所确定,故节点④的源节点就是节点③。如果源节点有多个,应将所有源节点标出。

网络计划的计算工期就是网络计划终点节点的标号值。例如在本例中,其计算工期就等于终点节点⑦的标号值15。

关键线路应从网络计划的终点节点开始,逆着箭线方向按源节点确定。例如在本例中,从终点节点⑦开始,逆着箭线方向按源节点可以找出关键线路为①—③—④—⑥—⑦。

3.3 单代号网络计划

3.3.1 单代号网络图的概念、特点及基本符号

单代号网络
计划

1)单代号网络图的概念

单代号网络图是用一个节点及其编号表示一项工作,并用箭线表示工作之间的逻辑关系的网络图。节点所表示的工作名称、持续时间和工作代号等标注在节点内。

2)单代号网络图的特点

①工作之间的逻辑关系清晰,不用虚箭线,故绘图较简单;
②网络图便于检查和修改;
③工作的持续时间标注在节点内,箭线长度不代表持续时间,不形象、不直观;
④表示工作之间的逻辑关系的箭线可能产生较多的纵横交叉现象。

3)单代号网络计划的基本符号

单代号网络计划的基本符号也是箭线、节点和节点编号。

(1)箭线

单代号网络图中,箭线表示相邻工作之间的逻辑关系。箭线应画成水平直线、折线或斜线。单代号网络图中,只有实箭线,没有虚箭线。

(2)节点

单代号网络图中一个节点表示一项工作,节点宜用圆圈或矩形表示。节点所表示的工作名称、持续时间和工作代号等应标注在节点内,如图 3.20 所示。当有两个或两个以上工作同时开始或结束时,应在网络图两端分别设置一项虚工作,作为网络图的起始节点和终点节点。

图 3.20 单代号网络图的工作表示方法

(3)节点编号

单代号网络图的节点编号规则同双代号网络图。

3.3.2 单代号网络图的绘制

1）单代号网络图的绘制规则

单代号网络图必须正确表述已定的逻辑关系,单代号网络计划逻辑关系比双代号网络图的逻辑关系简单,主要表示节点即工作之间的前后、平行等逻辑关系,见表3.6。

表3.6 单代号网络计划逻辑关系表示方法

序 号	逻辑关系	单代号表示方法
1	A 完成后进行 B B 进行完后再进行 C	
2	B、C 完成后进行 D	
3	A 完成后同时进行 B、C	
4	A 完成后进行 C,B 完成后进行 C、D	
5	A 和 B 都完成后同时进行 C 和 D	
6	A、B 均完成后进行 C B、D 均完成后进行 E	
7	A 完成后进行 C A、B 均完成后进行 D B 完成后进行 E	
8	A、B、C 均完成后进行 D、E、F	

①单代号网络图不允许出现循环线路;

②单代号网络图不允许出现代号相同的工作；

③单代号网络图不允许出现双箭头箭线或无箭头的线段；

④绘制单代号网络图时，箭线不宜交叉，当交叉不可避免时采取过桥法绘制；

⑤单代号网络图只能有一个起始节点和一个终点节点。若缺少起始节点或终点节点时，应用虚拟的起始节点（S）和终点节点（F）补之，如图3.21所示。

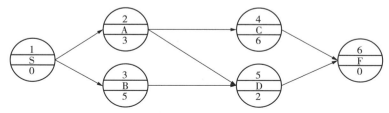

图3.21 具有虚拟起点节点和终点节点的单代号网络图

2）单代号网络图绘制方法

①绘图时要从左向右逐个处理已经确定的逻辑关系，只有紧前工作都绘制完成后，才能绘制本工作，并使本工作与紧前工作用箭线相连；

②当出现多个"起点节点"或多个"终点节点"时，应增加虚拟起点节点或终点节点，并使之与多个"起点节点"或"终点节点"相连，形成符合绘图规则的完整图形；

③绘制完成后要认真检查，看图中的逻辑关系是否与表中的逻辑关系一致，是否符合绘图规则，如有问题应及时修正；

④单代号网络图的排列方法，均与双代号网络图相应部分类似。

3）单代号网络图绘图示例

【例3.4】 已知各工作之间的逻辑关系如表3.7所示，绘制单代号网络图的过程如图3.22所示。

表3.7 工作逻辑关系表

工 作	A	B	C	D	E	G	H	I
紧前工作	—	—	—	—	A、B	B、C、D	C、D	E、G、H

3.3.3 单代号网络计划时间参数的计算

单代号网络计划与双代号网络计划只是表现形式不同，它们所表达的内容则完全一样。下面以图3.23所示单代号网络计划为例，说明其时间参数的计算过程，计算结果如图3.24所示。

1）计算工作的最早开始时间和最早完成时间

工作最早开始时间和最早完成时间的计算应从网络计划的起点节点开始，顺着箭线方

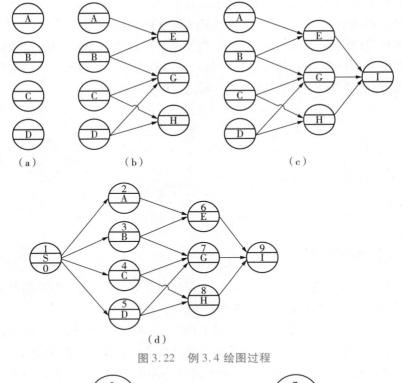

（a）　　　　　　（b）　　　　　　　（c）

（d）

图 3.22　例 3.4 绘图过程

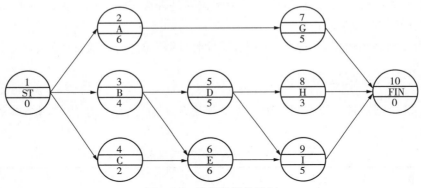

图 3.23　单代号网络计划

向按节点编号从小到大的顺序依次进行。其计算步骤如下：

①网络计划起点节点所代表的工作，其最早开始时间未规定时取值为零。例如在本例中，起点节点 ST 所代表的工作（虚拟工作）的最早开始时间为零，即

$$ES_1 = 0$$

②工作的最早完成时间应等于本工作的最早开始时间与其持续时间之和，即

$$EF_i = ES_i + D_i \qquad\qquad (3.13)$$

例如在本例中，虚拟工作 ST 和工作 A 的最早完成时间分别为：

$$EF_1 = ES_1 + D_1 = 0 + 0 = 0$$

$$EF_2 = ES_2 + D_2 = 0 + 6 = 0$$

③其他工作的最早开始时间应等于其紧前工作最早完成时间的最大值，即

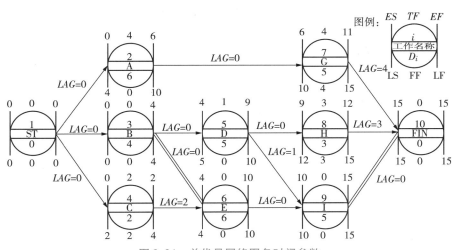

图3.24 单代号网络图各时间参数

$$ES_j = \max\{EF_i\} \tag{3.14}$$

例如在本例中,工作 E 和工作 G 的最早开始时间分别为:

$$ES_6 = \max\{EF_3, EF_4\} = \max\{4, 2\} = 4$$

$$ES_7 = EF_2 = 6$$

④网络计划的计算工期等于其终点节点所代表的工作的最早完成时间。例如在本例中,其计算工期为:$T_c = EF_{10} = 15$。

2)计算相邻两项工作之间的时间间隔

相邻两项工作之间的时间间隔是指其紧后工作的最早开始时间与本工作最早完成时间的差值,即

$$LAG_{i,j} = ES_j - EF_i \tag{3.15}$$

例如在本例中,工作 A 与工作 G、工作 C 与工作 E 的时间间隔分别为:

$$LAG_{2,7} = ES_7 - EF_2 = 6 - 6 = 0$$

$$LAG_{4,6} = ES_6 - EF_4 = 4 - 2 = 2$$

3)确定网络计划的计划工期

网络计划的计划工期仍按式(3.1)或式(3.2)确定。在本例中,假设未规定要求工期,则其计划工期就等于计算工期,即 $T_p = T_c = 15$。

4)计算工作的总时差

工作总时差的计算应从网络计划的终点节点开始,逆着箭线方向按节点编号从大到小的顺序依次进行。

①网络计划终点节点所代表的工作的总时差应等于计划工期与计算工期之差,即

$$TF_n = T_P - T_c \tag{3.16}$$

当计划工期等于计算工期时,该工作的总时差为零。例如在本例中,终点节点⑩所代表

的 FIN(虚拟工作)的总时差为:

$$TF_{10} = T_p - T_c = 15 - 15 = 0$$

②其他工作的总时差应等于本工作与其各紧后工作之间的时间间隔加该紧后工作的总时差所得之和的最小值,即

$$TF_i = \min\{LAG_{i,j} + TF_j\} \tag{3.17}$$

例如在本例中,工作 H 和工作 D 的总时差分别为:

$$TF_8 = LAG_{8,10} + TF_{10} = 3 + 0 = 3$$

$$TF_5 = \min\{LAG_{5,8} + TF_8, LAG_{5,9} + TF_9\} = \min\{0 + 3, 1 + 0\} = 1$$

5)计算工作的自由时差

①网络计划终点节点 n 所代表的工作的自由时差等于计划工期与本工作的最早完成时间之差,即

$$FF_n = T_p - EF_n \tag{3.18}$$

例如在本例中,终点节点⑩所代表的工作 FIN(虚拟工作)的自由时差为:

$$FF_{10} = T_p - EF_{10} = 15 - 15 = 0$$

②其他工作的自由时差等于本工作与其紧后工作之间时间间隔的最小值,即

$$FF_i = \min\{LAG_{i,j}\} \tag{3.19}$$

例如在本例中,工作 D 和工作 G 的自由时差分别为:

$$FF_5 = \min\{LAG_{5,8}, LAG_{5,9}\} = \min\{0, 1\} = 0$$

$$FF_7 = LAG_{7,10} = 4$$

6)计算工作的最迟完成时间和最迟开始时间

工作的最迟完成时间和最迟开始时间的计算可按以下两种方法进行。

(1)根据总时差计算

①工作的最迟完成时间等于本工作的最早完成时间与其总时差之和,即

$$LF_i = EF_i + TF_i \tag{3.20}$$

例如在本例中,工作 D 和工作 G 的最迟完成时间分别为:

$$LF_5 = EF_5 + TF_5 = 9 + 1 = 10$$

$$LF_7 = EF_7 + TF_7 = 11 + 4 = 15$$

②工作的最迟开始时间等于本工作的最早开始时间与其总时差之和,即

$$LS_i = ES_i - TF_i \tag{3.21}$$

例如在本例中,工作 D 和工作 G 的最迟开始时间分别为:

$$LS_5 = ES_5 + TF_5 = 4 + 1 = 5 \qquad LS_7 = ES_7 + TF_7 = 6 + 4 = 10$$

(2)根据计划工期计算

工作最迟完成时间和最迟开始时间的计算应从网络计划的终点节点开始,逆着箭线方向按节点编号从大到小的顺序依次进行。

①网络计划终点节点 n 所代表的工作的最迟完成时间等于该网络计划的计划工期,即

$$LF_n = T_p \tag{3.22}$$

例如在本例中,终点节点⑩所代表的工作 FIN(虚拟工作)的最迟完成时间为:

$$LF_{10} = T_p = 15$$

②工作的最迟开始时间等于本工作的最迟完成时间与其持续时间之差,即

$$LS_i = LF_i - D_i \qquad (3.23)$$

例如在本例中,虚拟工作 FIN 和工作 G 的最迟开始时间分别为:

$$LS_{10} = LF_{10} - D_{10} = 15 - 0 = 15$$

$$LS_7 = LF_7 - D_7 = 15 - 5 = 10$$

③其他工作的最迟完成时间等于该工作各紧后工作最迟开始时间的最小值,即

$$LF_i = \min\{LS_j\} \qquad (3.24)$$

例如在本例中,工作 H 和工作 D 的最迟完成时间分别为:

$$LF_8 = LS_{10} = 15$$

$$LF_5 = \min\{LS_8, LS_9\} = \min\{12, 10\} = 10$$

7)确定网络计划的关键线路

(1)利用关键工作确定关键线路

例如在本例中,由于工作 B、工作 E 和工作 I 的总时差均为零,故它们为关键工作。由网络计划的起点节点①和终点节点⑩与上述三项关键工作组成的线路上,相邻两项工作之间的时间间隔全部为零,故线路①—③—⑥—⑨—⑩为关键线路。

(2)利用相邻两项工作之间的时间间隔确定关键线路

从网络计划的终点节点开始,逆着箭线方向依次找出相邻两项工作之间时间间隔为零的线路就是关键线路。例如在本例中,逆着箭线方向可以直接找出关键线路①—③—⑥—⑨—⑩,因为在这条线路上,相邻两项工作之间的时间间隔均为零。

在网络计划中,关键线路可以用粗箭线或双箭线标出,也可以用彩色箭线标出。

3.4 双代号时标网络计划

3.4.1 双代号时标网络计划的概念及特点

1)双代号时标网络计划的概念

时标网络计划是以时间坐标为尺度编制的网络计划。它通过箭线的长度及节点的位置,可明确表达工作的持续时间及工作之间恰当的时间关系,是目前工程中常用的一种网络计划形式。

双代号时标
网络计划

2)双代号时标网络计划的表示

①时标网络计划是绘制在时标计划表上的。时标的时间单位是根据需要,在编制时标

网络计划之前确定的,可以是小时、天、周、旬、月或季等。时间可以标在计划表顶部,也可以标注在底部。

②实箭线表示工作,箭线的水平投影长度表示工作时间的长短。

③虚箭线表示虚工作。

④波形线表示工作的自由时差。

3)双代号时标网络计划的特点

①能够清楚地展现计划的时间进程。

②直接显示各项工作的开始与完成时间、工作的自由时差和关键线路。

③可以通过叠加确定各个时段的材料、机具、设备及人力等资源的需要。

④由于箭线的长度受到时间坐标的制约,因此绘图比较麻烦。

3.4.2 双代号时标网络计划的绘制

双代号时标
网络计划绘制

1)绘制要求

①时标网络计划需绘制在带有时间坐标的表格上。

②节点中心必须对准时间坐标的刻度线,以避免误会。

③以实箭线表示工作,以虚箭线表示虚工作,以水平波形线表示自由时差或与紧后工作之间的时间间隔。

④箭线宜采用水平箭线或水平段与垂直段组成的箭线形式,不宜用斜箭线。虚工作必须用垂直虚箭线表示,其自由时差应用水平波形线表示。

⑤时标网络计划宜按最早时间编制,以保证实施的可靠性。

2)绘制方法

时标网络计划的绘制方法有间接法和直接法两种。

(1)间接法

间接法是先绘制出标时网络计划,找出关键线路后,再绘制成时标网络计划。绘制时先绘制出关键线路,再绘制非关键工作。用实箭线形式绘制出工作箭线,当某些工作箭线的长度不足以达到该工作的完成节点时,用波形线补足,箭头画在波形线与节点连接处。用垂直虚箭线绘制虚工作,虚工作的自由时差也用水平波形线补足。

【例3.5】 已知网络计划的有关资料如表3.8所示,试用间接绘制法绘制时标网络计划。

表3.8 某网络计划的有关资料

工 作	A	B	C	D	E	G	H
持续时间	9	4	2	5	6	4	5
紧前工作	—	—	—	B	B、C	D	D、E

【解】 (1)绘出标时网络计划,并用标号法确定关键线路,如图3.25所示。

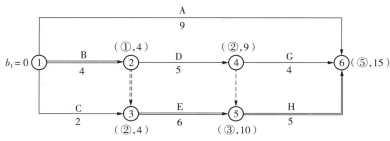

图 3.25 标时网络计划

（2）按时间坐标绘制关键线路,如图 3.26 所示。

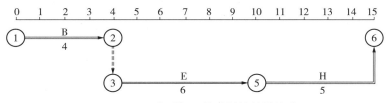

图 3.26 画出时标网络计划的关键线路

（3）绘制非关键线路,如图 3.27 所示。

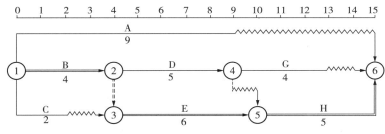

图 3.27 例 3.5 时标网络计划

（2）直接法

①绘制时标表。

②将起点节点定位于时标表的起始刻度线上。

③按工作的持续时间在时标表上绘制起点节点的外向箭线。

④工作的箭头节点必须在其所有的内向箭线绘出以后,定位在这些内向箭线中最晚完成的实箭线箭头处。

⑤某些内向实箭线长度不足以到达该箭头节点时,用波形线补足。虚箭线应垂直绘制,如果虚箭线的开始节点和结束节点之间有水平距离时,也以波形线补足。

⑥用上述方法自左至右依次确定其他节点的位置。

【例 3.6】 已知网络计划的资料如表 3.8 所示,试用直接绘制法绘制时标网络计划。

【解】 （1）将网络计划始点节点定位在时标表的起始刻度线"0"的位置上,始点节点的编号为 1,如图 3.28 所示。

（2）绘出工作 A、B、C,如图 3.28 所示。

（3）除网络计划的起点节点外,其他节点必须在所有以该节点为完成节点的工作箭线均

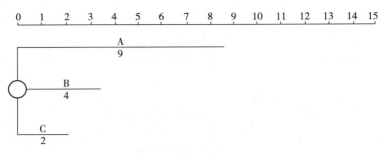

图 3.28　直接绘制第一步

绘出后,定位在这些工作箭线中最迟的箭线末端。当某些工作箭线的长度不足以到达该节点时,须用波形线补足,箭头画在与该节点连接处,如图 3.29 所示。

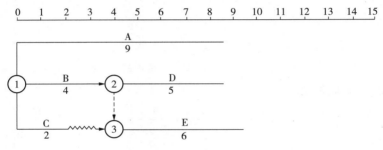

图 3.29　直接绘制第二步

（4）当某个节点的位置确定之后,即可绘制以该节点为开始节点的工作箭线,如 D、E工作。

（5）绘出 G、H 工作,如图 3.30 所示。

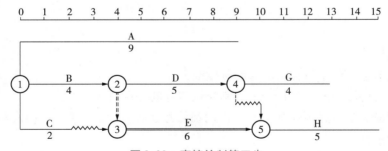

图 3.30　直接绘制第三步

（6）绘出网络计划终点节点⑥,网络计划绘制完成,如图 3.31 所示。

（7）在图上用双箭线标注出关键线路。

在绘制时标网络计划时,特别需要注意的问题是处理好虚箭线。

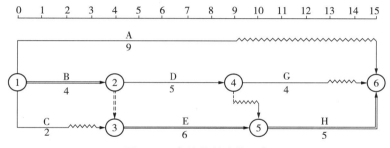

图 3.31 直接绘制法第四步

3.4.3 时标网络计划时间参数的确定

1）关键线路和计算工期的判定

（1）关键线路的判定

时标网络计划中的关键线路可从网络计划的终点节点开始，逆着箭线方向进行判定。凡自始至终不出现波形线的线路即为关键线路。

（2）计算工期的判定

网络计划的计算工期应等于终点节点所对应的时标值与起点节点所对应的时标值之差。

2）时间参数的确定

时标网络计划 6 个主要时间参数确定的步骤如下：

（1）从图上直接确定出最早开始时间、最早完成时间和时间间隔

①最早开始时间。工作箭线左端节点中心所对应的时标值为该工作的最早开始时间。

②最早完成时间。如箭线右段无波纹线，则该箭线右端节点中心所对应的时标值为该工作的最早完成时间；如箭线右段有波纹线，则该左段无波纹线部分的右端所对应的时标值为该工作的最早完成时间。

③时间间隔。时标网络计划上波纹线的长度即为时间间隔。

（2）工作总时差

工作总时差的判定应从网络计划的终点节点开始，逆着箭线方向依次进行。

①以终点节点为完成节点的工作，其总时差应等于计划工期与本工作最早完成时间之差，即：

$$TF_{i-n} = T_p - EF_{i-n} \tag{3.25}$$

②其他工作的总时差等于其紧后工作的总时差加本工作与该紧后工作之间的时间间隔所得之和的最小值，即：

$$TF_{i-j} = \min\{TF_{j-k} + LAG_{i-j,j-k}\} \tag{3.26}$$

（3）工作自由时差

以终节点为完成节点的工作，其自由时差与总时差相等。其他工作的自由时差就是该

工作箭线中波形线的水平投影长度。

（4）工作最迟开始时间

其计算公式为：

$$LS_{i-j} = ES_{i-j} + TF_{i-j} \qquad (3.27)$$

（5）工作最迟完成时间

其计算公式为：

$$LF_{i-j} = EF_{i-j} + TF_{i-j} = LS_{i-j} + D_{i-j} \qquad (3.28)$$

3.5 网络计划的优化

网络计划经绘制和计算后，可得出最初方案。网络计划的最初方案只是一种可行方案，不一定是合乎规定要求的方案或最优的方案，因此，还必须进行网络计划的优化。

网络计划的优化，是在满足既定约束条件下，按某一目标，通过不断改进网络计划寻求满意方案。网络计划的优化目标应按计划任务的需要和条件选定，一般有工期目标、费用目标和资源目标等，网络计划优化的内容有工期优化、费用优化和资源优化。

在优化过程中，不一定需要全部时间参数值，只需寻求出关键线路。

3.5.1 工期优化

双代号网络
计划工期优化

工期优化是在网络计划的工期不满足要求时，通过压缩计算工期以达到要求工期目标，或在一定约束条件下使工期最短的过程。

1）优化原理

①压缩关键工作。

②选择压缩的关键工作，应为压缩以后，投资费用少、不影响工程质量、又不造成资源供应紧张和保证安全施工的关键工作。

③压缩时间应保持其关键工作地位。

④多条关键线路要同时、同步压缩。

2）优化步骤

网络计划的工期优化步骤如下：

①找出网络计划中的关键线路，并求出计算工期。

②按要求工期计算应缩短的时间 ΔT：

$$\Delta T = T_c - T_r$$

③按下列因素选择应优先缩短持续时间的关键工作：

a.缩短持续时间对质量和安全影响不大的工作；

b.有充足备用资源的工作；

c.缩短持续时间所需增加的费用最少的工作。

④将应优先缩短的关键工作压缩至最短持续时间,并找出关键线路。在压缩时要注意不能将关键工作压缩成为非关键工作,若关键工作压缩变为非关键工作,则需要反弹保持其仍为关键工作。

⑤若计算工期仍超过要求工期,则重复以上步骤,直到满足工期要求或工期已不能再缩短为止。

⑥当所有关键工作或部分关键工作已达最短持续时间而寻求不到继续压缩工期的方案,但工期仍不能满足要求时,应对计算计划的原技术、组织方案进行调整,或对要求工期重新审定。

【例3.7】 某工程网络计划如图3.32所示,箭线上方的括号内是优选系数,箭线下方为工作的正常持续时间和最短持续时间,要求工期15 d,试优化。(选择关键工作压缩持续时间时,应选优选系数最小的工作或优选系数之和最小的组合。)

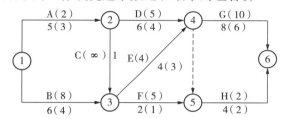

图3.32 某工程初始网络计划

【解】 (1)如图3.33所示,用标号法快速计算工期,找出关键线路。

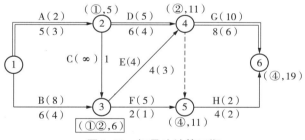

图3.33 标号法计算工期

T_c = 19 d,关键线路为①→②→④→⑥。

(2)按要求工期计算应缩短的时间 ΔT:

$$\Delta T = T_c - T_r = (19 - 15)d = 4 d$$

(3)选择应优先缩短持续时间的关键工作并将其压缩至最短时间,并保持。

第一次压缩。可供压缩关键工作:A、D、G,优选系数最小工作为A,其持续时间压缩至最短时间3 d。用标号法快速计算工期,找出关键线路,如图3.34所示。

此时关键线路为①→③→④→⑥。原来的关键工作A、D变为非关键工作,因此需要将工作A反弹,将工作A反弹至4 d并用标号法快速计算工期,找出关键线路,如图3.35所示,关键线路此时有两条:①→②→④→⑥,①→③→④→⑥。此时计算工期为18 d,还需要压缩3 d。

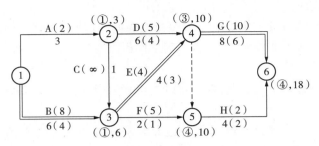

图 3.34　将 A 压缩至 3 d 后的网络计划

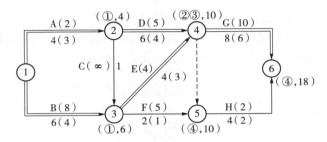

图 3.35　第一次压缩后的网络计划

第二次压缩。此时有 5 种压缩方案:①压缩 G 工作,优选系数为 10;②同时压缩 A+B 工作,组合优选系数为 10;③同时压缩 D+E 工作,组合优选系数为 9;④同时压缩 A+E 工作,组合优选系数为 6;⑤同时压缩 B+D 工作,组合优选系数为 13。故应选同时压缩工作 A 和 E 的方案,将工作 A、E 同时压缩 1 d。压缩后的网络图如图 3.36 所示,并用标号法快速计算工期,找出关键线路,关键线路未变,工期 17 d,仍需压缩 2 d,此时工作 A、E 已不能压缩,优选系数∞。

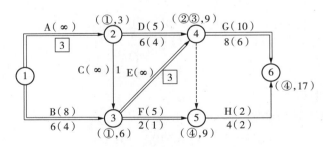

图 3.36　第二次压缩后的网络计划

第三次压缩。此时有两种压缩方案:①压缩 G 工作,优选系数为 10;②同时压缩 B+D 工作,组合优选系数为 13。故应选择压缩工作 G 的方案,将工作 G 压缩 2 d,并用标号法快速计算工期,找出关键线路,关键线路未变,工期 15 d,满足要求,此时工作 A、E、G 已不能压缩,优选系数∞至此,完成工期优化,优化后的网络计划如图 3.37 所示。

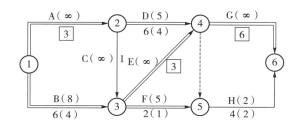

图 3.37 优化后的网络计划

3.5.2 费用优化

网络计划
费用优化

1)费用优化概述

(1)概念

费用优化又称为时间成本优化,是寻求最低成本时的最短工期安排,或按要求工期寻求最低成本的计划安排过程。

(2)工程成本与工期的关系

网络计划的总费用由直接费和间接费组成。直接费是随工期的缩短而增加的费用;间接费是随工期的缩短而减少的费用。

由于直接费随工期缩短而增加,间接费随工期缩短而减少,故必定有一个总费用最少的工期,这便是费用优化所要寻求的目标。上述情况可由图 3.38 所示的工期-费用曲线示出。

(3)费用优化的方法

通过对费用工期关系的研究可知,选择直接费率最低的关键工作,压缩其持续时间,只要直接费率小于等于间接费率($\alpha_{直} \leq \alpha_{间}$),随着工期的缩短,工程成本就是一个下降的过程,若直接费率大于间接费率,随着工期的增加,工程成本就是一个增加的过程。因此费用优化的方法就是选择直接费率最低的关键工作,压缩其持续时间。

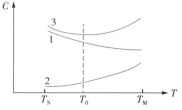

图 3.38 工期-费用曲线
1—直接费;2—间接费;
3—总费用;T_N—最短工期
T_M—正常工期;T_0—优化工期

2)费用优化的步骤

费用优化可按下述步骤进行:

①计算出工程总直接费。工程总直接费等于组成该工程的全部工作的直接费之和,用 $\sum C_{i-j}^D$ 表示。

②计算出各项工作直接费用增加率(简称直接费率,即缩短工作持续时间每一单位时间所需增加的直接费)。工作 i—j 的直接费率用 α_{i-j}^D 表示。

$$\alpha_{i-j}^D = \frac{CC_{i-j} - CN_{i-j}}{DN_{i-j} - DC_{i-j}} \tag{3.29}$$

式中　DN$_{i-j}$——工作 i—j 的正常持续时间,即在合理的组织条件下,完成一项工作所需的时间;

　　　DC$_{i-j}$——工作 i—j 的最短持续时间,即不可能进一步缩短的工作持续时间,又称临界时间;

　　　CN$_{i-j}$——工作 i—j 的正常持续时间直接费,即按正常持续时间完成一项工作所需的直接费;

　　　CC$_{i-j}$——工作 i—j 的最短持续时间直接费,即按最短持续时间完成一项工作所需的直接费。

③找出网络计划中的关键线路并求出计算工期。

④计算出计算工期为 t 的网络计划的总费用:

$$C_t^{\mathrm{T}} = \sum C_{i-j}^{\mathrm{D}} + \alpha^{\mathrm{ID}} t \tag{3.30}$$

式中　$\sum C_{i-j}^{\mathrm{D}}$——计算工期 t 的网络计划的总直接费;

　　　α^{ID}——工程间接费率,即缩短或延长工期每一单位时间所需减少或增加的费用。

⑤当只有一条关键线路时,将直接费率最小的一项工作压缩至最短持续时间,并找出关键线路。若被压缩的工作变成了非关键工作,则应将其持续时间延长,使之仍为关键工作。当有多条关键线路时,则需压缩一项或多项直接费率或组合直接费率最小的工作,并以其中正常持续时间与最短持续时间的差值最小为尺度进行压缩,并找出关键线路。若被压缩工作变成了非关键工作,则应将其持续时间延长,使之仍为关键工作。

在压缩过程中,关键工作可以被动地(即未经压缩)变成非关键工作,关键线路也可以因此变成非关键线路。

在确定了压缩方案以后,必须检查被压缩工作的直接费率或组合直接费率是否等于、小于或大于间接费率。如等于间接费率,则已得到优化方案;如小于间接费率,则需继续按上述方法进行压缩;如大于间接费率,则在此前一次的小于间接费率的方案即为优化方案。

⑥列出优化表,如表 3.9 所示。

表 3.9　优化表

缩短次数	被缩工作代号	被缩工作名称	直接费率或组合直接费率	费率差(正或负)	缩短时间	费用变化(正或负)	工期	优化点
①	②	③	④	⑤	⑥	⑦=⑤×⑥	⑧	⑨
					费用变化合计			

注:①费率差＝直接费率或组合直接费率-间接费率。

　　②费用变化只合计负值。

⑦计算出优化后的总费用：

优化后的总费用=初始网络计划的总费用−费用变化合计的绝对值 (3.31)

⑧绘出优化网络计划。在箭线上方注明直接费，箭线下方注明持续时间。

⑨按式(3.30)计算优化网络计划的总费用。此数值应与用式(3.31)计算出的数值相同。

3）费用优化范例

【例3.8】 某工程网络计划如图3.39所示,该工程间接费用率为0.8万元/d,试对其进行费用优化。

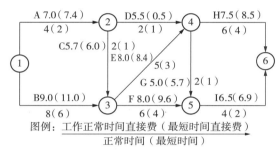

图例：<u>工作正常时间直接费（最短时间直接费）</u>
→ 正常时间（最短时间）

图 3.39 例 3.8 网络计划

【解】 (1)计算出工程总直接费

$$\sum C_{i-j}^{D} = (7.0 + 9.0 + 5.7 + 5.5 + 8.0 + 8.0 + 5.0 + 7.5 + 6.5)\ 万元 = 62.2\ 万元$$

(2)计算出各项工作的直接费率

$$\alpha_{1-2}^{D} = \frac{CC_{1-2} - CN_{1-2}}{DN_{1-2} - DC_{1-2}} = \frac{7.4 - 7.0}{4 - 2}\ 万元/d = 0.2\ 万元/d$$

$$\alpha_{1-3}^{D} = \frac{11.0 - 9.0}{8 - 6}\ 万元/d = 1.0\ 万元/d \qquad \alpha_{2-3}^{D} = \frac{6.0 - 5.7}{2 - 1}\ 万元/d = 0.3\ 万元/d$$

$$\alpha_{2-4}^{D} = \frac{6.0 - 5.5}{2 - 1}\ 万元/d = 0.5\ 万元/d \qquad \alpha_{3-4}^{D} = \frac{8.4 - 8.0}{5 - 3}\ 万元/d = 0.2\ 万元/d$$

$$\alpha_{3-5}^{D} = \frac{9.6 - 8.0}{6 - 4}\ 万元/d = 0.8\ 万元/d \qquad \alpha_{4-5}^{D} = \frac{5.7 - 5.0}{2 - 1}\ 万元/d = 0.7\ 万元/d$$

$$\alpha_{4-6}^{D} = \frac{8.5 - 7.5}{6 - 4}\ 万元/d = 0.5\ 万元/d \qquad \alpha_{5-6}^{D} = \frac{6.9 - 6.5}{4 - 2}\ 万元/d = 0.2\ 万元/d$$

(3)用标号法找出网络计划中的关键线路并求出计算工期

如图3.40所示,计算工期为19 d,关键线路为:①→③→④→⑥和①→③→④→⑤→⑥两条。图中箭线上方括号内为直接费率。

(4)计算出工程总费用

$$C_{19}^{T} = (62.2 + 0.8 \times 19)\ 万元 = (62.2 + 15.2)\ 万元 = 77.4\ 万元$$

(5)进行压缩

第一次压缩。此时有以下几种压缩方案:①压缩 B 工作,直接费率为1.0;②压缩 E 工作,直接费率为0.2;③同时压缩 G+H 工作,组合直接费率为1.2;④同时压缩 H+I 工作,组

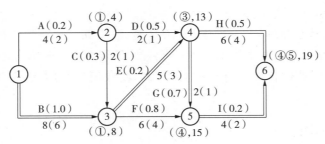

图 3.40　初始网络计划

合直接费率为 0.7。工作 E 直接费用率最小,选工作 E 作为压缩对象,压缩至最短时间 3 d。用标号法快速计算工期、找关键线路,如图 3.41 所示。

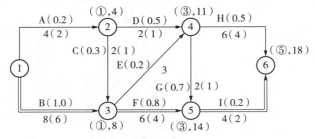

图 3.41　将 E 工作压缩至最短时间 3 d 网络计划

此时关键线路变为①→③→⑤→⑥,工作 E 压缩后变为非关键工作,因此,需要反弹。现将工作 E 压缩至 4 d,用标号法快速计算工期,找出关键线路,如图 3.42 所示,此时关键线路有 3 条,分别为:①→③→④→⑥,①→③→④→⑤→⑥和①→③→⑤→⑥。

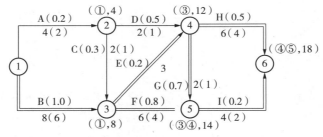

图 3.42　第一次压缩后的网络计划

第二次压缩。此时有 5 种压缩方案:①压缩 B 工作,直接费率为 1.0 万元/d;②同时压缩 E+F 工作,组合直接费率为 1.0 万元/d;③同时压缩 E+I 工作,组合直接费率为 0.4 万元/d;④同时压缩 F+G+H 工作,组合直接费率为 2.0 万元/d;⑤同时压缩 H+I 工作,组合直接费率为 0.7 万元/d。选择直接费率最小的工作压缩,直接费率最小为 E+I 组合,故同时压缩工作 E、I 各 1 d,此时 E 已至最短时间,不能再压缩。用标号法快速计算工期、找关键线路,如图 3.43 所示,关键线路变为①→③→④→⑥和①→③→⑤→⑥两条,工作 G 被动变为非关键线路。

第三次压缩。可供压缩的方案有 3 种:①压缩 B 工作,直接费率为 1.0 万元/d;②同时压缩 F+H 工作,组合直接费率为 1.3 万元/d;③同时压缩 H+I 工作,组合直接费率为 0.7 万元/d。直接费率最小为 H+I 组合,故同时压缩工作 H、I 各 1 d,此时 I 已至最短时间,不能再压缩。用标号法快速计算工期,找出关键线路,如图 3.44 所示,关键线路为①→③→④→⑥和①→③→⑤→⑥两条。

第四次压缩。此时工作 E、I 均不能再压缩,压缩方案有 B、F+H 工作,对应直接费用率为 1 和 1.3 万元/d。最小直接费用率大于间接费用率 0.8 万元/d,说明压缩工作 B 会使工程总费用增加,不需再压缩,已得最优方案。

最终优化方案如图 3.45 所示。

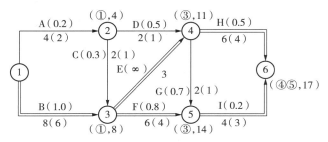

图 3.43 第二次压缩后的网络计划

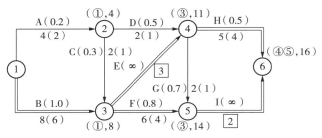

图 3.44 第三次压缩后的网络计划

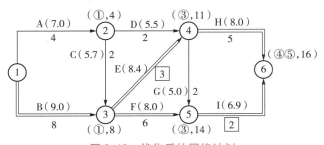

图 3.45 优化后的网络计划

(6)列出优化表(见表 3.10)

表 3.10 优化表

缩短 次数	被缩工 作代号	被缩工 作名称	直接费率或 组合直接费率	费率差 (正或负)	缩短 时间	费用变化 (正或负)	工期	优化点
①	②	③	④	⑤	⑥	⑦=⑤×⑥	⑧	⑨
0	—	—	—	—	—	—	19	
1	3—4	E	0.2	−0.6	1	−0.6	18	

续表

缩短次数	被缩工作代号	被缩工作名称	直接费率或组合直接费率	费率差（正或负）	缩短时间	费用变化（正或负）	工期	优化点
2	3—4 5—6	E、I	0.4	−0.4	1	−0.4	17	
3	4—6 5—6	H、I	0.7	−0.1	1	−0.1	16	
4	1—3	B	1.0	+0.2	—	—	—	优
				费用变化合计		−1.1		

（7）计算优化后的总费用

$$C_{16}^{T} = (77.4 - 1.1) \text{万元} = 76.3 \text{万元}$$

（8）绘出优化网络计划

如图 3.45 所示,图中被压缩工作被压缩后的直接费确定如下:①工作 E 已压至最短持续时间,直接费为 8.4 万元;②工作 I 压缩至最短,直接费为 6.9 万元;③工作 H 压缩 1 d,直接费为 7.5 万元+0.5×1 万元=8.0 万元。

（9）按优化网络计划计算出总费用

$$C_{19}^{T} = (7.0 + 9.0 + 5.7 + 5.5 + 8.4 + 8.0 + 5.0 + 8.0 + 6.9 + 0.8 \times 16) \text{万元} = (62.2 + 15.2) \text{万元} = 76.3 \text{万元}$$

与第(7)项计算出的总费用相同。

3.5.3 资源优化

资源是指为完成一项计划任务所需投入的人力、材料、机械设备和资金等。完成一项工程任务所需要的资源量基本上是不变的,不可能通过资源优化将其减少。资源优化的目的是通过改变工作的开始时间和完成时间,使资源按照时间的分布符合优化目标。

在通常情况下,网络计划的资源优化分为两种,即"资源有限,工期最短"的优化和"工期固定,资源均衡"的优化。前者是通过调整计划安排,在满足资源限制条件下,使工期延长最少的过程;而后者是通过调整计划安排,在工期保持不变的条件下,使资源需要量尽可能均衡的过程。

资源优化的原则如下:

①在优化过程中,不改变网络计划中各项工作之间的逻辑关系;

②在优化过程中,不改变网络计划中各项工作的持续时间;

③网络计划中各项工作的资源强度(单位时间所需资源数量)为常数;

④除规定可中断的工作外,一般不允许中断工作,应保持其连续性。

为简化问题,这里假定网络计划中的所有工作需要同一种资源。

1)"资源有限,工期最短"的优化

(1)优化步骤

"资源有限,工期最短"的优化一般可按以下步骤进行,而且是合理的。

①按照各项工作的最早开始时间安排进度计划,并计算网络计划每个时间单位的资源需要量。

②计划开始日期起,逐个检查每个时段(每个时间单位资源需要量相同的时间段)资源需要量是否超过所能供应的资源限量。如果在整个工期范围内每个时段的资源需要量均能满足资源限量的要求,则可认为优化方案编制完成;否则,必须转入下一步进行计划调整。

③分析超过资源限量的时段。如果在该时段内有几项工作平行作业,则采取将一项工作安排在与之平行的另一项工作之后进行的方法,以降低该时段的资源需要量。

对于两项平行作业的工作 m 和工作 n 来说,为了降低相应时段的资源需要量,现将工作 n 安排在工作 m 之后进行,如图 3.46 所示。如果将工作 n 安排在工作 m 之后进行,网络计划的工期延长值为:

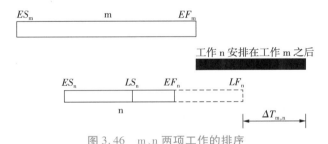

图 3.46   m、n 两项工作的排序

$$T_{m,n} = EF_m + T_n - LF_m = EF_m - (LF_n - T_n) = EF_m - LS_n \qquad (3.32)$$

式中 $T_{m,n}$——将工作 n 安排在工作 m 之后进行时网络计划的工期延长值;

EF_m——工作 m 的最早完成时间;

T_n——工作 n 的持续时间;

LF_n——工作 n 的最迟完成时间;

LS_n——工作 n 的最迟开始时间。

这样,在有资源冲突的时段中,对平行作业的工作进行两两排序,即可得出若干个 $T_{m,n}$,选择其中最小的 $T_{m,n}$,将相应的工作 n 安排在工作 m 之后进行,既可降低该时段的资源需要量,又使网络计划的工期延长最短。

④调整后的网络计划安排,重新计算每个时间单位的资源需要量。

⑤重复上述②至④步骤,直至网络计划整个工期范围内每个时间单位的资源需要量均满足资源限量为止。

(2)优化范例

【例 3.9】 某工程网络计划如图 3.47 所示,箭线上方为工作的资源强度,下方为持续时间,试对其优化。假定资源限量 $R_a = 12$。

【解】 (1)计算并绘制资源需要量动态曲线(图 3.48)。

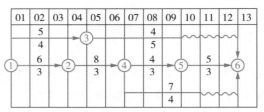

图 3.47　初始网络计划

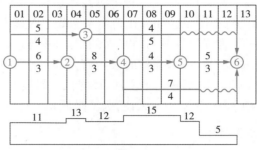

图 3.48　初始网络计划及资源需要量曲线

从计划开始日期起,逐个检查每个时段,从资源需要量曲线可看出第 4 天和第 7、8、9 天两个时间段的资源需要量超过资源限量,需进行调整。

(2)调整第 4 天的平行工作

第 4 天有 1—3 和 2—4 两项平行工作,计算工期延长,如表 3.11 所示。

表 3.11　计算工期延长表

工作序号	工作代号	最早完成时间	最迟开始时间	$\Delta T_{1,2}$	$\Delta T_{2,1}$
1	1—3	4	3	1	—
2	2—4	6	3	—	3

由表 3.12 可知 $\Delta T_{1,2}$ 最小,说明将 2 号工作安排在 1 号工作之后进行,工期延长最短,只延长 1 d。调整后的网络计划如图 3.49 所示。

(3)计算并绘制资源需要量动态曲线并检查

从曲线可看出第 8、9 天时间段的资源需要量超过资源限量,需进行调整。

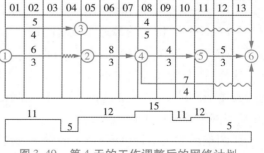

图 3.49　第 4 天的工作调整后的网络计划

(4)调整第 8、9 天的平行工作

第 8、9 天有 3—6、4—5 和 4—6 三项平行工作,计算工期延长如表 3.12 所示。

表 3.12　调整后计算工期延长表

工作序号	工作代号	最早完成时间	最迟开始时间	$\Delta T_{1,2}$	$\Delta T_{1,3}$	$\Delta T_{2,1}$	$\Delta T_{2,3}$	$\Delta T_{3,1}$	$\Delta T_{3,2}$
1	3—6	9	8	2	0	—	—	—	—
2	4—5	10	7	—	—	2	1	—	—
3	4—6	11	9	—	—	—	—	3	4

从表 3.13 可知 $\Delta T_{1,3}$ 最小,为零,说明将 3 号工作安排在 1 号工作之后进行,工期不延长。调整后的网络计划如图 3.50 所示。

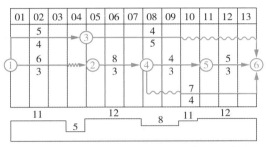

图 3.50　第 8、9 天的工作调整后的网络计划

(5)计算并绘制资源需要量动态曲线

从曲线可看出整个工期的资源需要量均未超过资源限量,故图 3.56 即已为最优方案,最短工期 13 d。

2)"工期固定,资源均衡"的优化

"工期固定,资源均衡"的优化是指调整计划安排,在工期保持不变的条件下,使资源需要量尽可能均衡的过程。

资源均衡可以大大减少施工现场各种临时设施(如仓库、堆场、加工场、临时供水供电设施等生产设施和工人临时住房、办公房屋、食堂、浴室等生活设施)的规模,从而可以节省施工费用。

(1)衡量资源均衡的指标

衡量资源均衡的指标一般有 3 种。

①不均衡系数 K:

$$K = \frac{R_{\max}}{R_{\mathrm{m}}} \tag{3.33}$$

式中　$R_{\max}$ ——最大的资源需要量;

　　R_{m} ——资源需要量的平均值,计算式为

$$R_{\mathrm{m}} = \frac{1}{T}(R_1 + R_2 + \cdots + R_t) = \frac{1}{T}\sum_{t=1}^{T} R_t \tag{3.34}$$

资源需要量不均衡系数越小,资源需要量均衡性越好。

②极差值 ΔR:

$$\Delta R = \max \left[\left| R_t - R_m \right| \right] \tag{3.35}$$

资源需要量极差值越小,资源需要量均衡性越好。

③均方差值 σ^2:

$$\sigma^2 = \frac{1}{T} \sum_{t=1}^{T} (R_t - R_m)^2 \tag{3.36}$$

为使计算较为简便,式(3.36)可做如下变换:

将式(3.36)展开,并将式(3.34)代入,得:

$$\sigma^2 = \frac{1}{T} \sum_{t=1}^{T} R_t^2 - R_m^2 \tag{3.37}$$

(2)进行优化调整

①基本思路。在满足工期不变的条件下,通过利用非关键工作的时差,调整工作的开始和结束时间,使资源需求在工期范围内尽可能均衡。

②调整顺序。调整宜自网络计划终止节点开始,从右向左逐次进行。按工作的完成节点的编号值从大到小的顺序进行调整,同一个完成节点的工作则先调整开始时间较迟的工作。所有工作都按上述顺序自右向左进行多次调整,直至所有工作既不能向右移也不能向左移为止。

③工作可移性的判断。由于工期固定,故关键工作不能移动。非关键工作是否可移,主要看是否削低了高峰值,填高了低谷值,即是不是削峰填谷。一般可用下面的方法判断:

a. 工作若向右移动 1 d,则在右移后该工作完成那一天的资源需要量宜等于或小于右移前工作开始那一天的资源需要量,否则在削了高峰值后,又填出了新的高峰值。若用 $k—l$ 表示被移工作,i 与 j 分别表示工作未移前开始和完成那一天,则:

$$R_{j+1} + r_{k-l} \le R_i \tag{3.38}$$

工作若向左移动 1 d,则在左移后该工作开始那一天的资源需要量宜等于或小于左移前工作完成那一天的资源需要量,否则亦会产生削峰后又填谷成峰的效果,即应符合下式要求:

$$R_{i-1} + r_{k-l} \le R_j \tag{3.39}$$

b. 若工作右移或左移 1 d 不能满足上述要求,则要看右移或左移数天后能否减小 σ^2 值,即按式(3.36)判断。由于式中 R_m 不变,未受移动影响的部分的 R_t 不变,故只比较受移动影响的部分的 R_t 即可,即:

向右移时:

$$[(R_i - r_{k-l})^2 + (R_{i+1} - r_{k-l})^2 + (R_{i+2} - r_{k-l})^2 + \cdots + (R_{j+1} - r_{k-l})^2 + (R_{j+2} - r_{k-l})^2 +$$
$$(R_{j+3} - r_{k-l})^2 + \cdots] \le (R_i^2 + R_{i+1}^2 + R_{i+2}^2 + \cdots + R_{j+1}^2 + R_{j+2}^2 + R_{j+3}^2 + \cdots) \tag{3.40}$$

向左移时:

$$[(R_j - r_{k-l})^2 + (R_{j-1} - r_{k-l})^2 + (R_{j-2} - r_{k-l})^2 + \cdots + (R_{i-1} + r_{k-l})^2 + (R_{i-2} + r_{k-l})^2 +$$
$$(R_{i-3} + r_{k-l})^2 + \cdots] \le (R_j^2 + R_{j-1}^2 + R_{j-2}^2 + \cdots + R_{i-1}^2 + R_{i-2}^2 + R_{i-3}^2 + \cdots) \tag{3.41}$$

3)优化范例

【例3.10】 某工程网络计划如图3.51所示,箭线上方为工作的资源强度,下方为持续时间。试进行"工期固定,资源均衡"优化。

【解】 (1)计算并绘制资源需要量动态曲线(图3.52)

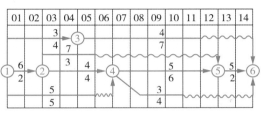

图3.51 初始网络计划

工期14 d,资源需要量平均值:

$$R_m = (2×14+2×19+20+8+4×12+9+3×5)/14 = 11.86$$

(2)对节点6为完成节点的工作进行调整

以终点节点6为完成节点的非关键工作有工作3—6和4—6,先调整开始时间晚的工作4—6。

根据右移工作判别式:$R_{j+1}+r_{k-l} \leq R_i$

$R_{11}+r_{4-6}=12=R_7=12$　　　$R_{12}+r_{4-6}=8<R_8=12$

$R_{13}+r_{4-6}=8<R_9=12$　　　$R_{14}+r_{4-6}=8<R_{10}=12$

故工作4—6可右移4个时间单位,总时差用完。工作4—6调整后的网络计划如图3.53所示。

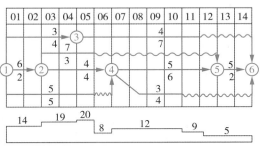

图3.52 初始网络计划及资源需要量曲线

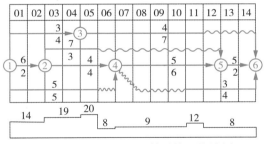

图3.53 工作4—6调整后的网络计划

接着调整工作3—6,该工作总时差为3。

$R_{12}+r_{3-6}=12<R_5=20$　　　$R_{13}+r_{3-6}=12>R_6=8$　　　$R_{14}+r_{3-6}=12>R_7=9$

工作3—6只能右移1个时间单位。工作3—6调整后的网络计划如图3.54所示。

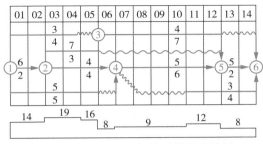

图3.54 工作3—6调整后的网络计划

(3)对节点5为完成节点的工作调整

以节点5为完成节点的非关键工作只有2—5,该工作时差为7。

调整工作2—5,根据右移工作判别式:

$$R_6+r_{2-5}=15<R_3=19 \quad R_7+r_{2-5}=16<R_4=19$$

$$R_8+r_{2-5}=16=R_5=16 \quad R_9+r_{2-5}=16>R_6=8$$

由判别式可知工作 2—5 可右移 3 个时间单位。工作 2—5 调整后的网络计划如图 3.55 所示。

（4）对节点 4 为完成节点的工作调整

以节点 4 为完成节点的非关键工作只有 1—4，该工作时差为 1，调整工作 1—4，根据右移工作判别式：$R_6+r_{1-4}=20>R_1=14$，故工作 1—4 不能右移。

（5）对节点 3 为完成节点的工作调整

以节点 3 为完成节点的非关键工作只有 1—3，该工作时差为 1，根据右移工作判别式：$R_5+r_{1-3}=12<R_1=14$，故工作 1—3 可右移 1 个时间单位。工作 1—3 调整后的网络计划如图 3.56 所示。

以节点 2 为完成节点的只有关键工作 1—2，不能移动，至此，第一次调整结束。

（6）进行第 2 次调整

以节点 6 为完成节点的只有工作 3—6，有 2 个单位机动时间，根据右移工作判别式：

$$R_{13}+r_{3-6}=12<R_6=15 \quad R_{14}+r_{3-6}=12<R_7=16$$

工作 3—6 可右移 2 个时间单位，结果如图 3.57 所示。

由图可知，所有工作左移或右移均不能使资源需要量更加均衡，因此该方案即为最优方案。

（7）比较优化前后的资源均衡指标

①初始方案的不均衡系数 K、极差值 ΔR、方差值

不均衡系数 K：

$$K = \frac{R_{max}}{R_m} = \frac{20}{11.86} = 1.69$$

极差值 ΔR：

$$\Delta R = \max[\,|R_t - R_m|\,] = \max[\,|R_5 - R_m|\,, \, |R_{12} - R_m|\,]$$

$$= \max[\,|20-11.86|\,, \, |5-11.86|\,] = \max[\,|8.14|\,, \, |-6.86|\,] = 8.14$$

方差值：

$$\sigma^2 = \frac{1}{14} \times (14^2 \times 2 + 19^2 \times 2 + 20^2 \times 1 + 8^2 \times 1 + 12^2 \times 4 + 9^2 \times 1 + 5^2 \times 3) - 11.86^2$$

$$= \frac{1}{14} \times (196 \times 2 + 361 \times 2 + 400 \times 1 + 64 \times 1 + 144 \times 4 + 81 \times 1 + 25 \times 3) - 140.66$$

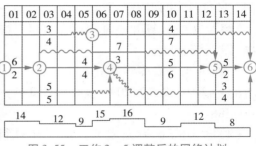

图 3.55　工作 2—5 调整后的网络计划

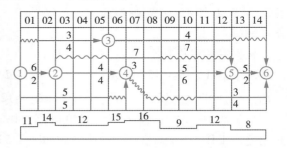

图 3.56　工作 1—3 调整后的网络计划

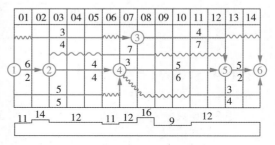

图 3.57　优化后的网络计划

$$= \frac{1}{14} \times 2\,310 - 140.66 = 165.00 - 140.66 = 24.34$$

②优化方案的不均衡系数 K、极差值 ΔR、方差值

不均衡系数 K：

$$K = \frac{R_{max}}{R_m} = \frac{16}{11.86} = 1.35$$

极差值 ΔR：

$$\Delta R = \max[\,|R_t - R_m|\,] = \max[\,|R_8 - R_m|\,,\,|R_9 - R_m|\,]$$
$$= \max[\,|16 - 11.86|\,,\,|9 - 11.86|\,] = \max[\,|4.14|\,,\,|-2.86|\,] = 4.14$$

方差值：

$$\sigma^2 = \frac{1}{T}\sum_{t=1}^{T}(R_t - R_m)^2 = \frac{1}{14} \times (11^2 \times 2 + 14^2 + 12^2 \times 8 + 16^2 + 9^2 \times 2) - 11.86^2$$
$$= \frac{1}{14} \times 2\,008 - 11.86^2 = 2.77$$

方差降低率：

$$\frac{24.34 - 2.77}{24.34} \times 100\% = 88.62\%$$

由此可见，调整后网络计划资源的均衡性较调整前有了较大幅度的提高。

3.6 双代号网络图在建筑工程施工中的应用

网络计划是表现进度计划的一种较好的形式,用网络计划可以编制出单个建筑、建筑群的施工总进度计划,也可以编制出建筑设计、结构设计和施工组织设计的进度计划,还可编制出建筑企业的年、季、月、旬的生产计划。

由于工程大小繁简不一,网络计划的体系也不同。对于小型建设工程来讲,可编制一个整体工程的网络计划来控制进度,无须分若干等级。而对于大中型建设工程来说,为了有效地控制大型而复杂的建设工程的进度,有必要编制多级网络计划系统,即:建设项目施工总进度网络计划、单项工程(或分阶段)施工进度网络计划、单位工程施工进度网络计划、分部工程施工进度网络计划等,从而做到系统控制,层层落实责任,便于管理,既能考虑局部,又能保证整体。

网络计划的应用根据工程对象的不同,分为分部工程网络计划、单位工程网络计划、群体工程网络计划。若根据综合应用原理不同,可分为时间坐标网络计划、单代号搭接网络计划、流水网络计划。这里仅介绍单位工程网络计划的编制。

3.6.1 双代号网络图的排列方式

在绘制双代号网络图的实际应用中,要求网络图按一定的次序组织排列,使其条理清晰、形象直观。双代号网络图的排列方式,主要有以下几种:

1）按施工过程排列

按施工过程排列，是根据施工顺序把各施工过程按垂直方向排列，把施工段按水平方向排列。例如，某水磨石地面工程，分为水泥砂浆找平层、镶玻璃分格条、铺抹水泥石子浆面层、磨平磨光浆面 4 个施工过程，若分为 3 个施工段组织流水施工，其网络图的排列形式如图 3.58 所示。

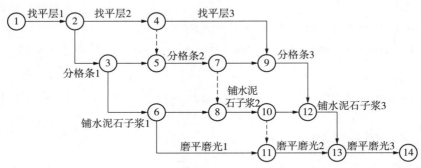

图 3.58　按施工过程排列

2）按施工段排列

按施工段进行排列，与按施工过程排列相反。它是把同一施工段上的各个施工过程按水平方向排列，而施工段则按垂直方向排列，其网络图形式如图 3.59 所示。

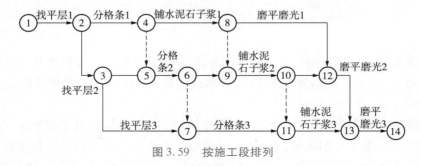

图 3.59　按施工段排列

3）按楼层排列

如图 3.60 所示，一个 5 层内装饰工程的施工组织网络图，整个施工分为地面、天棚粉刷、内墙粉刷和安装门窗 4 个施工过程，而这 4 个施工过程是按楼层自上而下的顺序组织施工的。

4）按工程的幢号排列

如图 3.61 所示的施工网络计划的排列方式，它的主要特点是沿水平方向施工同一幢号的各个施工过程，一般用于群体工程的施工网络图的绘制。

【例 3.11】　某基础工程分挖土、混凝土垫层、砖基础 3 个分项工程，分 3 个施工段；从 1 段开始，到 3 段结束，流水施工。试绘制该基础工程的双代号网络图。

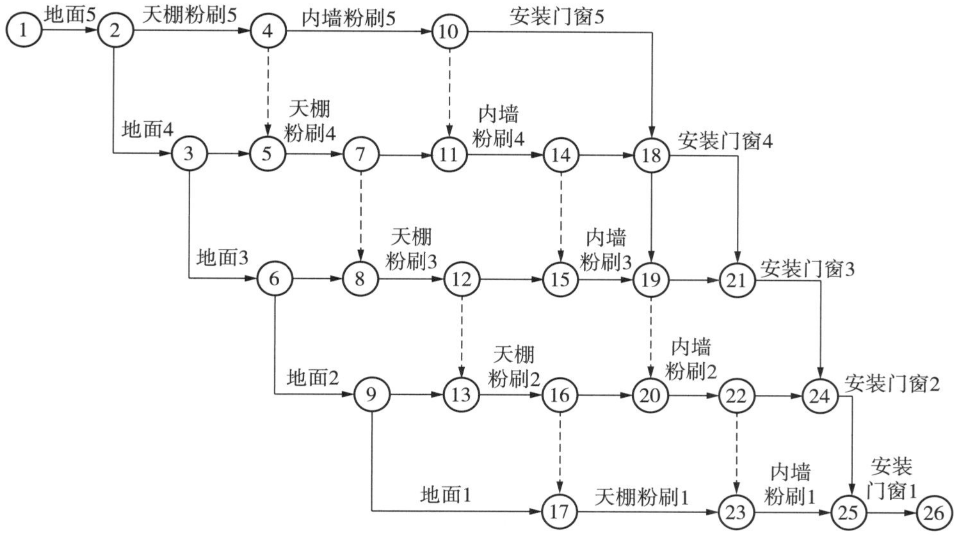

图 3.60 按楼层排列

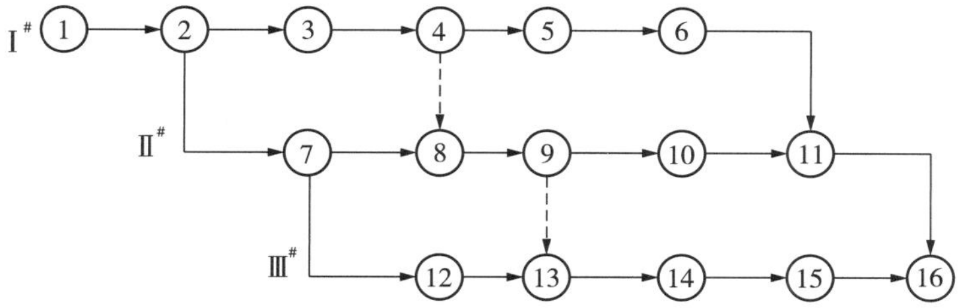

图 3.61 按幢号排列

【解】 （1）把工作任务分解成若干工作，并根据施工工艺要求和施工组织要求，确定各工作的逻辑关系，并列出各工作及其紧前工作。

该基础工程实质分为 9 项工作，其工作名称、代号及关系如表 3.13 所示。

表 3.13 各项工作逻辑关系表

工作名称	挖1	挖2	挖3	垫1	垫2	垫3	基1	基2	基3
工作代号	A_1	A_2	A_3	B_1	B_2	B_3	C_1	C_2	C_3
紧前工作	—	A_1	A_2	A_1	A_2、B_1	A_3、B_2	B_1	B_2、C_1	C_2、B_3

（2）从无紧前工作的工作开始，依次在某工作后画出紧前工作为该工作的各项工作。本例的绘图步骤如图 3.62(a)、(b)、(c)、(d)所示。

（3）如图 3.63 所示，对初始绘制网络图进行检查和调整并编号。

注意：出现"两进两出"及以上节点时，应特别注意逻辑关系，一般可使用虚工序来避免这种节点。

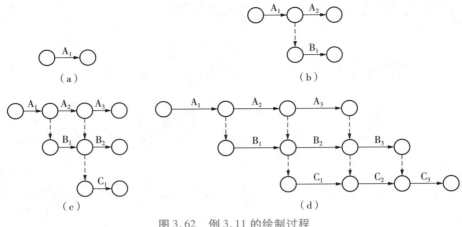

图 3.62　例 3.11 的绘制过程

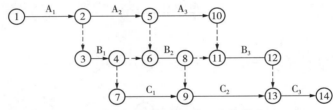

图 3.63　例 3.11 双代号网络图

3.6.2　单位工程网络计划的编制方法与步骤

单位工程进度
计划编制

单位工程网络计划的编制方法与步骤应符合下列规定：

①熟悉图纸、调查研究、分析情况。通过全面熟悉图纸和审查图纸，并与设计单位和建设单位加强联系，可以弄清设计规模、建筑构造、结构类型、建设构想以及对工程质量的要求；通过调查研究，可以拟好与工程项目有关的技术、经济、自然等条件，了解劳动力、机械设备以及材料供应与使用情况，了解协作单位的情况等。通过调查研究、分析情况，为更好地制订施工方案作好充分的准备。

②制订施工方案，确定施工顺序。在编制网络计划以前，应根据工程项目的结构、构造特点和施工条件，确定出主要分部分项工程的施工方法，选择主要的施工机械设备。如对于多层或高层建筑，在确定施工顺序时，应注意地上和地下工程的关系、结构主体工程和装饰工程的关系、室内装饰工程和室外装饰工程的关系、装饰工程的流向、室内装饰工程各工序之间的相互关系、土建工程与水电设备安装工程的关系等。

③确定工作项目。网络计划中，工作项目划分的粗细应根据各级的需要不同来划分。若供工程负责人掌握的网络计划，应把工作项目划分得粗一些，并简洁，抓住关键；若供工程管理人员使用的网络计划，则应划分得细一些，以便于具体指导施工作业。对于大型工程或建筑群的进度计划，网络计划宜分级编制，即先编制一个总的网络计划作为控制性网络计划，再按单位工程和分部分项工程编制更为详细的网络计划。

④计算工程量及劳动量和机械需求量。工程量应根据工序划分的粗细程度，并按施工

图以及有关的计算规定进行计量;而劳动量和机械需求量,则应根据现行的施工定额和劳动定额,以及各工序计算出的工程量来确定。

⑤确定工作的持续时间。工作持续时间的计算,对于关键线路法(CPM)需要估算每项工作的持续时间或由公式算出;对于计划评审技术(PERT)则需估算出 3 个持续时间,据此算出持续时间的均差和方差,从而算出按要求工期完工的概率。可以将以上资料,编制成工作项目表,按照一定的顺序,确定各工作之间在工艺上和组织上的逻辑关系,为绘制施工网络图准备条件。其表头可参考表 3.14。

表 3.14 工作项目表头

序号	工作名称	工作编号	紧前工作	工程量		时间定额	劳动量	产量定额	台班数	每班工作人数	每天工作班数	每班机械数	机械需求量		工作持续时间
				单位	数量								名称	数量	
(1)	(2)	(3)	(4)	(5)		(6)	(7)	(8)	(9)	(10)	(11)	(12)	(13)		(14)

持续时间可按下式计算:

$$D = P/R \cdot b \tag{3.42}$$

式中　D——持续时间;

　　　R——每班工作人数或机械台班;

　　　P——劳动量或台班数;

　　　B——每天工作班数。

⑥绘制初始网络图。根据表 3.14 所示的逻辑关系绘制出初始网络图。绘制时应合理布置,使网络图布局整齐、清晰、美观、易于掌握,并将节点编号、工作名称及持续时间按要求标注在网络图上。

⑦计算及绘图。计算网络计划的各时间参数,确定出关键线路,并在网络计划的下方绘出资源动态图或每天的资源量以及资源累计量。

⑧调整与优化网络计划。

⑨绘制出正式网络计划。

3.6.3 某五层住宅楼双代号施工网络图示例

某工程为 5 层三单元混合结构住宅楼,建筑面积 1 530 m²,采用毛石混凝土墙基、1 砖厚承重墙,现浇钢筋混凝土楼板及楼梯,屋面为上人屋面,砌 1 砖厚、1 m 高女儿墙,木门窗,屋面做三毡四油防水层,地面为 60 mm 厚的 C10 混凝土垫层、水泥砂浆面层,现浇楼面和楼梯面抹水泥砂浆,内墙面抹石灰砂浆、双飞粉罩面,外墙为干粘石面层、砖砌散水及台阶。

编制单位工程施工网络计划的方法和步骤与编制见 3.6.2 节,与单位工程施工进度计划水平图表的方法和步骤基本相同,但有其特殊性。网络计划主要要求突出工期,应尽量争取时间、充分利用空间、均衡使用各种资源,按期或提前完成施工任务。

单位工程施工网络图如图 3.64 所示。基础工程分两个施工段,其余工程分层施工,外装修和屋面工程待 5 层主体工程完工后施工。图 3.65 为此多层混合结构住宅网络图各项工作时间参数的计算图,总工期为 128 个工作日,关键线路在图中用粗黑线表示。

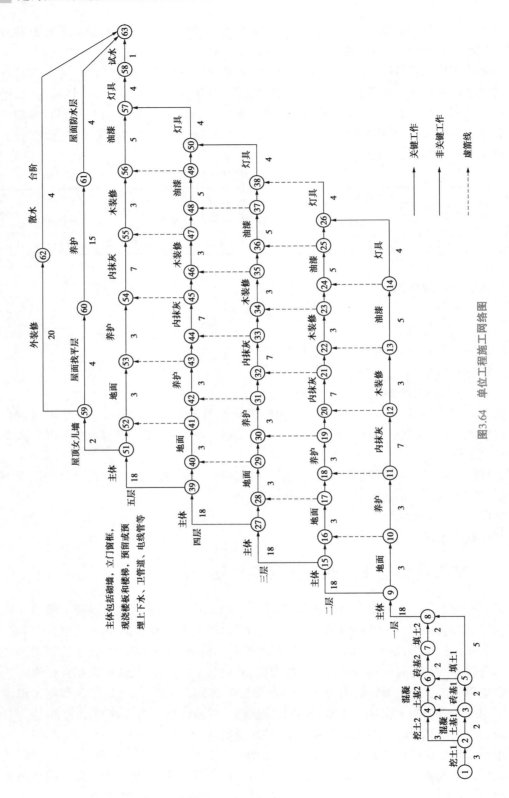

图3.64 单位工程施工网络图

主体包括砌墙，立门窗框，
现浇楼板和楼梯，预留或预
埋上下水、卫管道、电线管等

关键工作
非关键工作
虚箭线

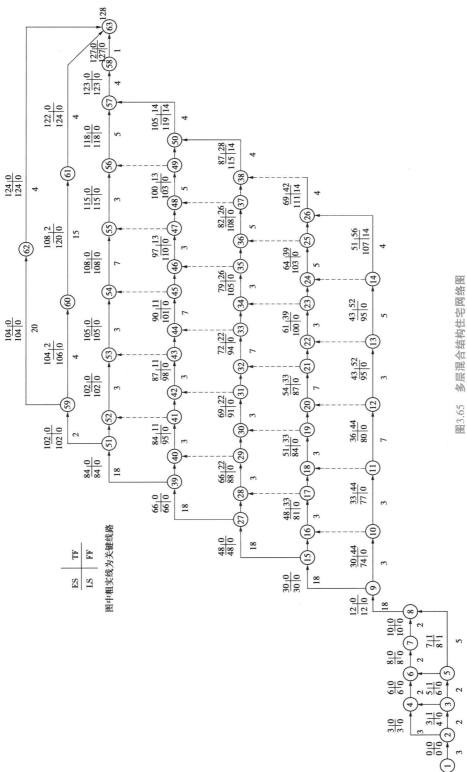

图3.65 多层混合结构住宅网络图

项目小结

（1）网络图是施工进度计划的表达方式之一，主要包括双代号网络计划、单代号网络计划、双代号时标网络计划等类型。网络图计划具有逻辑关系清晰、参数表达准确、有利于采用软件进行施工进度控制与优化等优点。

（2）双代号网络图计划是最常用的网络图计划之一。它是由两个节点与一个箭线表示一个施工过程，绘制过程中应注意逻辑关系的正确表达、其他绘制规则及双代号网络图的布置方式；双代号网络计划时间参数的计算是网络图计划的难点，包括节点参数计算与工作参数计算，其中时差计算、工期计算与确定关键线路是重点与难点。

（3）单代号网络图计划是由一个节点表示一个施工过程，用箭线表示工作过程之间的逻辑关系；基于逻辑关系与绘制规则进行单代号网络计划的绘制与单代号网络计划时间参数的计算是单代号网络计划的重点与难点。

（4）双代号时标网络计划是双代号网络计划的一种，是将双代号网络计划与横道计划相结合，以水平箭线长度表示施工过程的持续时间。它不仅具有双代号网络计划逻辑关系清晰的优点，也具有横道计划形象直观的优点。

（5）网络计划的优化与调整是网络计划的主要内容，主要包括工期优化与调整、工期-费用优化与调整等内容，关键是利用计算参数确定关键线路，通过压缩与调整关键线路的关键工作达到优化的目的，是本项目的重点与难点之一。

思考与练习

3.1 什么是网络图？什么是网络计划？什么是网络计划技术？

3.2 工作和虚工作有什么不同？虚工作可起哪些作用？试举例说明。

3.3 简述网络图的绘制原则。

3.4 什么是总时差、自由时差、节点最早时间、节点最迟时间？

3.5 双代号时标网络图的特点有哪些？

3.6 什么是工期优化和费用优化？它们的区别是什么？

3.7 在费用优化过程中，如果拟缩短持续时间的关键工作（或关键工作组合）的直接费用率（或组合直接费用率）大于工程间接费用率时，即可判定此时已达到优化点，为什么？

3.8 已知工作之间的逻辑关系如表 3.15 所示，试绘制双代号网络图。

表 3.15 题 3.8 表

工作名称	A	B	C	D	E	F	H	I	K
紧前工作	—	—	—	A、B、C	B、C	C	E	E、F	E、D

3.9 某工程有 9 项工作组成，它们之间的网络逻辑关系如表 3.16 所示，试绘制双代号

网络图。

表 3.16 题 3.9 表

工作名称	A	B	C	D	E	F	G	H	I
紧前工作	—	A	A	B、C	B	C	D、E	D、F	G、H
持续时间/d	3	4	6	8	5	4	6	4	5

3.10 某工程有 9 项工作组成,它们的持续时间和网络逻辑关系如表 3.17 所示,试绘制双代号网络图。

表 3.17 题 3.10 表

工作名称	A	B	C	D	E	F	G	H	I
紧前工作	—	—	—	A、B、C	B	C	C	B	D、G、H
持续时间/d	4	6	6	5	8	3	5	4	9

3.11 某现浇钢筋混凝土工程由支模板、绑钢筋、浇混凝土 3 个分项工程组成,它们划分为 4 个施工段,各分项工程在各个施工段上的持续时间如图 3.66 所示。

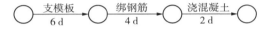

图 3.66 题 3.11 图

试绘制:(1)按工种排列的双代号网络图;
(2)按施工段排列的双代号网络图。

3.12 计算图 3.67 所示双代号网络图的各项时间参数。

3.13 某网络计划的有关资料如表 3.18 所示,试绘制双代号网络计划,在图中标出各个节点的最早时间和最迟时间,并据此判定各项工作的 6 个主要时间参数。最后,用双箭线标明关键线路。

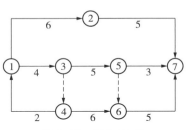

图 3.67 题 3.12 图

表 3.18 题 3.13 表

工作名称	A	B	C	D	E	G	H	I	J	K
紧前工作	—	A	A	A	B	C、D	D	B	E、H、G	G
持续时间/d	2	3	4	5	6	3	4	7	2	3

3.14 某网络计划的有关资料如表 3.19 所示,试绘制单代号网络计划,并在图中标出各项工作的 6 个时间参数及相邻两项工作之间的时间间隔,最后用双箭线标明关键线路。

表 3.19 题 3.14 表

工作名称	A	B	C	D	E	G
紧前工作	—	—	—	B	B	C、D
持续时间/d	12	10	5	7	6	4

3.15 某网络计划的有关资料如表 3.20 所示,试绘制双代号时标网络计划,并判定各项工作的 6 个时间参数和关键线路。

表 3.20 题 3.15 表

工作名称	A	B	C	D	E	G	H	I	J	K
紧前工作	—	A	A	B	B	D	G	E、G	C、E、G	H、I
持续时间/d	2	3	5	2	3	3	2	3	6	2

3.16 已知网络计划如图 3.68 所示,箭线下方括号外数字为工作的正常持续时间,括号内数字为工作的最短持续时间;箭线上方括号内数字为优选系数。要求工期为 15 d,试对其进行工期优化。

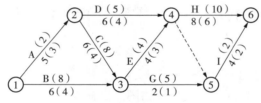

图 3.68 题 3.16 图

3.17 已知某工程计划网络如图 3.69 所示,箭线下方括号外数字为工作的正常持续时间,括号内数字为工作的最短持续时间;箭线上方括号外数字为正常持续时间时的直接费,括号内数字为最短持续时间时的直接费。整个工程的间接费率为 0.35 万元/d。试对此计划进行费用优化,求出费用最少的相应工期。

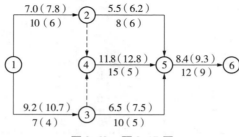

图 3.69 题 3.17 图

3.18 某工程的网络计划如图 3.70 所示,箭线上方为需要的工人数,箭线下方为工作持续时间。假定每天只有 10 个工人可供使用,请进行资源优化。

3.19 某工程网络计划如图 3.71 所示,箭线上方为工作的资源强度,箭线下方为工作持续时间,时间单位为 d。试确定工期固定、资源均衡的方案。

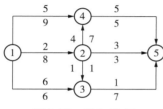

图 3.70　题 3.18 图

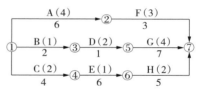

图 3.71　题 3.19 图

项目 4
施工准备工作

项目导读

本项目主要介绍了施工准备工作的内容与要求、有关施工资料调查与收集、技术准备、资源准备、现场准备与季节性施工等内容，重点介绍了施工准备工作计划的编制与施工平面布置图的编制等知识点。通过学习，培养学生具有编制施工准备工作计划与施工平面布置图的能力。

- 重点　施工准备工作计划。
- 难点　施工平面布置图。
- 关键词　施工准备工作，技术准备，现场准备，资源准备。

4.1　施工准备工作的内容与要求

4.1.1　施工准备工作的意义

施工准备工作的基本任务是为拟建工程的施工建立必要的技术和物质条件，统筹安排施工力量和施工现场。施工准备工作也是施工企业搞好目标管理，推行技术经济承包的重要依据，同时施工准备工作还是土建施工和设备安装顺利进行的根本保证。因此认真地做好施工准备工作，对于发挥企业优势、合理供应资源、加快施工速度、提高工程质量、降低工程成本、增加企业经济效益、赢得企业社会信誉、实现企业管理现代化等具有重要的意义。做好施工准备工作具有以下几方面的意义：

(1)遵循建筑施工程序

施工准备是建筑施工程序的一个重要阶段。现代工程施工是十分复杂的生产活动,其技术规律和社会主义市场经济规律要求工程施工必须严格按建筑施工程序进行。只有认真做好施工准备工作,才能取得良好的建设效果。

(2)降低施工风险

就工程项目施工的特点而言,其生产受外界干扰及自然因素的影响较大,因而施工中可能遇到的风险就多。只有充分做好施工准备工作,采取预防措施,加强应变能力,才能有效地降低风险损失。

(3)创造工程开工和顺利施工的条件

工程项目施工中不仅需要耗用大量材料,使用许多机械设备,组织安排各工种人力,涉及广泛的社会关系,而且还要处理各种复杂的技术问题,协调各种配合关系。因而需要统筹安排和周密准备,才能使工程顺利开工,开工后能连续顺利地施工且能得到各方面条件的保证。

(4)提高企业经济效益

认真做好工程项目施工准备工作,能调动各方面的积极因素,合理组织资源进度、提高工程质量、降低工程成本,从而提高企业经济效益和社会效益。

实践证明,施工准备工作的好与坏,将直接影响建筑产品生产的全过程。凡是重视和做好施工准备工作,积极为工程项目创造一切有利的施工条件,则该工程能顺利开工,取得施工的主动权;反之,如果违背施工程序,忽视施工准备工作或工程仓促开工,必然会处处被动,给工程的施工带来麻烦和重大损失。

4.1.2 施工准备工作的分类和内容

1)施工准备工作的分类

(1)按施工准备工作的对象分类

①施工总准备:以整个建设项目为对象而进行的各项施工准备,其作用是为整个建设项目的顺利施工创造有利条件,它既为全场性的施工做好准备,也兼顾了单位工程施工条件的准备。

施工准备
工作分类

②单位工程施工准备:以单位工程为对象而进行的施工条件的准备工作,其作用是为单位工程施工服务的。它不仅要为单位工程在开工前做好一切准备,而且要为分部分项工程做好施工准备工作。

③分部分项工程作业条件的准备:以某分部分项工程为对象而进行的作业条件的准备。

④季节性施工准备:为冬、雨期和夏季施工创造条件的施工准备工作。

(2)按拟建工程所处施工阶段分类

①开工前施工准备:它是在拟建工程正式开工之前所进行的一切施工准备工作。其作用是为工程正式开工创造必要的施工条件,它带有全局性和总体性。

开工前
施工准备

②工程作业条件的施工准备：它是在拟建工程开工以后，在每一个分部分项工程施工之前所进行的一切施工准备工作。其作用是为各分部分项工程的顺利施工创造必要的施工条件，它带有局部性和经常性。

综上所述，不仅在拟建工程开工之前要做好施工准备工作，而且随着工程施工的进展，在各施工阶段开工之前也要做好施工准备工作。施工准备工作既要有阶段性，又要有连续性。因此，施工准备工作必须要有计划、有步骤、分期和分阶段地进行，要贯穿拟建工程的整个建造过程。

2）施工准备工作的内容

施工准备工作涉及的范围广、内容多，视该工程本身及其具备条件的不同，一般可归纳为以下5个方面：

①调查研究和收集资料——原始资料的调查，收集有关信息与资料。

②技术资料的准备——熟悉和会审图纸，编制中标后施工组织设计和编制施工预算。

③施工现场准备——拆除障碍物、建立测量控制网、七通一平、搭设临时设施。

④生产资料准备——建筑材料的准备、施工机具和周转材料的准备、预制构配件和配件的加工准备。

⑤施工现场人员准备——项目组的组建、施工队伍的准备、施工队伍的教育。

⑥季节性施工准备——冬期施工准备、雨期施工准备和夏季施工准备。

4.1.3　施工准备工作的要求

1）施工准备工作应有组织、有计划、分阶段、有步骤地进行

为了有步骤、有安排、有组织、全面地搞好施工准备，在进行施工准备之前，应编制好施工准备工作计划，其形式如表4.1所示。

表4.1　施工准备工作计划表

序号	项目	施工准备工作内容	要求	负责单位	负责人	配合单位	起止时间				备注
							月	日	月	日	
1											
2											

施工准备工作计划是施工组织设计的重要组成部分，应依据施工方案、施工进度计划、资源需要量等进行编制。除了用上述表格计划外，还可采用网络计划进行编制，以明确各项准备工作之间的关系并找出关键工作，并且可在网络计划上进行施工准备期的调整。

2）建立严格的施工准备工作责任制

施工准备工作必须有严格的责任制，按施工准备工作计划将责任落实到有关部门和具体人员，项目经理全权负责整个项目的施工准备工作，对准备工作进行统一布置和安排，协

调各方面关系,以便按计划要求及时全面完成准备工作。

3) 建立施工准备工作检查制度

施工准备工作不仅要有明确的分工和责任,要有布置、有交底,在实施过程中还要定期检查。施工准备工作的检查内容主要是检查施工准备工作计划的执行情况。如果没有完成计划的要求,应进行分析,找出原因,排除障碍,协调施工准备工作进度或调整施工准备工作计划。检查的方法可采用实际与计划对比法,检查施工准备工作情况,当场分析产生问题的原因,提出解决问题的方法。

4) 严格遵守建设程序,执行开工报告制度

必须遵循基本建设程序,坚持没有做好施工准备不准开工的原则,当施工准备工作的各项内容已完成,满足开工条件,已办理施工许可证,项目经理部应申请开工报告,报上级批准后才能开工。实行监理的工程,还应将开工报告送监理工程师审批,由监理工程师签发开工通知书。具体的开工报审表、开工报告如表4.2、表4.3所示。

表4.2 开工报审表

致: （监理单位）	
我方承担的_____工程,已完成了以下各项工作,具备了开工/复工条件,特此申请施工,请核查并签发开工/复工令。 附:1.开工报告 2.证明文件	承包单位(章) 项目经理 日 期
审查意见:	项目监理机构 总监理工程师 日 期

5) 处理好各方面的关系

施工准备工作的顺利实施,必须将多工种、多专业的准备工作统筹安排、协调配合,施工单位要取得建设单位、设计单位、监理单位及有关单位的大力支持与协作,使准备工作深入有效地实施,为此要处理好几个方面的关系:

(1)建设单位准备与施工单位准备相结合

为保证施工准备工作全面完成,不出现漏洞或职责推诿的情况,应明确划分建设单位和施工单位准备工作的范围、职责及完成时间,并在实施过程中,相互沟通、相互配合,保证施工准备工作的顺利完成。

(2)前期准备与后期准备相结合

施工准备工作有一些是开工前必须做的,有一些是在开工之后交叉进行的,因此既要立

足于前期准备工作,又要着眼于后期的准备工作,两者均不能偏废。

表4.3　开工报告

编号:

工程名称		建设单位		设计单位		施工单位	
工程地点		结构类型		建筑面积		层　次	
工程批准文号			施工许可证办理情况				
预算造价			施工图纸会审情况				
计划开工日期	年　月　日		主要物资准备情况				
计划竣工日期	年　月　日	施工准备工作情况	施工组织设计编审情况				
实际开工日期	年　月　日		七通一平情况				
合同工期			工程预算编审情况				
合同编号			施工队伍进场情况				
审核意见	建设单位		监理单位		施工企业		施工单位
	负责人　（公章） 年　月　日		负责人　（公章） 年　月　日		负责人　（公章） 年　月　日		负责人　（公章） 年　月　日

（3）室内准备与室外准备相结合

室内准备工作是指工程建设的各种技术经济资料的编制和汇集,室外准备工作是指对施工现场和施工活动所必需的技术、经济、物质条件的建立。室外准备与室内准备应同时并举,互相创造条件。室内准备工作对室外准备工作起着指导作用,而室外准备工作则对室内准备工作起促进作用。

（4）现场准备与加工预制准备相结合

在现场准备的同时,对大批预制加工构件就应提出供应进度要求,并委托生产,对一些大型构件应进行技术经济分析,及时确定是现场预制,还是加工厂预制,构件加工还应考虑现场的存放能力及使用要求。

（5）土建工程与安装工程相结合

土建施工单位在拟订出施工准备工作规划后,要及时与其他专业工程以及供应部门相结合,研究总包与分包之间综合施工、协作配合的关系,然后各自进行施工准备工作,相互提供施工条件,有问题及早提出,以便采取有效措施,促进各方面准备工作的进行。

（6）班组准备与工地总体准备相结合

在各班组做施工准备工作时,必须与工地总体准备相结合,要结合图纸交底及施工组织设计的要求,熟悉有关的技术规范、规程,协调各工种之间衔接配合,力争连续、均衡的施工。

班组作业的准备工作包括:

①进行计划和技术交底,下达工程任务书;

②施工机具进行保养和就位；

③将施工所需的材料、构配件,经质量检查合格后供应到施工地点；

④具体布置操作场地,创造操作环境；

⑤检查前一工序的质量,搞好标高与轴线的控制。

4.2　有关施工资料调查与收集

调查研究和收集有关施工资料,是施工准备工作的重要内容之一。尤其当施工单位进入一个新的城市和地区,此项工作显得更加重要,它关系到施工单位全局的部署与安排。通过原始资料的收集分析,为编制出合理的、符合客观实际的施工组织设计文件提供全面、系统、科学的依据,为图纸会审、编制施工图预算和施工预算提供依据,为施工企业管理人员进行经营管理决策提供可靠的依据。

4.2.1　调查与工程项目特征有关的资料

对工程项目特征与要求最熟悉的莫过于项目建设单位与设计单位。施工单选应首先向建设单位与设计单位调查与工程项目特征及要求有关的资料,同时向项目咨询单位(监理单位)及其他相关部门调查项目特征及要求有关的资料。对建设单位与设计单位的调查,见表4.4。

表4.4　向建设单位与设计单位调查的项目

序号	调查单位	调查内容	调查目的
1	建设单位	①建设项目设计任务书、有关文件； ②建设项目性质、规模、生产能力； ③生产工艺流程,主要工艺设备名称及来源、供应时间、分批和全部到货时间； ④建设期限、开工时间、交工先后顺序、竣工投产时间； ⑤总概算投资、年度建设计划； ⑥施工准备工作内容、安排、工作进度表	①施工依据； ②项目建设部署； ③制定主要工程施工方案； ④规划施工总进度； ⑤安排年度施工计划； ⑥规划施工总平面图； ⑦确定占地范围
2	设计单位	①建设项目总平面规划； ②工程地质勘察资料； ③水文勘察资料； ④项目建筑规模,建筑、结构、装修概况,总建筑面积、占地面积； ⑤单项(单位)工程个数； ⑥设计进度安排； ⑦生产工艺设计、特点； ⑧地形测量图	①规划施工总平面图； ②规划生产施工区、生活区； ③安排大型暂设工程； ④概算施工总进度； ⑤规划施工总进度； ⑥计算平整场地土石方量； ⑦确定地基、基础的施工方案

4.2.2 调查与收集建设地区的自然环境资料

建设地区自然环境对项目施工影响较大,施工单位应提前对项目所在区域的水文、地质、气候等自然环境资料进行调查与收集。自然环境资料调查的主要内容有建设地点的气象、地形、地貌、工程地质、水文地质、场地周围环境及障碍物,主要内容见表4.5,资料来源主要是气象部门及设计单位。其主要作用是确定施工方法和技术措施,也是编制施工进度计划和施工平面图布置设计的依据。

表 4.5 自然条件调查表

序号	项 目	调查内容	调查目的
(一)气 象			
1	气 温	①年平均、最高、最低、最冷、最热月份的逐月平均温度; ②冬、夏季室外计算温度	①确定防暑降温的措施; ②确定冬季施工措施; ③估计混凝土、砂浆强度
2	雨(雪)	①雨季起止时间; ②月平均降雨(雪)量、最大降雨(雪)量、一昼夜最大降雨(雪)量; ③全年雷暴日数	①确定雨季施工措施; ②确定工地排水、防洪方案; ③确定防雷设施
3	风	①主导风向及频率(风玫瑰图); ②≥8级风的全年天数、时间	①确定临时设施的布置方案; ②确定高空作业及吊装的技术安全措施
(二)工程地形、地质			
1	地 形	①区域地形图:1/10 000～1/25 000; ②工程位置地形图:1/1 000～1/2 000; ③该地区城市规划图; ④经纬坐标桩、水准基桩的位置	①选择施工用地; ②布置施工总平面图; ③场地平整及土方量计算; ④了解障碍物及其数量
2	工程地质	①钻孔布置图; ②地质剖面图:土层类别、厚度; ③物理力学指标:天然含水率、孔隙比、塑性指数、渗透系数、压缩试验及地基土强度; ④地层的稳定性:断层滑块、流砂; ⑤最大冻结深度; ⑥地基土破坏情况:枯井、古墓、防空洞及地下构筑物等	①土方施工方法的选择; ②地基土的处理方法; ③基础施工方法; ④复核地基基础设计; ⑤拟订障碍物拆除计划
3	地 震	地震等级、烈度大小	确定对基础的影响、注意事项
(三)工程水文地质			

续表

序号	项 目	调查内容	调查目的
1	地下水	①最高、最低水位及时间； ②水的流向、流速及流量； ③水质分析：水的化学成分； ④抽水试验	①基础施工方案选择； ②降低地下水的方法； ③拟订防止侵蚀性介质的措施
2	地面水	①临近江河湖泊距工地的距离； ②洪水、平水、枯水期的水位、流量及航道深度； ③水质分析； ④最大、最小冻结深度及结冻时间	①确定临时给水方案； ②确定运输方式； ③确定水工施工方案； ④确定防洪方案

4.2.3 调查与收集建设地区的技术经济资料

1)收集水、电等生产资源供应资料

水、电和蒸汽是施工不可缺少的条件。收集的内容如表 4.6 所示。资料来源主要是当地城市建设、电力、电信等管理部门和建设单位。其主要用于选用施工用水、用电和供热、供汽方式的依据。

表 4.6 水、电、汽条件调查表

序号	项目	调查内容	调查目的
1	供水排水	①工地用水与当地现有水源连接的可能性，可供水量、接管地点、管径、材料、埋深、水压、水质及水费；至工地距离，沿途地形地物状况； ②自选临时江河水源的水质、水量、取水方式，至工地距离，沿途地形地物状况；自选临时水井的位置、深度、管径、出水量和水质； ③利用永久性排水设施的可能性，施工排水的去向、距离和坡度；有无洪水影响，防洪设施状况	①确定生活、生产供水方案； ②确定工地排水方案和防洪方案； ③拟订供排水设施的施工进度计划
2	供电电信	①当地电源位置，引入的可能性，可供电的容量、电压、导线截面和电费，引入方向，接线地点及其至工地距离，沿途地形地物状况； ②建设单位和施工单位自有的发、变电设备的型号、台数和容量； ③利用邻近电信设施的可能性，电话、电报局等至工地的距离，可能增设电信设备、线路的情况	①确定供电方案； ②确定通信方案； ③拟订供电、通信设施的施工进度计划
3	供汽供热	①蒸汽来源，可供蒸汽量，接管地点、管径、埋深，至工地距离，沿途地形地物状况，蒸汽价格； ②建设、施工单位自有锅炉的型号、台数和能力，所需燃料及水质标准； ③当地或建设单位可能提供的压缩空气、氧气的能力，至工地距离	①确定生产、生活用气的方案； ②确定压缩空气、氧气的供应计划

2）收集交通运输等社会经济资料

建筑施工中,常用铁路、公路和航运等三种主要交通运输方式。收集的内容如表4.7所示。资料来源主要是当地铁路、公路、水运和航运管理部门。其主要用于决定选用材料和设备的运输方式以及组织运输业务的依据。

表4.7 交通运输条件调查表

序号	项 目	调查内容	调查目的
1	铁路	①邻近铁路专用线、车站至工地的距离及沿途运输条件; ②站场卸货线长度,起重能力和储存能力; ③装卸单个货物的最大尺寸、质量的限制	①选择运输方式; ②拟订运输计划
2	公路	①主要材料产地至工地的公路等级、路面构造、路宽及完好情况,允许最大载重量;途经桥涵等级、允许最大尺寸、最大载重量; ②当地专业运输机构及附近村镇能提供的装卸、运输能力(吨公里),运输工具的数量及运输效率;运费、装卸费; ③当地有无汽车修配厂、修配能力和至工地距离	
3	航运	①货源、工地至邻近河流、码头渡口的距离,道路情况; ②洪水、平水、枯水期时,通航的最大船只及吨位,取得船只的可能性; ③码头装卸能力、最大起重量,增设码头的可能性; ④渡口的渡船能力,同时可载汽车数,每日次数,能为施工提供能力; ⑤运费、渡口费、装卸费	

3）收集建筑材料与施工机具等供应资料

建筑工程要消耗大量的材料,主要有钢材、木材、水泥(以上简称"三材")、地方材料(砖、砂、灰、石)、装饰材料、构件制作、商品混凝土、建筑机械等。其内容见表4.8、表4.9。资料来源主要是当地主管部门和建设单位及各建材生产厂家、供货商。其主要作用是选择建筑材料和施工机械的依据。

表4.8 地方资源调查表

序号	材料名称	产地	储藏量	质量	开采量	出厂价	供应能力	运距	单位运价
1									
2									
...									

4）调查与收集劳动力资源供应资料

建筑施工是劳动密集型的生产活动。社会劳动力是建筑施工劳动力的主要来源,其内容见表4.10。资料来源是当地劳动、商业、卫生和教育主管部门。其主要作用是为劳动力安排计划、布置临时设施和确定施工力量提供依据。

表4.9 三材、特殊材料和主要设备调查表

序号	项目	调查内容	调查目的
1	三材	①钢材订货的规格、型号、数量和到货时间； ②木材订货的规格、等级、数量和到货时间； ③水泥订货的品种、标号、数量和到货时间	①确定临时设施和堆放场地； ②确定木材加工计划； ③确定水泥储存方式
2	特殊材料	①需要的品种、规格、数量； ②试制、加工和供应情况	①制订供应计划； ②确定储存方式
3	主要设备	①主要工艺设备名称、规格、数量和供货单位； ②供应时间：分批和全部到货时间	①确定临时设施和堆放场地； ②拟订防雨措施

表4.10 社会劳动力和生活设施调查表

序号	项目	调查内容	调查目的
1	社会劳动力	①少数民族地区的风俗习惯； ②当地能支援的劳动力人数、技术水平和来源； ③上述人员的生活安排	①拟订劳动力计划； ②安排临时设施
2	房屋设施	①必须在工地居住的单身人数和户数； ②能作为施工用的现有房屋的栋数、每栋面积、结构特征、总面积、位置，水、暖、电、卫生设备状况； ③上述建筑物的适宜用途，作宿舍、食堂、办公室的可能性	①确定原有房屋为施工服务的可能性； ②安排临时设施
3	生活服务	①主副食品供应、日用品供应、文化教育、消防治安等机构能为施工提供的支援能力； ②邻近医疗单位至工地的距离，可能就医的情况； ③周围是否存在有害气体污染情况，有无地方病	安排职工生活基地

4.2.4 收集当地政府与建设行政法规文件

收集当地政府或建设行政主管部门颁布的与建设工程施工有关的条例和规章制度，如建筑工地安全文明施工规定、夜间施工规定、地方新技术推广应用的规定、工程建设监理规定等。这些资料对编制工程施工组织设计和今后组织施工有很大帮助。

4.3 技术资料准备

技术准备是施工准备工作的核心，是现场施工准备工作的基础。由于任何技术的差错或隐患都可能引起人身安全和质量事故，造成生命、财产和经济的巨大损失，因此必须认真

做好技术准备工作。其主要内容包括:熟悉与会审图纸、编制中标后施工组织设计、编制施工图预算和施工预算。

4.3.1 熟悉与会审图纸

1)熟悉与会审图纸的依据

①建设单位和设计单位提供的初步设计或扩大初步设计(技术设计)、施工图设计、建筑总平面、土方调配和城市规划等资料文件;

②调查、收集的原始资料;

③设计、施工验收规范和有关技术规定。

2)熟悉与会审图纸的目的

①能够按照设计图纸的要求顺利地进行施工,生产出符合设计要求的最终建筑产品(建筑物或构筑物);

②能够在拟建工程开工之前,使从事建筑施工技术和经营管理的工程技术人员能充分地了解和掌握设计图纸的设计意图、结构与构造特点和技术要求;

③通过审查,发现设计图纸中存在的问题和错误,使其改正在施工开始之前,为拟建工程的施工提供一份准确、齐全的设计图纸。

3)熟悉图纸及其他设计技术资料的重点

(1)基础及地下室部分

①核对建筑、结构、设备施工图中关于基础留口、留洞的位置及标高的相互关系是否处理恰当;

②给水及排水的去向,防水体系的做法及要求;

③特殊基础做法,变形缝及人防出口做法。

(2)主体结构部分

①定位轴线的布置及与承重结构的位置关系;

②各层所用材料是否有变化;

③各种构配件的构造及做法;

④采用的标准图集有无特殊变化和要求。

(3)装饰部分

①装修与结构施工的关系;

②变形缝的做法及防水处理的特殊要求;

③防火、保温、隔热、防尘、高级装修的类型及技术要求。

4)熟悉与审查图纸的内容

①审查拟建工程的地点、建筑总平面图与国家、城市或地区规划是否一致,以及建筑物

或构筑物的设计功能和使用要求是否符合卫生、防火及美化城市方面的要求；

②审查设计图纸是否完整、齐全，以及设计图纸和资料是否符合国家有关工程建设的设计、施工方面的方针和政策；

③审查设计图纸与说明书在内容上是否一致，以及设计图纸与其各组成部分之间有无矛盾和错误；

④审查建筑总平面图与其他结构图在几何尺寸、坐标、标高、说明等方面是否一致，技术要求是否正确；

⑤审查工业项目的生产工艺流程和技术要求，掌握配套投产的先后次序和相互关系，以及设备安装图纸与其相配合的土建施工图纸在坐标、标高上是否一致，掌握土建施工质量是否满足设备安装的要求；

⑥审查地基处理与基础设计同拟建工程地点的工程水文、地质等条件是否一致，以及建筑物或构筑物与地下建筑物或构筑物、管线之间的关系；

⑦明确拟建工程的结构形式和特点，复核主要承重结构的强度、刚度和稳定性是否满足要求，审查设计图纸中工程复杂、施工难度大和技术要求高的分部分项工程或新结构、新材料、新工艺，检查现有施工技术水平和管理水平能否满足工期和质量要求并采取可行的技术措施加以保证；

⑧明确建设期限、分期分批投产或交付使用的顺序和时间，以及工程所用的主要材料、设备的数量、规格、来源和供货日期，明确建设、设计和施工等单位之间的协作、配合关系，以及建设单位可以提供的施工条件。

5）熟悉与审查设计图纸的程序

熟悉与审查设计图纸的程序通常分为自审阶段、会审阶段和现场签证 3 个阶段。

（1）设计图纸的自审阶段

施工单位收到拟建工程的设计图纸和有关技术文件后，应尽快组织工程技术人员熟悉和自审图纸，写出自审图纸的记录。自审图纸的记录应包括对设计图纸的疑问和对设计图纸的有关建议。

（2）设计图纸的会审阶段

一般由建设单位主持，由设计单位和施工单位参加，三方进行设计图纸的会审。图纸会审时，首先由设计单位的工程主设计人向与会者说明拟建工程的设计依据、意图和功能要求，并对特殊结构、新材料、新工艺和新技术提出设计要求；然后施工单位根据自审记录以及对设计意图的了解，提出对设计图纸的疑问和建议；最后在统一认识的基础上，对所探讨的问题逐一做好记录，形成图纸会审纪要（见表4.11），由建设单位正式行文，参加单位共同会签、盖章，作为与设计文件同时使用的技术文件和指导施工的依据，以及建设单位与施工单位进行工程结算的依据。

（3）设计图纸的现场签证阶段

在拟建工程施工的过程中，如果发现施工的条件与设计图纸的条件不符，或者发现图纸中仍然有错误，或者因为材料的规格、质量不能满足设计要求，或者因为施工单位提出了合理化建议，需要对设计图纸进行及时修订时，应遵循技术核定和设计变更的签证制度，进行图纸的施工现场签证。如果设计变更的内容对拟建工程的规模、投资影响较大时,要报请项目的原批准单位批准。在施工现场的图纸修改、技术核定和设计变更资料,都要有正式的文字记录,归入拟建工程施工档案,作为指导施工、竣工验收和工程结算的依据。

表 4.11　图纸会审记录表

图纸会审记录				
会审日期　　　年　月　日　　　编号				
工程名称				共　　页
				第　　页
图纸编号	提出问题		会审结果	
会审单位 （公章）	建设单位	监理单位	设计单位	施工单位
参加会审人员				

6）熟悉技术规范、规程和有关技术规定

技术规范、规程是国家制定的建设法规,是实践经验的总结,在技术管理上具有法律效用。建筑施工中常用的技术规范、规程主要有:

①建筑安装工程质量检验评定标准;

②施工操作规程;

③建筑工程施工及验收规范;

④设备维护及维修规程;

⑤安全技术规程;

⑥上级技术部门颁发的其他技术规范和规定。

4.3.2　编制中标后的施工组织设计

中标后施工组织设计是施工单位在施工准备阶段编制的指导拟建工程从施工准备到竣工验收乃至保修回访的技术经济、组织的综合性文件,也是编制施工预算、实行项目管理的依据,是施工准备工作的主要文件。

施工单位必须在施工约定的时间内完成中标后施工组织设计的编制与自审工作,并填写施工组织设计报审表,报送项目监理机构。总监理工程师应在约定的时间内,组织专业监理工程师审查,提出审查意见后,由总监理工程师审定批准,需要施工单位修改时,由总监理工程签发书面意见,退回施工单位修改后再报审,总监理工程师应重新审定,已审定的施工

组织设计由项目监理机构报送建设单位。施工单位应按审定的施工组织设计文件组织施工,如需对其内容做较大变更,应在实施前将变更内容书面报送项目监理机构重新审定。对规模大、结构复杂或属新结构、特种结构的工程,专业监理工程师提出审查意见后,由总监理工程师签发审查意见,必要时与建设单位协商,组织有关专家会审。

4.3.3 编制施工图预算和施工预算

施工图预算是技术准备工作的主要组成部分之一,它是按照施工图确定的工程量,施工组织设计所拟定的施工方法,建筑工程预算定额及其取费标准,由施工单位主持,在拟建工程开工前的施工准备工作期所编制的确定建筑安装工程造价的经济文件,是施工企业签订工程承包合同、工程结算、银行拨贷款,以及进行企业经济核算的依据。

施工预算是根据施工图预算、施工图纸、施工组织设计或施工方案、施工定额等文件,综合企业和工程实际情况,并在工程确定承包关系以后进行编制。它是企业内部经济核算和班组承包的依据,因此是企业内部使用的一种预算。

施工图预算与施工预算存在很大区别:施工图预算是甲乙双方确定预算造价、发生经济联系的技术经济文件;施工预算是施工企业内部经济核算的依据。"两算"对比,是促进施工企业降低物资消耗,增加积累的重要手段。

4.4 施工现场准备

施工现场准备(又称室外准备)主要为工程施工创造有利的施工条件。施工现场准备按施工组织设计的要求和安排进行,其主要内容为拆除障碍物、建立测量控制网、七通一平、搭设临时设施。

施工现场准备

1)现场准备工作的范围及各方职责

施工现场准备工作由两个方面组成:一是建设单位应完成的施工现场准备工作;二是施工单位应完成的施工现场准备工作。建设单位与施工单位的施工现场准备工作都就绪时,施工现场就具备了施工条件。

(1)建设单位施工现场准备工作

建设单位要按合同条款中约定的内容和时间完成以下工作:

①办理土地征用、拆迁补偿、平整施工场地等工作,使施工场地具备施工条件,在开工后继续负责解决以上事项的遗留问题。

②将施工所需水、电、电信线路从施工场地外部接至专用条款约定地点,保证施工期间的需要。

③开通施工场地与城乡公共道路的通道,以及专用条款约定的施工场地内的主要道路,满足施工运输的需要,保证施工期间的畅通。

④向承包人提供施工场地的工程地质和地下管线资料,对资料的真实准确性负责。

⑤办理施工许可证及其他施工所需证件、批件和临时用地、停水、停电、中断道路交通、爆破作业等的申请批准手续(证明承包人自身资质的证件除外)。

⑥确定水准点与坐标控制点,以书面形式交给承包人进行现场交验。

⑦协调处理施工场地周围地下管线和邻近建筑物、构筑物(包括文物保护建筑)、古树名木的保护工作,承担有关费用。

(2)施工单位现场准备工作

①根据工程需要,提供和维修非夜间施工使用的照明、围栏设施,并负责安全保卫。

②按专用条款约定的数量和要求,向发包人提供施工场地办公和生活的房屋及设施,发包人承担由此发生的费用。

③遵守政府有关主管部门对施工场地交通、施工噪声以及环境保护和安全生产等的管理规定,按规定办理有关手续,并以书面形式通知发包人,发包人承担由此发生的费用,因承包人责任造成的罚款除外。

④按专用条款约定做好施工场地地下管线和邻近建筑物、构筑物(包括文物保护建筑)、古树名木的保护工作。

⑤保证施工场地清洁符合环境卫生管理的有关规定。

⑥建立测量控制网。

⑦工程用地范围内的七通一平,其中平整场地工作应由发包人承担,但发包人也可要求施工单位完成,费用仍由发包人承担。

⑧搭设现场生产和生活用的临时设施。

2)拆除障碍物

施工现场内的一切地上、地下障碍物,都应在开工前拆除。这项工作一般是由建设单位来完成,但也可以委托施工单位来完成。

对于房屋的拆除,一般只要把水源、电源切断后即可进行拆除。若采用爆破的方法时,必须经有关部门批准,需要由专业的爆破作业人员来承担。

架空电线(电力、通信)、地下电缆(包括电力、通信)的拆除,要与电力部门或通信部门联系并办理有关手续后方可进行。

自来水、污水、煤气、热力等管线的拆除,都应与有关部门取得联系,办好手续后由专业公司来完成。

场地内若有树木,需报园林部门批准后方可砍伐。

拆除障碍物的,留下的渣土等杂物都应清除出场外。

3)测量放线

测量放线的任务是把图纸上所设计好的建筑物、构筑物及管线等测设到地面或实物上,并用各种标志表现出来,作为施工的依据。在土方开挖前,按设计单位提供的总平面图及给定的永久性经纬坐标控制网和水准控制基桩,进行场区施工测量,设置场区永久性坐标、水准基桩和建立场区工程测量控制网。在进行测量放线前,应做好以下几项准备工作:

①了解设计意图,熟悉并校核施工图纸。

②对测量仪器进行检验和校正。

③校核红线桩与水准点。

④制订测量放线方案。测量放线方案主要包括平面控制、标高控制、±0.000 以下施测、±0.000 以上施测、沉降观测和竣工测量等项目,其方案制订依设计图纸要求和施工方案来确定。

建筑物定位放线是确定整个工程平面位置的关键环节,施测中必须保证精度,杜绝错误,否则其后果将难以处理。建筑物的定位、放线,一般通过设计图中平面控制轴线来确定建筑物的轮廓位置,经自检合格后,提交有关部门和甲方(监理人员)验线,以保证定位的准确性。沿红线的建筑物,还要由规划部门验线,以防止建筑物超、压红线。

4)七通一平

七通一平是指接通施工用水、用电、道路、电信及燃气,施工现场排水及排污畅通和平整场地的工作。

(1)通给水

通给水是指规划区内自来水通畅。

设计要求:规划区供水满足正常生活、工作需要。

设计施工主要内容:规划区给水管网按规划区日最高时用水量设计,管网各段的管径应满足所需的水压。规划区生活用水管网所需的从地面算起的服务水压,根据建筑物层数确定。在水压不足的地方设置增压泵站或水库调节泵站。规划区供水管材选择一般根据输送的水量、管内工作压力、土壤性质和水管供应情况等确定。

施工主要要求:符合给水排水管道工程施工及验收规范要求,由建设方、监理方、设计方和施工方等组织检查验收。

(2)通排水

这里的排水包括了规划区内的生活污水以及雨水的排放。

设计要求:规划区内生活污水、雨水排放通畅。

设计施工主要内容:规划区按设计要求铺设了排水管网和雨水管网系统,使规划区生活废水和雨水分流后进入城市综合排水系统,其管道用材、布设、埋深必须满足设计要求,施工竣工验收必须满足相应市政验收规范标准。

施工主要要求:符合市政排水管渠工程质量检验评定标准要求,由建设方、监理方、设计方和施工方等组织检查验收。

(3)通电力

通电力是指规划区内电缆铺设完毕,一般电力的要求能满足规划区内正常生活、工作需要。

(4)通电信

通电信是指园区内基本通信设施畅通。通信设施是指电话、传真、邮件、宽带网络、光缆等。

(5)通燃气

针对有需要天燃气或煤气的规划区设定的标准,燃气使用要符合整体规划和使用量,符合城镇燃气输配工程施工及验收规范。

（6）通热力

通热力是指规划区热力供应通畅。

设计要求：规划区电力、电信、燃气、热力满足规划区正常生活、工作需要。

设计施工主要内容：规划区内按设计要求埋设了电力、电信、燃气、热力管线，其管道用材、布设、埋深必须满足设计要求，施工竣工验收也必须满足相应验收规范标准。

施工主要要求：符合建筑电气安装工程质量检验评定标准、建筑与建筑群综合布线系统工程施工及验收规范、城市供热管网工程施工及验收规范、城镇燃气输配工程施工及验收规范要求，由建设方、监理方、设计方和施工方等组织检查验收。

（7）通道路

通道路是指规划区内通往城区的主干道和区内相互联系的支干道通畅。

设计要求：规划区通往城区主干道和规划区内相互联系的支干道通畅。

施工主要要求：符合市政道路工程质量验收评定标准要求，由建设方、监理方、设计方、施工方等组织检查验收。

（8）场地平整

场地平整是指将需要进行的施工现场（红线范围内）的自然地面，通过人工或机械挖填平整改造成为设计需要的平面，使得施工现场基本平整，无需机械平整，人工简单平整即可进入施工的状态。确保施工现场无障碍物，施工范围内树木砍伐、移植完毕。满足测量建筑物的坐标、标高、施工现场抄平放线的需要。

5）临时设施的搭设

现场所需临时设施，应报请规划、市政、消防、交通、环保等有关部门审查批准，按施工组织设计和审查情况来实施。

对于指定的施工用地周界，应用围墙（栏）围挡起来，围挡的形式和材料应符合市容管理的有关规定和要求，并在主要出入口设置标牌，标明工程名称、施工单位、工地负责人、监理单位等。

各种生产（仓库、混凝土搅拌站、预制构件厂、机修站、生产作业棚等）、生活（办公室、宿舍、食堂等）用的临时设施，严格按批准的施工组织设计规定的数量、标准、面积、位置等来组织实施，不得乱搭乱建，并尽可能做到以下几点：

①利用原有建筑物，减少临时设施的数量，以节省投资；

②适用、经济、就地取材，尽量采用移动式、装配式临时建筑；

③节约用地、少占农田。

4.5　生产资料准备

生产资料准备是指工程施工中必须的劳动手段（施工机械、机具等）和劳动对象（材料、构件、配件等）的准备。该项工作应根据施工组织设计的各种资源需要量计划，分别落实货源、组织运输和安排储备,这是工程连续施工的基本保证,主要内容如下。

1)建筑材料的准备

施工材料及
机具准备

建筑材料的准备包括三材(钢材、木材、水泥)、地方材料(砖、瓦、石灰、砂、石等)、装饰材料(面砖、地砖等)、特殊材料(防腐、防射线、防爆材料等)的准备。为保证工程顺利施工,材料准备要求如下:

(1)编制材料需要量计划,签订供货合同

根据预算的工料分析,按施工进度计划的使用要求、材料储备定额和消耗定额,分别按材料名称、规格、使用时间进行汇总,编制材料需要量计划,同时根据不同材料的供应情况,随时注意市场行情,及时组织货源,签订定货合同,保证采购供应计划的准确可靠。

(2)材料的运输和储备

材料的运输和储备要按工程进度分期分批进场。现场储备过多会增加保管费用、占用流动资金,过少则难以保证施工的连续进行。对于使用量少的材料,尽可能一次进场。

(3)材料的堆放和保管

现场材料的堆放应按施工平面布置图的位置,按材料的性质、种类,选取不同的堆放方式,合理堆放,避免材料的混淆及二次搬运;进场后的材料要依据材料的性质妥善保管,避免材料的变质及损坏,以保持材料的原有数量和原有的使用价值。

2)施工机具和周转材料的准备

施工机具包括施工中所确定选用的各种土方机械、木工机械、钢筋加工机械、混凝土机械、砂浆机械、垂直与水平运输机械、吊装机械等,应根据采用的施工方案和施工进度计划,确定施工机械的数量和进场时间;确定施工机具的供应方法和进场后的存放地点和方式,并提出施工机具需要量计划,以便企业内平衡或外签约租借机械。

周转材料的准备主要指模板和脚手架,此类材料施工现场使用量大、堆放场地面积大、规格多、对堆放场地的要求高,应按施工组织设计的要求分规格、型号整齐码放,以便使用和维修。

3)预制构件和配件的加工准备

工程施工中需要大量的钢筋混凝土构件、木构件、金属构件、水泥制品、塑料制品、洁具等,应在图纸会审后提出预制加工单,确定加工方案、供应渠道及进场后的储备地点和方式。现场预制的大型构件,应依施工组织设计作好规划并提前加工预制。

此外,对采用商品混凝土的现浇工程,要依施工进度计划要求确定需用量计划,主要内容有商品混凝土的品种、规格、数量、需要时间、送货方式、交货地点,并提前与生产单位签订供货合同,以保证施工的顺利进行。

4.6 施工现场人员准备

1）项目组的组建

项目部组建

项目管理机构建立的原则：根据工程规模、结构特点和复杂程度，确定项目管理机构的编制及人选；坚持合理分工与密切协作相结合的原则；执行因事设职、因职选人的原则，将富有经验、创新精神、工作效率高的人入选项目管理机构。对一般单位工程可设一名工地负责人，配备一定数量的施工员、材料员、质检员、安全员等即可；对大中型单位工程或群体工程，则要配备包括技术、计划等管理人员在内的一套班子。

2）施工队伍的准备

施工队伍的建立，要考虑工种的合理配合，技工和普工的比例要满足劳动组织的要求；要坚持合理、精干原则，在施工过程中，依工程实际进度需求，动态管理劳动力数量。需外部力量的，可通过签订承包合同或联合其他队伍来共同完成。

（1）建立精干的基本施工队组

基本施工队组应根据现有的劳动组织情况、结构特点及施工组织设计的劳动力需要量计划确定。一般有以下几种组织形式：

①砖混结构的建筑：该类建筑在主体施工阶段，主要是砌筑工程，应以瓦工为主，配合适量的架子工、钢筋工、混凝土工、木工以及小型机械工等；装饰阶段以抹灰、油漆工为主，配合适量的木工、电工、管工等。因此以混合施工班组为宜。

②框架、框剪及全现浇结构的建筑：该类建筑主体结构施工主要是钢筋混凝土工程，应以模板工、钢筋工、混凝土工为主，配合适量的瓦工；装饰阶段配备抹灰、油漆工等。因此以专业施工班组为宜。

③预制装配式结构的建筑：该类建筑的主要施工工作以构件吊装为主，应以吊装起重工为主，配合适量的电焊工、木工、钢筋工、混凝土工、瓦工等，装饰阶段配备抹灰工、油漆工、木工等。因此以专业施工班组为宜。

（2）确定优良的专业施工队伍

大中型的工业项目或公用工程，内部的机电安装、生产设备安装一般需要专业施工队或生产厂家进行安装和调试，某些分项工程也可能需要机械化施工公司来承担，这些需要外部施工队伍来承担的工作，需在施工准备工作中签订承包合同的形式予以明确，落实施工队伍。

（3）选择优势互补的外包施工队伍

随着建筑市场的开放，施工单位往往依靠自身的力量难以满足施工需要，因而需联合其他建筑队伍（外包施工队）来共同完成施工任务，通过考察外包队伍的市场信誉、已完工程质量、确认资质、施工力量水平等来选择，联合要充分体现优势互补的原则。

3）施工队伍的教育

施工前，企业要对施工队伍进行劳动纪律、施工质量和安全教育，牢固树立"质量第一、安全第一"的意识，平时企业还应抓好职工、技术人员的培训和技术更新工作，不断提高职工、技术人员的业务技术水平，增强企业的竞争力。对于采用新工艺、新结构、新材料、新技术及使用新设备的工程，应将相关管理人员和操作人员组织起来培训，达到标准后再上岗操作。此外还要加强施工队伍平时的政治思想教育。

4.7　季节性施工准备

1）冬季施工准备工作

（1）合理安排冬季施工项目

季节性
施工准备

建筑产品的生产周期长，且多为露天作业，冬季施工条件差、技术要求高，因此在施工组织设计中就应合理安排冬季施工项目，尽可能保证工程连续施工，一般情况下尽量安排费用增加少、易保证质量、对施工条件要求低的项目在冬季施工，如吊装、打桩、室内装修等，而如土方、基础、外装修、屋面防水等则不宜在冬季施工。

（2）落实各种热源的供应工作

提前落实供热渠道，准备热源设备，储备和供应冬季施工用的保温材料，做好司炉培训工作。

（3）做好保温防冻工作

①临时设施的保温防冻：给水管道的保温，防止管道冻裂；防止道路积水、积雪成冰，保证运输顺利。

②工程已完成部分的保温保护：如基础完成后及时回填至基础顶面同一高度，砌完一层墙后及时将楼板安装到位等。

③冬季要施工部分的保温防冻：如凝结硬化尚未达到强度要求的砂浆、混凝土要及时测温，加强保温，防止遭受冻结；将要进行的室内施工项目，先完成供热系统，安装好门窗玻璃等。

（4）加强安全教育

要有冬季施工的防火、安全措施，加强安全教育，做好职工培训工作，避免火灾、安全事故的发生。

2）雨季施工准备工作

①合理安排雨季施工项目。在施工组织设计中要充分考虑雨季对施工的影响，一般情况下，雨季到来之前，多安排土方、基础、室外及屋面等不易在雨季施工的项目，多留一些室内工作在雨季进行，以避免雨季窝工。

②做好现场的排水工作。施工现场雨季来临前,做好排水沟,准备好抽水设备,防止场地积水,最大限度地减少泡水造成的损失。

③做好运输道路的维护和物资储备。雨季前检查道路边坡排水,适当提高路面,防止路面凹陷,保证运输道路的畅通,并多储备一些物资,减少雨季运输量,节约施工费用。

④做好机具设备等的保护。对现场各种机具、电器、工棚都要加强检查,特别是脚手架、塔吊、井架等,要采取防倒塌、防雷击、防漏电等一系列技术措施。

⑤加强施工管理。认真编制雨季施工的安全措施,加强对职工的安全教育,防止各种事故的发生。

3)夏季施工准备工作

某些地区,夏季气温较高,且空气湿度较大,因此夏季施工以安全生产为主题,以"防暑降温"为重点。

(1)保健准备工作

①对高温作业人员进行就业前健康检查,凡检查不合格者,均不得在高温条件下作业;

②炎热时期应组织医务人员深入工地进行巡回和防治观察;

③积极与当地气象部门联系,尽量避免在高温天气进行大工作量施工;

④对高温作业者,供给足够的合乎卫生要求的含盐饮料。

(2)组织准备工作

①采用合理的劳动休息制度,可根据具体情况,在气温较高的条件下,适当调整作息时间,早晚工作,中午休息;

②改善职工的生活住宿条件,确保防暑降温物品及设备落到实处;

③根据工地实际情况,尽可能快速组织劳动力,采取勤倒班的方法,缩短一次连续作业时间。

(3)技术准备工作

①确保现场水、电供应畅通,加强对各种机械设备的维护与检修,保证其能正常操作;

②在高温天气施工的如混凝土工程、抹灰工程,应适当增加其养护频率,以确保工程质量;

③加强施工管理,各分部分项工程坚决按国家标准规范、规程施工,不能因高温天气而影响工程质量。

项目小结

(1)施工准备包括技术准备、资源准备(材料、施工机具、劳动力资源等)、现场准备等内容。其中,编制施工准备工作计划、绘制施工现场平面布置图、安全文明施工等为施工准备的重要内容。

(2)技术准备是施工准备的重要部分,主要包括原始资料的收集整理、施工图纸的审查、技术交底、编制施工组织计划及施工方案设计等内容。

（3）资源准备是影响施工进度计划的关键因素，主要包括生产资料准备、劳动力资源准备等，涉及各类建筑材料准备、施工机具准备、预制构件等生产资源与各类工人等劳动力资源。资源准备工作计划编制是资源准备的重要内容。

（4）现场准备是施工准备的重要部分，主要包括测量放线、障碍物拆除、七通一平、现场临时设施等内容。其中，编制施工现场平面布置图是现场施工准备的重要工作。

（5）季节性施工的施工准备包括冬期施工准备与雨期施工准备。

思考与练习

4.1 施工准备工作的意义何在？

4.2 简述施工准备工作的种类和主要内容。

4.3 原始资料收集包括哪些主要内容？

4.4 审查图纸要掌握哪些重点？包括哪些内容？

4.5 施工现场准备包括哪些主要内容？

4.6 生产资料准备包括哪些主要内容？

4.7 施工现场人员准备包括哪些主要内容？

4.8 试收集某建筑工地建筑材料的资料。

4.9 研究某建筑工地施工现场人员的配合情况，并分析其合理性。

4.10 冬、雨期和夏季施工准备工作应如何进行？

项目 5
单位工程施工组织设计

项目导读

　　本项目主要介绍单位工程施工组织设计的编制依据及编制内容,主要包括工程概况、施工方案、施工准备、施工进度计划、施工平面图、技术措施的编制,其中施工方案、施工进度计划与施工平面图是单位工程施工组织设计的核心内容。通过本项目的学习,重点掌握单位工程施工组织设计的编制内容、编制方法与编制步骤,培养学生具有编制单位工程施工组织设计的能力。

- 重点　施工进度计划编制。
- 难点　施工平面图。
- 关键词　施工组织设计,单位工程施工组织,施工方案,施工进度计划,施工平面图。

　　单位工程施工组织设计是以单位工程为对象编制的,是规划和指导单位工程从施工准备到竣工验收全过程施工活动的技术经济文件,是施工组织总设计的具体化,也是施工单位编制季度、月份施工计划,分部分项工程施工方案及劳动力、材料、机械设备等供应计划的主要依据。它编制得是否优化对参加投标而能否中标,以及能否取得良好的经济效益起着很大的作用。本项目主要讲述单位工程施工组织设计的编制内容、方法和步骤。

单位工程

5.1 单位工程施工组织设计概述

5.1.1 单位工程施工组织设计的编制依据

施工组织设计

单位工程施工组织设计的编制依据主要有以下几个方面的内容：

①上级主管单位和建设单位(或监理单位)对本工程的要求。如上级主管单位对本工程的范围和内容的批文及招投标文件,建设单位(或监理单位)提出的开竣工日期、质量要求、某些特殊施工技术的要求、采用何种先进技术,施工合同中规定的工程造价,工程价款的支付、结算及交工验收办法,材料、设备及技术资料供应计划等。

②施工组织总设计。当本单位工程是整个建设项目中的一个项目时,要根据施工组织总设计的既定条件和要求来编制单位工程施工组织设计。

③经过会审的施工图。包括单位工程的全部施工图纸、会审记录及构件、门窗的标准图集等有关技术资料。对于较复杂的工业厂房,还要有设备、电器和管道的图纸。

④建设单位对工程施工可能提供的条件。如施工用水、用电的供应量,水压、电压能否满足施工要求,可借用作为临时设施的房屋数量、施工用地等。

⑤本工程的资源供应情况。如施工中所需劳动力、各专业工人数,材料、构件、半成品的来源,运输条件,运距、价格及供应情况,施工机具的配备及生产能力等。

⑥施工现场的勘察资料。如施工现场的地形、地貌,地上与地下障碍物,地形图和测量控制网,工程地质和水文地质,气象资料和交通运输道路等。

⑦工程预算文件及有关定额。应有详细的分部、分项工程量,必要时应有分层分段或分部位的工程量及预算定额和施工定额。

⑧工程施工协作单位的情况。如工程施工协作单位的资质、技术力量、设备安装进场时间等。

⑨有关的国家规定和标准。如施工及验收规范、质量评定标准及安全操作规程等。

⑩有关的参考资料及类似工程施工组织设计实例。

5.1.2 单位工程施工组织设计的内容

单位工程施工组织设计的内容,根据工程的性质、规模、结构特点、技术复杂程度、施工现场的自然条件、工期要求、采用先进技术的程度、施工单位的技术力量及对采用的新技术的熟悉程度来确定。对其内容和深度要求也不同,不强求一致,应以讲究实效、在实际施工中起指导作用为目的。

单位工程施工组织设计的内容一般应包括：

（1）工程概况

这是编制单位工程施工组织设计的依据和基本条件。工程概况可附简图说明，各种工程设计及自然条件的参数（如建筑面积、建筑场地面积、造价、结构形式、层数、地质、水、电等）可列表说明，一目了然，简明扼要。施工条件着重说明资源供应、运输方案及现场特殊的条件和要求。

（2）施工方案

这是编制单位工程施工组织设计的重点。应着重于各施工方案的技术经济比较，力求采用新技术，选择最优方案。在确定施工方案时，主要包括施工程序、施工流程及施工顺序的确定，主要分部工程施工方法和施工机械的选择、技术组织措施的制订等内容，尤其是对新技术的选择要求更为详细。

（3）施工进度计划

内容主要包括：确定施工项目，划分施工过程，计算工程量、劳动量和机械台班量，确定各施工项目的作业时间，组织各施工项目的搭接关系并绘制进度计划图表等内容。实践证明，应用流水作业法和网络计划技术来编制施工进度能获得最优的效果。

（4）施工准备工作和各项资源需要量计划

内容主要包括施工准备工作的技术准备、现场准备、物资准备及劳动力、材料、构件、半成品、施工机具需要量计划、运输量计划等内容。

（5）施工平面布置图

内容主要包括起重运输机械位置的确定，搅拌站、加工棚、仓库及材料堆放场地的合理布置，运输道路、临时设施及供水、供电管线的布置等内容。

（6）主要技术组织措施

内容主要包括保证质量措施、保证施工安全措施、保证文明施工措施、保证施工进度措施、冬雨季施工措施、降低成本措施、提高劳动生产率措施等内容。

（7）主要技术经济指标

内容主要包括工期指标、劳动生产率指标、质量和安全指标、降低成本指标、三大材料节约指标、主要工种工程机械化程度指标等。

对于较简单的建筑结构类型或规模不大的单位工程，其施工组织设计可编制得简单一些，其内容一般以施工方案、施工进度计划、施工平面图为主，辅以简要的文字说明即可。

若施工单位积累了较多的经验，可以拟订标准、定型的单位工程施工组织设计，则可根据具体施工条件从中选择相应的标准单位工程施工组织设计，按实际情况加以局部补充和修改后作为本工程的施工组织设计，以简化编制施工组织设计的程序，并节约时间和管理经费。

5.1.3　单位工程施工组织设计的编制程序

单位工程施工组织设计的编制程序如图 5.1 所示。它是指单位工程施工组织设计各个组成部分的先后次序以及相互制约的关系，从中可进一步了解单位工程施工组织设计的内容。

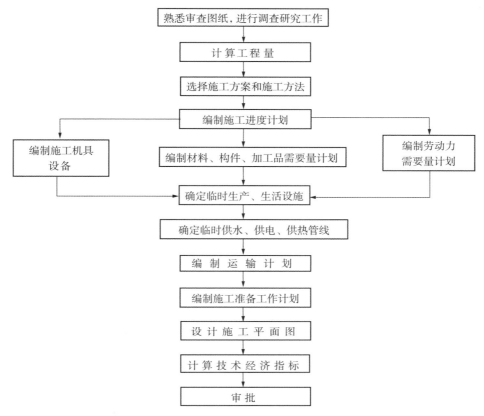

图 5.1 单位工程施工组织设计编制程序

5.2 工程概况及施工方案的选择

5.2.1 工程概况

单位工程施工组织设计中的工程概况,是对拟建工程的工程特点、建设地点特征和施工条件等所作的一个简要而又突出重点的文字介绍或描述。工程概况的内容主要包括:

①工程建设概况。主要介绍:拟建工程的建设单位,工程名称、性质、用途、作用和建设目的,资金来源及工程投资额,开、竣工日期,设计单位、监理单位、施工单位,施工图纸情况,施工合同,主管部门的有关文件或要求,以及组织施工的指导思想等。

②建筑设计特点。主要介绍:拟建工程的建筑面积、平面形状和平面组合情况、层数、层高、总高度、总长度和总宽度等尺寸及室内外装饰要求的情况,并附有拟建工程的平面、立面、剖面简图。

③结构设计特点。主要介绍:基础构造特点及埋置深度,设备基础的形式,桩基础的根数及深度,主体结构的类型,墙、柱、梁、板的材料及截面尺寸,预制构件的类型、质量及安装位置,楼梯构造及形式等。

④设备安装设计特点。主要介绍:建筑采暖卫生与煤气工程、建筑电气安装工程、通风与空调工程、电梯安装工程的设计要求。

⑤工程施工特点。主要介绍:工程施工的重点所在,以便突出重点,抓住关键,使施工顺利进行,提高施工单位的经济效益和管理水平。

不同类型的建筑、不同条件下的工程施工,均有其不同的施工特点。例如,砖混结构住宅建设的施工特点是:砌砖和抹灰工程量大,水平与垂直运输量大等。又如,现浇钢筋混凝土高层建筑的施工特点主要有:结构和施工机具设备的稳定性要求高问题的解决等。

5.2.2　施工方案的选择

施工方案

施工方案的选择是单位工程施工组织设计的核心问题。所确定的施工方案合理与否,不仅影响到施工进度计划的安排和施工平面图的布置,而且将直接关系到工程的施工质量、效率、工期和技术经济效果,因此,必须引起足够的重视。为了防止施工方案的片面性,必须对拟定的几个施工方案进行技术经济分析比较,使选定的施工方案施工上可行、技术上先进、经济上合理,而且符合施工现场的实际情况。

施工方案的选择一般包括:确定施工程序和施工起点流向,确定施工顺序,合理选择施工机械和施工方法,制订技术组织措施等。

1)确定施工程序

施工程序是指单位工程中各分部工程或施工阶段的先后次序及其制约关系。工程施工受到自然条件和物质条件的制约,它在不同施工阶段的工作内容按照其固有的、不可违背的先后次序循序渐进地向前开展,它们之间有着不可分割的联系,既不能相互代替,也不允许颠倒或跨越。

(1)严格执行开工报告制度

单位工程开工前必须做好一系列准备工作,具备开工条件后,项目经理部还应写出开工报告,报上级审查后方可开工。实行社会监理的工程,企业还应将开工报告送监理工程师审批,由监理工程师发布开工通知书。

(2)遵守"先地下后地上""先土建后设备""先主体后围护""先结构后装饰"的原则

"先地下后地上",指的是在地上工程开始之前,尽量把管线、线路等地下设施和土方及基础工程做好或基本完成,以免对地上部分施工有干扰,带来不便,造成浪费,影响质量。

"先土建后设备",指的是不论是工业建筑还是民用建筑,土建与水、暖、电、卫、通信等设备的关系都需要摆正,尤其在装修阶段,要从保质量、降成本的角度处理好两者的关系。

"先主体后围护",主要是指框架结构,应注意在总的程序上有合理的搭接。一般来说,多层建筑,主体结构与围护结构以少搭接为宜;而高层建筑则应尽量搭接施工,以便有效地节约时间。

"先结构后装饰",是指一般情况而言,有时为了压缩工期,也可以部分搭接施工。

但是,由于影响施工的因素很多,故施工程序并不是一成不变的,特别是随着建筑工业化的不断发展,有些施工程序也将发生变化。例如,大板结构房屋中的大板施工,已由工地生产逐渐转向工厂生产,这时结构与装饰可在工厂内同时完成。

(3)合理安排土建施工与设备安装的施工程序

工业厂房的施工很复杂,除了要完成一般土建工程外,还要同时完成工艺设备和工业管道等安装工程。为了使工厂早日竣工投产,不仅要加快土建工程施工速度,为设备安装提供工作面,而且应该根据设备性质、安装方法、厂房用途等因素,合理安排土建工程与设备安装工程之间的施工程序。一般有3种施工程序:

①封闭式施工。封闭施工是指土建主体结构完成以后,再进行设备安装的施工顺序。它一般适用于设备基础较小、埋置深度较浅、设备基础施工时不影响柱基的情况。

封闭式施工的优点:

a.有利于预制构件的现场预制、拼装和安装就位,适合选择各种类型的起重机械,便于布置开行路线,从而加快主体结构的施工速度;

b.围护结构能及早完成,设备基础能在室内施工,不受气候影响,可以减少设备基础施工时的防雨、防寒等设施费用;

c.可利用厂房内的桥式吊车为设备基础施工服务。

封闭式施工的缺点:

a.出现某些重复性工作,如部分柱基回填土的重复挖填和运输道路的重新铺设等;

b.设备基础施工条件较差,场地拥挤,其基坑不宜采用机械挖土;

c.当厂房土质不佳,而设备基础与柱基础又连成一片时,在设备基础基坑挖土过程中,易造成地基不稳定,须增加加固措施费用;

d.不能提前为设备安装提供工作面,工期较长。

②敞开式施工。敞开式施工是指先施工设备基础、安装工艺设备,然后建造厂房的施工顺序。它一般适用于设备基础较大、埋置深度较深、设备基础的施工将影响柱基的情况下(如冶金工业厂房中的高炉间)。其优缺点与封闭式施工相反。

③设备安装与土建施工同时进行。这是指土建施工可以为设备安装创造必要的条件,同时又可采取防止设备被砂浆、垃圾等污染的保护措施时所采用的程序。它可以加快工程的施工进度。例如,在建造水泥厂时,经济效益最好的施工程序便是两者同时进行。

2)确定施工起点和流向

施工起点和流向是指单位工程在平面或空间上开始施工的部位及其展开方向,一般情况下,单层建筑物应分区分段地确定在平面上的施工流向;多层建筑物除了每层平面上的施工流向外,还需确定在竖向(层间或单元空间)上的施工流向。施工流向的确定涉及一系列施工活动的展开和进程,是组织施工的重要环节。确定单位工程施工起点流向时,一般应考虑以下因素:

①施工方法是确定施工流向的关键因素。如一幢建筑物要用逆作法施工地下两层结构,它的施工流向可如下表达:测量定位放线→进行地下连续墙施工→进行钻孔灌注桩施工→±0.000标高结构层施工→地下两层结构施工,同时进行地上一层结构施工→底板施工并做各层柱,完成地下室施工→完成上层结构;若采用顺作法施工地下两层结构,其施工流向为:测量定位放线→底板施工→换拆第二道支撑→地下两层施工→换拆第一道支撑→

±0.000 顶板施工→上部结构施工(先做主楼以保证工期,后做裙房)。

②生产工艺或使用要求是确定施工流向的基本因素。从生产工艺上考虑,影响其他工段试车投产的或使用上要求急的工段、部位应该先施工。例如,B 车间生产的产品需受 A 车间生产的产品影响,A 车间又划分为 3 个施工段(1、2、3 段),且 2、3 段的生产要受 1 段的约束,故其施工应从 A 车间的 1 段开始,A 车间施工完后再进行 B 车间施工。

③施工繁简程度的影响。一般对技术复杂、施工进度较慢、工期较长的工段或部位先开工。例如,高层现浇钢筋混凝土结构房屋,主楼部分应先施工,裙房部分后施工。

④当有高低层或高低跨并列时,应从高低层或高低跨并列处开始施工。例如,在高低跨并列的单层工业厂房结构安装中,应先从高低跨并列处开始吊装;又如在高低层并列的多层建筑物中,层数多的区段常先施工。

⑤工程现场条件和选用的施工机械的影响。施工场地大小、道路布置、所采用的施工方法和机械也是确定施工流向的因素。例如,根据工程条件,挖土机械可选用正铲、反铲、拉铲等,吊装机械可选用履带吊、汽车吊或塔吊,这些机械的开行路线或位置布置便决定了基础挖土及结构吊装的施工起点和流向。

⑥施工组织的分层分段。划分施工层、施工段的部位,如伸缩缝、沉降缝、施工缝,也是决定其施工流向应考虑的因素。

⑦分部工程或施工阶段的特点及其相互关系。如基础工程由施工机械和方法决定其平面的施工流程;主体结构工程从平面上看,从哪一边先开始都可以,但竖向一般应自下而上施工;装饰工程竖向的流程比较复杂,室外装饰一般采用自上而下的流程,室内装饰则有自上而下、自下而上及自中而下再自上而中 3 种流向。密切相关的分部工程或施工阶段,一旦前面的施工过程的流向确定了,则后续施工过程也便随之确定。如单层工业厂房的土方工程的流向决定了柱基础施工过程和某些构件预制、吊装施工过程的流向。

a. 室内装饰工程自上而下的施工流向是指主体结构工程封顶,做好屋面防水层以后,从顶层开始,逐层向下进行施工。其施工流向如图 5.2 所示,一般有水平向下和垂直向下两种形式,施工中一般采用图 5.2(a)所示水平向下的方式较多。这种流向的优点是:主体结构完成后有一定的沉降时间,能保证装饰工程的质量;做好屋面防水层后,可防止在雨季施工时因雨水渗漏而影响装饰工程质量;其次,自上而下的流水施工,各施工过程之间交叉作业少,影响小,便于组织施工,有利于保证施工安全,从上而下清理垃圾方便。其缺点是不能与主体施工搭接,工期相应较长。

b. 室内装饰工程自下而上的施工流向是指主体结构工程施工完第三层楼板后,室内装饰从第一层开始逐层向上进行施工。其施工流向如图 5.3 所示,一般与主体结构平行搭接施工,有水平向上和垂直向上两种形式。这种流向的优点是可以和主体砌筑工程进行交叉施工,可以缩短工期,当工期紧迫时可以采取这种流向。其缺点是各施工过程之间互相交叉,材料供应紧张,施工机械负担重,故需要很好地组织和安排,并采取相应的安全技术措施。

c. 室内装饰工程自中而下再自上而中的施工流向,综合了前两者的优缺点,一般适用于高层建筑的室内装饰工程施工。

（a）水平向下　　（b）水平向上

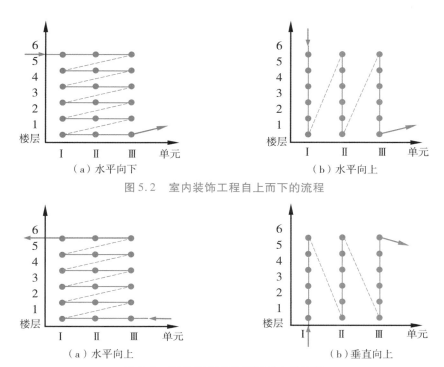

图 5.2　室内装饰工程自上而下的流程

（a）水平向上　　（b）垂直向上

图 5.3　室内装饰工程自下而上的流程

3）确定施工顺序

施工顺序是指分项工程或工序之间施工的先后次序。它的确定既是为了按照客观的施工规律组织施工，也是为了解决工种之间在时间上的搭接和在空间上的利用问题。在保证施工质量与施工安全的前提下，以求达到充分利用空间、争取时间、缩短工期的目的。合理地确定施工顺序也是编制施工进度计划的需要。

（1）确定施工顺序的基本原则

①遵循施工程序。施工程序确定了施工阶段或分部工程之间的先后次序，确定施工顺序时必须遵循施工程序。例如先地下后地上的程序。

②必须符合施工工艺的要求。这种要求反映出施工工艺上存在的客观规律和相互间的制约关系，一般是不可违背的。如预制钢筋混凝土柱的施工顺序为：支模板→绑钢筋→浇混凝土→养护→拆模；而现浇钢筋混凝土柱的施工顺序为：绑钢筋→支模板→浇混凝土→养护→拆模。

③必须与施工方法协调一致。如单层工业厂房结构吊装工程的施工顺序，当采用分件吊装法时，则施工顺序为“吊柱→吊梁→吊屋盖系统”；当采用综合吊装法时，则施工顺序为“第一节间吊柱、梁和屋盖系统→第二节间吊柱、梁和屋盖系统→……→最后节间吊柱、梁和屋盖系统”。

④必须考虑施工组织的要求。例如，安排室内外装饰工程施工顺序时，既可先室外也可先室内；又如，安排内墙面及天棚抹灰施工顺序时，既可待主体结构完工后进行，也可在主体结构施工到一定部位后提前插入，这主要是根据施工组织的安排。

⑤必须考虑施工质量和施工安全的要求。确定施工顺序必须以保证施工质量和施工安全为大前提。如为了保证施工质量,楼梯抹面应在全部墙面、地面和天棚抹灰完成之后,自上而下一次完成;为了保证施工安全,在多层砖混结构施工中,只有完成两个楼层板的铺设后,才允许在底层进行其他施工过程的施工。

⑥必须考虑当地气候条件的影响。如雨期和冬期到来之前,应先做完室外各项施工过程,为室内施工创造条件。如冬期室内装饰施工时,应先安门窗扇和玻璃,后做其他装饰工程。

现将多层砖混结构居住房屋、多层全现浇钢筋混凝土框架结构房屋和装配式钢筋混凝土单层工业厂房的施工顺序分别叙述如下。

（2）多层混合结构住宅楼的施工顺序

多层混合结构住宅楼的施工,按照房屋各部位的施工特点,一般可划分为基础工程、主体结构工程、屋面及装饰工程3个施工阶段。水、暖、电、卫工程应与土建工程中有关分部分项工程密切配合,交叉施工。图5.4即为某混合结构4层居住房屋施工顺序示意图。

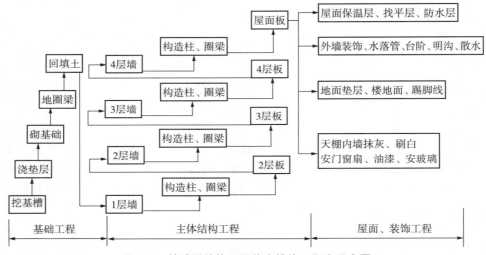

图 5.4　某砖混结构 4 层住宅楼施工顺序示意图

①基础工程的施工顺序。基础工程施工阶段是指室内地坪（±0.00）以下的所有工程施工阶段。其施工顺序一般是:挖土→做垫层→砌基础→地圈梁→回填土。如果有地下障碍物、坟穴、防空洞、软弱地基等问题,需先进行处理;如有桩基础,应先进行桩基础施工;如有地下室,则应在基础完成后或完成一部分后,进行地下室墙身施工、防水（潮）施工,再进行地下室顶板安装或现浇顶板,最后回填土。

注意:挖基槽（坑）和做垫层的施工搭接要紧凑,时间间隔不宜过长,以防雨后基槽（坑）内积水,影响地基的承载力。垫层施工后要留有一定的技术间歇时间,使其具有一定强度后再进行下一道工序。各种管沟的挖土、做管沟垫层、砌管沟墙、管道铺设等应尽可能与基础工程施工配合,平行搭接进行。回填土根据施工工艺的要求,可以在结构工程完工以后进行,也可在上部结构开始以前完成,施工中采用后者的较多,这样,一方面可以避免基槽遭雨水或施工用水浸泡;另一方面可以为后续工程创造良好的工作条件,提高生产效率。回填土原则上是一次分层夯填完毕。对零标高以下室内回填土(房心土),最好与基槽(坑)回填土同时进行,但要注意水、暖、电、卫、煤气管道沟的回填标高,如不能同时回填,也可在装饰工程之前与主体结构施工同时交叉进行。

②主体结构工程的施工顺序。主体结构工程施工阶段的工作,通常包括搭设脚手架、砌筑墙体、安预制过梁、安预制楼板和楼梯、现浇构造柱、楼板、圈梁、雨篷、楼梯等分项工程。若楼板、楼梯为现浇时,其施工顺序应为:立构造柱筋→砌墙→安柱模板→浇柱混凝土→安梁、板、梯模板→安梁、板、梯钢筋→浇梁、板、梯混凝土;若楼板为预制时,其施工顺序应为:立构造柱筋→砌墙→安柱模板→浇柱混凝土→安圈梁、楼梯模板→安圈梁、楼梯钢筋→浇圈梁、楼梯混凝土→吊装楼板→灌缝。砌筑墙体和安装预制楼板工程量较大,因此砌墙和安装楼板是主体结构工程的主导施工过程,它们在各楼层之间的施工是先后交替进行的。要注意两者在流水施工中的连续性,避免产生不必要的窝工现象。

③屋面和装饰工程的施工顺序。这个阶段具有施工内容多而杂、劳动消耗量大、手工操作多、工期长等特点。卷材防水屋面的施工顺序一般为:抹找平层→铺隔汽层及保温层→找平层→刷冷底子油结合层→做防水层及保护层。对于刚性防水屋面的现浇钢筋混凝土防水层,分格缝施工应在主体结构完成后开始,并尽快完成,以便为室内装饰创造条件。一般情况下,屋面工程可以和装饰工程搭接或平行施工。

装饰工程可分为室内装饰(天棚、墙面、楼地面、楼梯等抹灰,门窗扇安装,门窗油漆、安玻璃,油墙裙,做踢脚线等)和室外装饰(外墙抹灰、勒脚、散水、台阶、明沟、水落管等)。室内外装饰工程的施工顺序通常有先内后外、先外后内、内外同时进行 3 种顺序,具体确定为哪种顺序应视施工条件、气候条件和工期而定。通常室外装饰应避开冬季或雨季,并由上而下逐层进行,随之拆除该层的脚手架。当室内为水磨石楼面,为防止楼面施工时水的渗漏对外墙面的影响,应先完成水磨石的施工;如果为了加速脚手架的周转或要赶在冬、雨期到来之前完成室外装修,则应采取先外后内的顺序。同一层的室内抹灰施工顺序有楼地面→天棚→墙面和天棚→墙面→楼地面两种。前一种顺序便于清理地面,地面质量易于保证,且便于收集墙面和天棚的落地灰,节省材料。但由于地面需要留养护时间及采取保护措施,使墙面和天棚抹灰时间推迟,影响工期。后一种顺序在做地面前必须将天棚和墙面上的落地灰和渣滓扫清洗净后再做面层,否则会影响楼面面层同预制楼板间的黏结,引起地面起鼓。

底层地面一般多是在各层天棚、墙面、楼面做好之后进行。楼梯间和踏步抹面,由于其在施工期间易损坏,通常是在其他抹灰工程完成后,自上而下统一施工。门窗扇安装可在抹灰之前或之后进行,视气候和施工条件而定。例如,室内装饰工程若是在冬季施工,为防止抹灰层冻结和加速干燥,门窗扇和玻璃均应在抹灰前安装完毕。门窗玻璃安装一般在门窗扇油漆之后进行。

室外装饰工程总是采取自上而下的流水施工方案。在自上而下每层装饰、水落管安装等分项工程全部完成后,即可拆除该层的脚手架,然后进行散水及台阶的施工。

④水、暖、电、卫等工程的施工顺序。水、暖、电、卫等工程不同于土建工程,可以分成几个明显的施工阶段,它一般与土建工程中有关的分部分项工程进行交叉施工,紧密配合。配合的顺序和工作内容如下:

a.在基础工程施工时,先将相应的管道沟的垫层、地沟墙做好,然后回填土;

b. 在主体结构施工时,应在砌砖墙和现浇钢筋混凝土楼板的同时,预留出上下水管和暖气立管的孔洞、电线孔槽或预埋木砖和其他预埋件;

c. 在装饰工程施工前,安设相应的各种管道和电器照明用的附墙暗管、接线盒等。

水、暖、电、卫安装一般在楼地面和墙面抹灰前或后穿插施工。若电线采用明线,则应在室内粉刷后进行。

（3）多层全现浇钢筋混凝土框架结构房屋的施工顺序

钢筋混凝土框架结构多用于多层民用房屋和工业厂房,也常用于高层建筑。这种房屋的施工,一般可划分为基础工程、主体结构工程、围护工程和装饰工程 4 个阶段。图 5.5 即为 n 层现浇钢筋混凝土框架结构房屋施工顺序示意图。

①基础工程施工顺序。多层全现浇钢筋混凝土框架结构房屋的基础一般可分为有地下室和无地下室基础工程。若有地下室一层,且房屋建造在软土地基时,基础工程的施工顺序一般为:桩基→围护结构→土方开挖→破桩头及铺垫层→地下室底板→地下室墙、柱(防水处理)→地下室顶板→回填土。若无地下室,且房屋建造在土质较好的地区时,基础工程的施工顺序一般为:挖土→垫层→基础(扎筋、支模、浇混凝土、养护、拆模)→回填土。

在多层框架结构房屋的基础工程施工之前,和混合结构居住房屋一样,也要先处理好基础下部的松软土、洞穴等,然后分段进行平面流水施工。施工时,应根据当地的气候条件,加强对垫层和基础混凝土的养护,在基础混凝土达到拆模要求时及时拆模,并提早回填土,从而为上部结构施工创造条件。

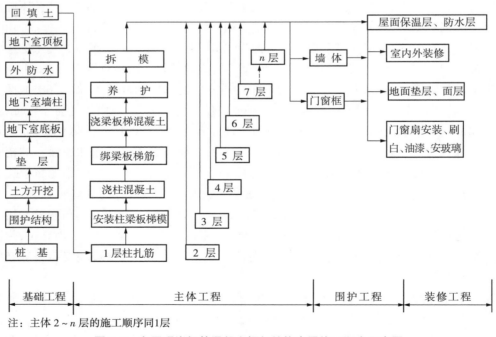

注：主体 2~n 层的施工顺序同1层

图 5.5　多层现浇钢筋混凝土框架结构房屋施工顺序示意图

（地下室 1 层,桩基础）

②主体结构工程的施工顺序(假定采用木制模板)。主体结构工程即全现浇钢筋混凝土框架的施工顺序为:绑柱钢筋→安柱、梁、板模板→浇柱混凝土→绑扎梁、板钢筋→浇梁、板

混凝土。柱、梁、板的支模、绑筋、浇混凝土等施工过程的工作量大,耗用的劳动力和材料多,而且对工程质量和工期也起着决定性作用。故需把多层框架在竖向上分成层,在平面上分成段,即分成若干个施工段,组织平面上和竖向上的流水施工。

③围护工程的施工顺序。围护工程的施工包括墙体工程、安装门窗框和屋面工程。墙体工程包括砌砖用的脚手架的搭拆,内、外墙砌筑等分项工程。不同的分项工程之间可组织平行、搭接、立体交叉流水施工。屋面工程、墙体工程应密切配合,如在主体结构工程结束之后,先进行屋面保温层、找平层施工,待外墙砌筑到顶后,再进行屋面油毡防水层的施工。脚手架应配合砌筑工程搭设,在室外装饰之后、做散水坡之前拆除。内墙的砌筑顺序应根据内墙的基础形式而定,有的需在地面工程完成后进行,有的则可在地面工程之前与外墙同时进行。屋面工程的施工顺序与混合结构住宅楼的屋面工程的施工顺序相同。

④装饰工程的施工顺序。装饰工程的施工分为室内装饰和室外装饰。室内装饰包括天棚、墙面、楼地面、楼梯等抹灰,门窗扇安装,门窗油漆,安玻璃等;室外装饰包括外墙抹灰、勒脚、散水、台阶、明沟等施工。其施工顺序与混合结构住宅楼的施工顺序基本相同。

(4)装配式钢筋混凝土单层工业厂房的施工顺序

根据单层工业厂房的结构形式,它的施工特点为:基础挖土量及现浇混凝土量大、现场预制构件多及结构吊装量大、各工种配合施工要求高等。因此,装配式钢筋混凝土单层工业厂房的施工可分为:基础工程、预制工程、结构安装工程、围护工程和装饰工程 5 个施工阶段,其施工顺序如图 5.6 所示。

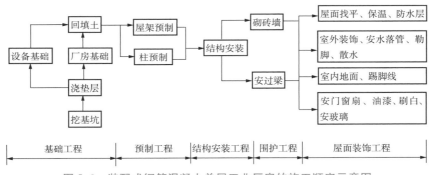

图 5.6 装配式钢筋混凝土单层工业厂房的施工顺序示意图

①基础工程的施工顺序。单层工业厂房柱基础一般为现浇钢筋混凝土杯形基础,宜采用平面流水施工。它的施工顺序与现浇钢筋混凝土框架结构的独立基础施工顺序相同。

对于厂房的设备基础和厂房柱基础的施工顺序,需根据厂房的性质和基础埋深等具体情况来决定。

在单层工业厂房基础工程施工之前,首先要处理好基础下部的松软土、洞穴等,然后分段进行平面流水施工。施工时,应根据当时的气候条件,加强对钢筋混凝土垫层和基础的养护,在基础混凝土达到拆模要求后及时拆模,并提早回填土,从而为现场预制工程创造条件。

②预制工程的施工顺序。单层工业厂房结构构件的预制方式,一般可采用加工厂预制和现场预制相结合的方法。在具体确定预制方案时,应结合构件技术特征、当地加工厂的生产能力、工程的工期要求、现场的交通道路、运输工具等因素,经过技术经济分析之后确定。

通常,对于尺寸大、自重大的大型构件,多采用在拟建厂房内部就地预制,如柱、托架梁、屋架、鱼腹式预应力吊车梁等;对于种类及规格繁多的异型构件,可在拟建厂房外部集中预制,如门窗过梁等;对于数量较多的中小型构件,可在加工厂预制,如大型屋面板等标准构件、木制品及钢结构构件等。加工厂生产的预制构件应随着厂房结构安装工程的进展陆续运往现场,以便安装。

现场就地预制钢筋混凝土柱的施工顺序为:场地平整夯实→支模→扎筋→预埋铁件→浇筑混凝土→养护→拆模等。

现场后张法预制屋架的施工顺序为:场地平整夯实(或做台膜)→支模→扎筋(有时先扎筋后支模)→预留孔洞→预埋铁件→浇筑混凝土→养护→拆模→预应力筋张拉→锚固→灌浆等。

预制构件制作的顺序:原则上是先安装的先预制,虽然屋架迟于柱子安装,但预应力屋架由于需要张拉、灌浆等工艺,并且有两次养护的技术间歇,在考虑施工顺序时往往要提前制作。

预制构件制作的时间:因现场预制构件的工期较长,故预制构件的制作往往是在基础回填土、场地平整完成一部分之后就可以进行,这时结构安装方案已定,构件布置图已绘出。一般来说,其制作的施工流向应与基础工程的施工流向一致,同时还要考虑所选择的吊装机械和吊装方法。这样既可以使构件制作早日开始,又能及早地交出工作面,为结构安装工程提早施工创造条件。

③结构安装工程的施工顺序。结构安装工程是装配式单层工业厂房的主导施工阶段,其施工内容依次为:柱子、吊车梁、连系梁、基础梁、托架、屋架、天窗架、大型屋面板及支撑系统等构件的绑扎、起吊、就位、临时固定、校正和最后固定等。它应单独编制结构安装工程的施工作业设计,其中,结构吊装的流向通常应与预制构件制作的流向一致。

结构安装前的准备工作有:预制构件的混凝土强度是否达到规定要求(柱子达70%设计强度,屋架达100%设计强度,预应力构件灌浆后的砂浆强度达15 MPa才能就位或安装),基础杯口抄平、杯口弹线,构件的吊装验算和加固,起重机稳定性、起重量核算和安装屋盖系统的鸟嘴架安设,起吊各种构件的索具准备等。

结构安装工程的施工顺序取决于安装方法。当采用分件安装方法时,一般起重机分3次开行才安装完全部构件,其安装顺序是:第一次开行安装全部柱子,并对柱子进行校正与最后固定;待杯口内的混凝土强度达到设计强度的70%后,起重机第二次开行安装吊车梁、连系梁和基础梁;第三次开行安装屋盖系统。当采用综合吊装方法时,其安装顺序是:先安装第一节间的4根柱,迅速校正并灌浆固定,接着安装吊车梁、连系梁、基础梁及屋盖系统,如此依次逐个节间地进行所有构件安装,直至整个厂房全部安装完毕。抗风柱的安装顺序一般有两种:一是在安装柱的同时,先安装该跨一端的抗风柱,另一端的抗风柱则在屋盖系统安装完毕后进行;二是全部抗风柱的安装均待屋盖系统安装完毕后进行,并立即与屋盖连接。

④围护工程的施工顺序。围护工程的施工顺序为:搭设垂直运输机具(如井架、门架、起重机等)→砌筑内外墙(脚手架搭设与其配合)→现浇门框、雨篷等。一般在结构吊装工程完成之后或吊装完成一部分区段之后,即可开始外墙砌筑工程的分段施工。不同的分项工

程之间可组织立体交叉平行的流水施工,砌筑一完,即可开始进行屋面施工。

⑤装饰工程的施工顺序。装饰工程的施工也可分为室内装饰和室外装饰。室内装饰工程包括地面的平整、垫层、面层,安装门窗扇、油漆、安装玻璃、墙面抹灰、刷白等;室外装饰工程包括外墙勾缝、抹灰、勒脚、散水等分项工程。两者可平行施工,并可与其他施工过程交叉穿插进行,一般不占总工期。地面工程应在地下管道、电缆完成后进行。砌筑工程完成后,即进行内外墙抹灰,外墙抹灰应自上而下进行。门窗安装一般与砌墙穿插进行,也可在砌墙完成后进行。内墙面及构件刷白,应安排在墙面干燥和大型屋面板灌缝之后开始,并在油漆开始之前结束。玻璃安装在油漆后进行。

⑥水、暖、电、卫等工程的施工顺序。水、暖、电、卫等工程的施工顺序与砖混结构的施工顺序基本相同,但应注意空调设备安装工程的安排。生产设备的安装一般由专业公司承担,由于其专业性强、技术要求高,应遵照有关专业的生产顺序进行。

上面所述 3 种类型房屋的施工过程及其顺序,仅适用于一般情况。建筑施工是一个复杂的过程,随着新工艺、新材料、新建筑体系的出现和发展,这些规律将会随着施工对象和施工条件发生较大的变化。因此,对每一个单位工程,必须根据其施工特点和具体情况,合理地确定施工顺序,最大限度地利用空间,争取时间组织平行流水、立体交叉施工,以其达到时间和空间的充分利用。

4)施工方法和施工机械的选择

选择施工方法和施工机械是施工方案中的关键问题,它直接影响施工进度、质量、安全及工程成本。因此,编制施工组织设计时,必须根据建筑结构特点、抗震要求、工程量大小、工期长短、资源供应情况、施工现场情况和周围环境等因素,制订出可行方案,并进行技术经济分析比较,确定出最优方案。

(1)选择施工方法

选择施工方法时,应重点考虑影响整个单位工程施工的分部分项工程的施工方法。主要是选择工程量大且在单位工程中占有重要地位的分部分项工程,施工技术复杂或采用新技术、新工艺及对工程质量起关键作用的分部分项工程,不熟悉的特殊结构工程或由专业施工单位施工的特殊专业工程的施工方法,要求详细而具体,必要时应编制单独的分部分项工程的施工作业设计,提出质量要求及达到这些质量要求的技术措施,指出可能发生的问题并提出预防措施和必要的安全措施。而对于按照常规做法和工人熟悉的分项工程,则不必详细拟订,只提出应注意的一些特殊问题即可。通常,施工方法选择的内容有:

①土方工程

a. 场地平整、地下室、基坑、基槽的挖土方法,放坡要求,所需人工、机械的型号及数量;

b. 余土外运方法,所需机械的型号及数量;

c. 地下、地表水的排水方法,排水沟、集水井、井点的布置,所需设备的型号及数量。

②钢筋混凝土工程

a. 模板工程:模板的类型和支模方法是根据不同的结构类型、现场条件确定现浇和预制用的各种类型模板(如工具式钢模、木模,翻转模板,土、砖、混凝土胎模,钢丝网模板、竹胶板模板等)及各种支承方法(如钢、木立柱、桁架、钢制托具等),并分别列出采用的项目、部位、数量及隔离剂的选用。

b.钢筋工程:明确构件厂与现场加工的范围,钢筋调直、切断、弯曲、成型、焊接方法,钢筋运输及安装方法。

c.混凝土工程:搅拌与供应(集中或分散)输送方法,砂石筛选、计量、上料方法,拌和料、外加剂的选用及掺量,搅拌、运输设备的型号及数量,浇筑顺序的安排,工作班次,分层浇筑厚度,振捣方法,施工缝的位置,养护制度。

③结构安装工程

a.构件尺寸、自重、安装高度;

b.选用吊装机械型号及吊装方法,塔吊回转半径的要求,吊装机械的位置或开行路线;

c.吊装顺序,运输、装卸、堆放方法,所需设备型号及数量;

d.吊装运输对道路的要求。

④垂直及水平运输

a.标准层垂直运输量计算表;

b.垂直运输方式的选择及其型号、数量、布置、服务范围、穿插班次;

c.水平运输方式及设备的型号和数量;

d.地面及楼面水平运输设备的行驶路线。

⑤装饰工程

a.室内外装饰抹灰工艺的确定;

b.施工工艺流程与流水施工的安排;

c.装饰材料的场内运输,减少临时搬运的措施。

⑥特殊项目

a.对四新(新结构、新工艺、新材料、新技术)项目,高耸、大跨、重型构件,水下、深基础、软弱地基,冬季施工等项目均应单独编制。单独编制的内容包括:工程平面示意图、工程量、施工方法、工艺流程、劳动组织、施工进度、技术要求与质量、安全措施、材料、构件及机具设备需要量。

b.对大型土方、打桩、构件吊装等项目,无论内、外分包,均应由分包单位提出单项施工方法与技术组织措施。

(2)选择施工机械

选择施工方法必须涉及施工机械的选择问题。选择施工机械时应着重考虑以下几方面:

①选择施工机械时,应首先根据工程特点,选择适宜主导工程的施工机械。如在选择装配式单层工业厂房结构安装用的起重机类型时,当工程量较大且集中时,可以采用生产效率较高的塔式起重机;但当工程量较小或工程量虽大却相当分散时,则采用无轨自行式起重机较为经济。在选择起重机型号时,应使起重机在起重臂外伸长度一定的条件下,能适应起重量及安装高度的要求。

②各种辅助机械或运输工具应与主导机械的生产能力协调配套,以充分发挥主导机械的效率。如土方工程施工中采用汽车运土时,汽车的载重量应为挖土机斗容量的整数倍,汽车的数量应保证挖土机连续工作。

③在同一工地上,应力求建筑机械的种类和型号尽可能少一些,以利于机械管理。为此,工程量大且分散时,宜采用多用途机械施工,如挖土机既可用于挖土,又能用于装卸、起重和打桩。

④施工机械的选择还应考虑充分发挥施工单位现有机械的能力。当本单位的机械能力不能满足工程需要时,则应购置或租赁所需的新型机械或多用途机械。

5)技术组织措施的设计

技术组织措施是指在技术和组织方面对保证工程质量、安全、节约和文明施工所采用的方法。制定这些方法是施工组织设计编制者带有创造性的工作。

(1)保证工程质量的措施

保证工程质量的关键是对施工组织设计的工程对象经常发生的质量通病制订防治措施,可以按照各主要分部分项工程提出的质量要求,也可以按照各工种工程提出的质量要求。保证工程质量的措施可以从以下各方面考虑:

①确保拟建工程定位、放线、轴线尺寸、标高测量等准确无误的措施;

②为了确保地基土壤承载能力符合设计规定的要求而应采取的有关技术组织措施;

③各种基础、地下结构、地下防水施工的质量措施;

④确保主体承重结构各主要施工过程的质量要求;各种预制承重构件检查验收的措施;各种材料、半成品、砂浆、混凝土等检验及使用要求;

⑤对新结构、新工艺、新材料、新技术的施工操作提出质量措施或要求;

⑥冬、雨期施工的质量措施;

⑦屋面防水施工、各种抹灰及装饰操作中确保施工质量的技术措施;

⑧ 的措施;

⑨ 的检查、验收制度;

⑩ 工程的质量评定的目标计划等。

(2)安全施工措施

安全施工措施应贯彻安全操作规程,对施工中可能发生的安全问题进行预测,有针对性地提出预防措施,以杜绝施工中伤亡事故的发生。安全施工措施主要包括:

①提出安全施工宣传、教育的具体措施,对新工人进场上岗前必须作安全教育及安全操作的培训;

②针对拟建工程地形、环境、自然气候、气象等情况,提出可能突然发生自然灾害时有关施工安全方面的若干措施及其具体办法,以便减少损失,避免伤亡;

③提出易燃、易爆品严格管理及使用的安全技术措施;

④防火、消防措施,高温、有毒、有尘、有害气体环境下操作人员的安全要求和措施;

⑤土方、深坑施工,高空、高架操作,结构吊装、上下垂直平行施工时的安全要求和措施;

⑥各种机械、机具安全操作要求,交通、车辆的安全管理;

⑦各处电气设备的安全管理及安全使用措施;

⑧狂风、暴雨、雷电等各种特殊天气发生前后的安全检查措施及安全维护制度。

（3）降低成本措施

降低成本措施的制订应以施工预算为尺度,以企业（或基层施工单位）年度、季度降低成本计划和技术组织措施计划为依据进行编制。要针对工程施工中降低成本潜力大的（工程量大、有采取措施的可能性及有条件的）项目,充分开动脑筋,把措施提出来,并计算出经济效益和指标,加以评价、决策。这些措施必须是不影响质量且能保证安全的,它应考虑以下几方面:

①生产力水平是先进的;

②由精心施工的领导班子来合理组织施工生产活动;

③有合理的劳动组织,以保证劳动生产率的提高,减少总的用工数;

④物资管理的计划性,从采购、运输、现场管理及竣工材料回收等方面,最大限度地降低原材料、成品和半成品的成本;

⑤采用新技术、新工艺,以提高工效,降低材料耗用量,节约施工总费用;

⑥保证工程质量,减少返工损失;

⑦保证安全生产,减少事故频率,避免意外工伤事故带来的损失;

⑧提高机械利用率,减少机械费用的开支;

⑨增收节支,减少施工管理费的支出;

⑩工程建设提前完工,以节省各项费用开支。

降低成本措施应包括节约劳动力、材料费、机械设备费用、工具费、间接费及临时设施费等措施。一定要正确处理降低成本、提高质量和缩短工期三者的关系,对措施要计算经济效果。

（4）现场文明施工措施

现场场容管理措施主要包括以下几个方面:

①施工现场的围挡与标牌,出入口与交通安全,道路畅通,场地平整;

②暂设工程的规划与搭设,办公室、更衣室、食堂、厕所的安排与环境卫生;

③各种材料、半成品、构件的堆放与管理;

④散碎材料、施工垃圾运输,以及其他各种环境污染,如搅拌机冲洗废水、油漆废液、灰浆水等施工废水污染,运输土方与垃圾、白灰堆放、散装材料运输等粉尘污染,熬制沥青、熟化石灰等废气污染,打桩、搅拌混凝土、振捣混凝土等噪声污染;

⑤成品保护;

⑥施工机械保养与安全使用;

⑦安全与消防。

5.3　单位工程施工进度计划

单位工程施工进度计划是在确定了施工方案的基础上,根据规定工期和各种资源供应条件,按照施工过程的合理施工顺序及组织施工的原则,用图表的形式（横道图或网络图）,对一个工程从开始施工到工程全部竣工的各个项目,确定其在时间上的安排和相互间的搭接关系。在此基础上,方可编制月、季计划及各项资源需要量计划。所以,施工进度计划是单位工程施工组织设计中一项非常重要的内容。

5.3.1 单位工程施工进度计划的作用及分类

1)施工进度计划的作用

单位工程施工进度计划的作用是:

①控制单位工程的施工进度,保证在规定工期内完成符合质量要求的工程任务;

②确定单位工程的各个施工过程的施工顺序、施工持续时间及相互衔接和合理配合关系;

③为编制季度、月度生产作业计划提供依据;

④是制订各项资源需要量计划和编制施工准备工作计划的依据。

2)施工进度计划的分类

单位工程施工进度计划根据施工项目划分的粗细程度,可分为控制性与指导性施工进度计划两类。

控制性施工进度计划按分部工程来划分施工项目,控制各分部工程的施工时间及其相互搭接配合关系。它主要适用于工程结构较复杂、规模较大、工期较长而需跨年度施工的工程(如体育场、火车站等公共建筑以及大型工业厂房等),还适用于工程规模不大或结构不复杂但各种资源(劳动力、机械、材料等)不落实的情况,以及建筑结构、建筑规模等可能变化的情况。编制控制性施工进度计划的单位工程,当各分部工程的施工条件基本落实之后,在施工之前还应编制各分部工程的指导性施工进度计划。

指导性施工进度计划按分项工程或施工过程来划分施工项目,具体确定各分项工程或施工过程的施工时间及其相互搭接配合关系。它适用于施工任务具体而明确、施工条件基本落实、各种资源供应正常、施工工期不太长的工程。

5.3.2 单位工程施工进度计划的编制程序和依据

单位工程进度
计划编制

1)单位工程施工进度计划的编制程序

单位工程施工进度计划的编制程序如图 5.7 所示。

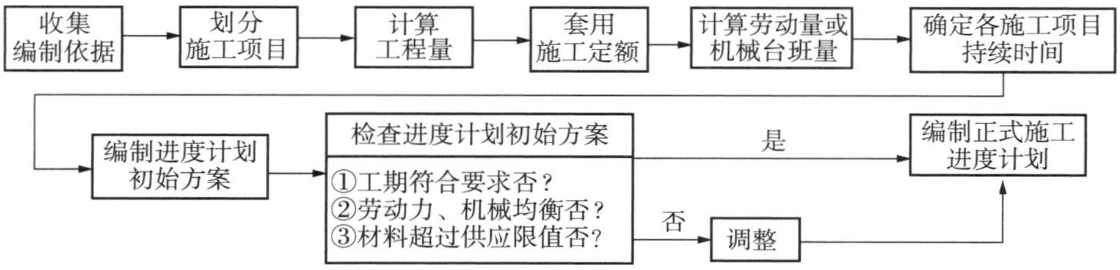

收集编制依据 → 划分施工项目 → 计算工程量 → 套用施工定额 → 计算劳动量或机械台班量 → 确定各施工项目持续时间

编制进度计划初始方案 → 检查进度计划初始方案 ①工期符合要求否? ②劳动力、机械均衡否? ③材料超过供应限值否? — 是 → 编制正式施工进度计划

否 → 调整

图 5.7 单位工程施工进度计划的编制程序

2）施工进度计划的编制依据

编制单位工程施工进度计划，主要依据下列资料：

①经过审批的建筑总平面图及单位工程全套施工图，以及地质、地形图、工艺设计图、设备及其基础图、采用的各种标准图等图纸及技术资料；

②施工组织总设计对本单位工程的有关规定；

③施工工期要求及开、竣工日期；

④施工条件，劳动力、材料、构件及机械的供应条件，分包单位的情况等；

⑤主要分部分项工程的施工方案，包括施工程序、施工段划分、施工流程、施工顺序、施工方法、技术及组织措施等；

⑥施工定额；

⑦其他有关要求和资料，如工程合同。

3）施工进度计划的表示方法

施工进度计划一般用图表来表示，通常有两种形式的图表：横道图和网络图。横道图的形式如表5.1所示。

表5.1　施工进度计划表

序号	分部分项工程名称	工程量		时间定额	劳动量		需要机械		每天工作班次	每班工人数	工作天数	施工进度	
		单位	数量		工种	工日数	机械名称	台班数量				××月	××月

从表5.1中可以看出，它由左、右两部分组成。左边部分列出各种计算数据，如分部分项工程名称、相应的工程量、采用的定额、需要的劳动量或机械台班量、每天工作班次、每班工人数及工作持续时间等；右边部分是从规定的开工之日起到竣工之日止的进度指示图表，用不同线条形象地表现各个分部分项工程的施工进度和相互间的搭接配合关系，有时在其下面汇总每天的资源需要量，绘出资源需要量的动态曲线，其中的格子根据需要可以是一格表示一天或表示若干天。

网络图的表示方法详见项目3，这里仅以横道图表编制施工进度计划作以阐述。

5.3.3　单位工程施工进度计划的编制内容和步骤

根据单位工程施工进度计划的编制程序，下面将其编制的主要步骤和方法叙述如下：

1）施工项目的划分

编制施工进度计划时，首先应按照图纸和施工顺序将拟建单位工程的各个施工过程列出，并结合施工方法、施工条件、劳动组织等因素，加以适当调整，使之成为编制施工进度计划所需的施工项目。施工项目是包括一定工作内容的施工过程,它是施工进度计划的基本组成单元。

单位工程施工进度计划的施工项目仅是包括现场直接在建筑物上施工的施工过程,如砌筑、安装等,而对于构件制作和运输等施工过程,则不包括在内。但对现场就地预制的钢筋混凝土构件的制作,不仅单独占有工期,且对其他施工过程的施工有影响,或构件的运输需与其他施工过程的施工密切配合,如楼板随运随吊时,仍需将这些制作和运输过程列入施工进度计划。

在确定施工项目时,应注意以下几个问题:

①施工项目划分的粗细程度,应根据进度计划的需要来决定。一般对于控制性施工进度计划,施工项目可以划分得粗一些,通常只列出分部工程,如混合结构房屋的控制性施工进度计划,只列出基础工程、主体工程、屋面工程和装饰工程4个施工过程;而对实施性施工进度计划,施工项目划分就要细一些,应明确到分项工程或更具体,以满足指导施工作业的要求,如屋面工程应划分为找平层、隔汽层、保温层、防水层等分项工程。

②施工过程的划分要结合所选择的施工方案。如结构安装工程,若采用分件吊装方法,则施工过程的名称、数量和内容及其吊装顺序应按构件来确定;若采用综合吊装方法,则施工过程应按施工单元(节间或区段)来确定。

③适当简化施工进度计划的内容,避免施工项目划分过细,重点不突出。因此,可考虑将某些穿插性分项工程合并到主要分项工程中去,如门窗框安装可并入砌筑工程;而对于在同一时间内由同一施工班组施工的过程可以合并,如工业厂房中的钢窗油漆、钢门油漆、钢支撑油漆、钢梯油漆等可合并为钢构件油漆一个施工过程;对于次要的、零星的分项工程,可合并为"其他工程"一项列入。

④水、暖、电、卫和设备安装等专业工程不必细分具体内容,由各专业施工队自行编制计划并负责组织施工,而在单位工程施工进度计划中只要反映出这些工程与土建工程的配合关系即可。

⑤所有施工项目应大致按施工顺序列成表格,编排序号避免遗漏或重复,其名称可参考现行的施工定额手册上的项目名称。

2)计算工程量

工程量计算是一项十分繁琐的工作,应根据施工图纸、有关计算规则及相应的施工方法进行计算。因为进度计划中的工程量仅是用来计算各种资源需要量,不作为计算工资或工程结算的依据,故不必精确计算,直接套用施工预算的工程量即可。计算工程量应注意以下几个问题:

①各分部分项工程的工程量计算单位应与采用的施工定额中相应项目的单位一致,以便计算劳动量及材料需要量时可直接套用定额,不再进行换算。

②计算工程量时应结合选定的施工方法和安全技术要求,使计算所得工程量与施工实际情况相符合。例如,挖土时是否放坡,是否加工作面,坡度大小与工作面尺寸是多少,是否使用支撑加固,开挖方式是单独开挖、条形开挖或整片开挖,这些都直接影响到基础土方工程量的计算。

③结合施工组织的要求,分区、分段、分层计算工程量,以便组织流水作业。若每层、每段上的工程量相等或相差不大时,可根据工程量总数分别除以层数、段数,可得每层、每段上的工程量。

④如已编制预算文件,应合理利用预算文件中的工程量,以免重复计算。施工进度计划中的施工项目大多可直接采用预算文件中的工程量,可按施工过程的划分情况将预算文件中有关项目的工程量汇总。如"砌筑砖墙"一项的工程量,可首先分析它包括哪些内容,然后按其所包含的内容从预算工程量中摘抄出来并加以汇总求得。施工进度计划中的有些施工项目与预算文件中的项目完全不同或局部有出入时(如计量单位、计算规则、采用定额不同等),则应根据施工中的实际情况加以修改、调整或重新计算。

3)套用施工定额

根据所划分的施工项目和施工方法,即可套用施工定额(当地实际采用的劳动定额及机械台班定额),以确定劳动量和机械台班量。

施工定额有两种形式,即时间定额和产量定额。时间定额是指某种专业、某种技术等级的工人小组或个人在合理的技术组织条件下,完成单位合格的建筑产品所必须的工作时间,一般用符号 H_i 表示,它的单位有:工日/ m^3 、工日/ m^2 、工日/m、工日/t 等。因为时间定额是以劳动工日数为单位,便于综合计算,故在劳动量统计中用得比较普遍。产量定额是指在合理的技术组织条件下,某种专业、某种技术等级的工人小组或个人在单位时间内所应完成合格的建筑产品的数量,一般用符号 S_i 表示,它的单位有: m^3 /工日、 m^2 /工日、m/工日、t/工日等。因为产量定额是由建筑产品的数量来表示,具有形象化的特点,故在分配施工任务时用得比较普遍。时间定额和产量定额是互为倒数的关系。

套用国家或地方颁发的定额,必须注意结合本单位工人的技术等级、实际施工操作水平、施工机械情况和施工现场条件等因素,确定完成定额的实际水平,使计算出来的劳动量、机械台班量符合实际需要,为准确编制施工进度计划打下基础。

有些采用新技术、新材料、新工艺或特殊施工方法的项目,施工定额中尚未编入,这时可参考类似项目的定额、经验资料,或按实际情况确定。

4)确定劳动量和机械台班数量

劳动量和机械台班数量应根据各分部分项工程的工程量、施工方法和现行的施工定额,并结合当地的具体情况加以确定。一般应按下式计算:

$$P = \frac{Q}{S} \tag{5.1}$$

或

$$P = QH \tag{5.2}$$

式中 P——完成某施工过程所需的劳动量(工日)或机械台班数量(台班);

Q——某施工过程的工程量;

S——某施工过程所采用的产量定额;

H——某施工过程所采用的时间定额。

例如,已知某单层工业厂房的柱基坑土方量为 3 240 m³,采用人工挖土,产量定额为 3.9 m³/工日,则完成挖基坑所需劳动量为:

$$P = \frac{Q}{S} = \frac{3\ 240\ \text{m}^3}{3.9\ \text{m}^3/\text{工日}} = 830\ \text{工日}$$

若已知时间定额为 0.256 工日/m³ 则完成挖基坑所需劳动量为:

$$P = QH = 3\ 240\ \text{m}^3 \times 0.256\ \text{工日}/\text{m}^3 = 830\ \text{工日}$$

经常还会遇到施工进度计划所列项目与施工定额所列项目的工作内容不一致的情况,具体处理方法如下:

①若施工项目是由两个或两个以上的同一工种,但材料、做法或构造都不同的施工过程合并而成时,可用其加权平均定额来确定劳动量或机械台班量。加权平均产量定额的计算可按下式进行:

$$\overline{S}_i = \frac{\sum\limits_{i=1}^{n} Q_i}{\sum\limits_{i=1}^{n} P_i} \tag{5.3}$$

$$\sum\limits_{i=1}^{n} Q_i = Q_1 + Q_2 + Q_3 + \cdots + Q_n (\text{总工程量})$$

$$\sum\limits_{i=1}^{n} P_i = \frac{Q_1}{S_1} + \frac{Q_2}{S_2} + \frac{Q_3}{S_3} + \cdots + \frac{Q_n}{S_n} (\text{总劳动量})$$

式中　$\overline{S}_i$ ——某施工项目加权平均产量定额;

$Q_1, Q_2, Q_3, \cdots, Q_n$ ——同一工种,但施工做法、材料或构造不同的各个施工过程的工程量;

$S_1, S_2, S_3, \cdots, S_n$ ——与上述施工过程相对应的产量定额。

②对于有些采用新材料、新工艺或特殊施工方法的施工项目,其定额在施工定额手册中未列入,则可参考类似项目或实测确定。

③对于"其他工程"项目所需劳动量,可根据其内容和数量,并结合施工现场的具体情况,以占总劳动量的百分比(一般为 10% ~20%)计算。

④水、电、暖、卫设备安装等工程项目,一般不计算劳动量和机械台班需要量,仅安排与一般土建单位工程配合的进度。

5)确定各项目的施工持续时间

施工项目的施工持续时间的计算方法,除前述的定额计算法和倒排计划法外,还有经验估计法。

施工项目的持续时间最好是按正常情况确定,这时它的费用一般是较低的。待编制出初始进度计划并经过计算后,再结合实际情况作必要的调整,这是避免因盲目抢工而造成浪费的有效办法。

倒排计划法就是从竣工时间倒退,根据各个工序完成所需时间,做时间节点计划,属于结果导向的方法。就是在规定的时间内要完成某一件事,如在 5 月 30 日要完成某工程竣工,就以 5 月 30 日工程竣工为目的,往前一天一天的推,每天要做哪些工作,直至推到现在正在排计划的时刻。通过这样一推就可以发现现在具备的条件能否满足工程倒推到现在所需要的条件,吻合的话就能完成,不吻合的话继续往前推可以得出总时间。

根据过去的施工经验并按照实际的施工条件来估算项目的施工持续时间是较为简便的办法,现在一般也多采用这种办法。这种办法多用于采用新工艺、新技术、新材料等无定额可循的工种。在经验估计法中,有时为了提高其准确程度,往往用"三时估计法",即先估计出该项目的最长、最短和最可能的 3 种施工持续时间,然后据以求出期望的施工持续时间作为该项目的施工持续时间。其计算公式是:

$$t = \frac{A + 4C + B}{6} \tag{5.4}$$

式中　t——项目施工持续时间;

　　　A——最长施工持续时间;

　　　B——最短施工持续时间;

　　　C——最可能施工持续时间。

6)编制施工进度计划的初始方案

流水施工是组织施工、编制施工进度计划的主要方式,在第 3 章中已作了详细介绍。编制施工进度计划时,必须考虑各分部分项工程的合理施工顺序,尽可能组织流水施工,力求主要工种的施工班组连续施工,其编制方法为:

①首先,对主要施工阶段(分部工程)组织流水施工。先安排其中主导施工过程的施工进度,使其尽可能连续施工,其他穿插施工过程尽可能与主导施工过程配合、穿插、搭接。如砖混结构房屋中的主体结构工程,其主导施工过程为砖墙砌筑和现浇钢筋混凝土楼板;现浇钢筋混凝土框架结构房屋中的主体结构工程,其主导施工过程为钢筋混凝土框架的支模、扎筋和浇混凝土。

②配合主要施工阶段,安排其他施工阶段(分部工程)的施工进度。

③按照工艺的合理性和施工过程间尽量配合、穿插、搭接的原则,将各施工阶段(分部工程)的流水作业图表搭接起来,即得到单位工程施工进度计划的初始方案。

7)施工进度计划的检查与调整

检查与调整的目的在于使施工进度计划的初始方案满足规定的目标,一般从以下几方面进行检查与调整:

①各施工过程的施工顺序是否正确,流水施工的组织方法应用得是否正确,技术间歇是否合理。

②工期方面,初始方案的总工期是否满足合同工期。

③劳动力方面,主要工种工人是否连续施工,劳动力消耗是否均衡。劳动力消耗的均衡性是针对整个单位工程或各个工种而言,应力求每天出勤的工人人数不发生过大变动。

为了反映劳动力消耗的均衡情况,通常采用劳动力消耗动态图来表示。对于单位工程的劳动力消耗动态图,一般绘制在施工进度计划表右边表格部分的下方,如图 5.8 所示。

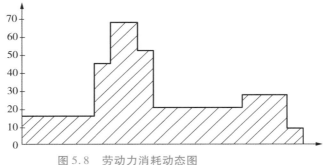

施工过程	班组人数	施工进度 /d																		
		1	2	3	4	5	6	7	8	9	10	11	12	13	14	15	16	17	18	19
基坑挖土	16																			
浇垫层	30																			
砌砖基础	20																			
回填土	10																			

图 5.8　劳动力消耗动态图

劳动力消耗的均衡性指标可以采用劳动力均衡系数(K)来评估。

$$K = \frac{\text{高峰出工人数}}{\text{平均出工人数}} \qquad (5.5)$$

式中的平均出工人数为每天出工人数之和除以总工期所得之商。

最为理想的情况是劳动力均衡系数 K 接近于1。劳动力均衡系数在2以内为好，超过2则不正常。

④物资方面，主要机械、设备、材料等的利用是否均衡，施工机械是否充分利用。主要机械通常是指混凝土搅拌机、灰浆搅拌机、自动式起重机和挖土机等。机械的利用情况是通过机械的利用程度来反映的。

初始方案经过检查，对不符合要求的部分需进行调整。调整方法一般有：增加或缩短某些施工过程的施工持续时间；在符合工艺关系的条件下，将某些施工过程的施工时间向前或向后移动；必要时，还可以改变施工方法。

应当指出，上述编制施工进度计划的步骤不是孤立的，而是互相依赖、互相联系的，有的可以同时进行。还应看到，由于建筑施工是一个复杂的生产过程，受周围客观条件影响的因素很多，在施工过程中，由于劳动力和机械、材料等物资的供应及自然条件等因素的影响，使其经常不符合原计划的要求，因而在工程进展中应随时掌握施工动态，经常检查，不断调整计划。

进度管理
案例分析

进度控制
案例分析

5.4 施工准备工作及各项资源需要量计划

5.4.1 施工准备工作计划

施工准备计划

施工准备工作既是单位工程的开工条件,也是施工中的一项重要内容,开工之前必须为开工创造条件,开工以后必须为作业创造条件,因此它贯穿于施工过程的始终。施工准备工作应有计划地进行,为便于检查、监督施工准备工作的进展情况,使各项施工准备工作的内容有明确的分工,有专人负责,并规定期限,可编制施工准备工作计划,并拟在施工进度计划编制完成后进行。其表格形式如表5.2所示。

表5.2 单位工程施工准备工作计划表

序号	准备工作项目	工程量		简要内容	负责单位或负责人	起止日期		备注
		单位	数量			日/月	日/月	

施工准备工作计划是编制单位工程施工组织设计时的一项重要内容。在编制年度、季度、月度生产计划中也应一并考虑并做好贯彻落实工作。

5.4.2 各种资源需要量计划

单位工程施工进度计划编制确定以后,根据施工图纸、工程量计算资料、施工方案、施工进度计划等有关技术资料,着手编制劳动力需要量计划,各种主要材料、构件和半成品需要量计划及各种施工机械的需要量计划。它们不仅是为了明确各种技术工人和各种技术物资的需要量,而且还是做好劳动力与物资的供应、平衡、调度、落实的依据,也是施工单位编制月、季生产作业计划的主要依据之一。它们是保证施工进度计划顺利执行的关键。

1)劳动力需要量计划

表5.3 劳动力需要量计划表

序 号	工种名称	需要人数	××月			××月			备 注
			上旬	中旬	下旬	上旬	中旬	下旬	

劳动力需要量计划,主要是作为安排劳动力的平衡、调配和衡量劳动力耗用指标、安排生活福利设施的依据,其编制方法是将施工进度计划表内所列各施工过程每天(或旬月)所需工人人数按工种汇总而得。其表格形式如表5.3所示。

2)主要材料需要量计划

主要材料需要量计划,是备料、供料和确定仓库、堆场面积及组织运输的依据,其编制方法是将施工进度计划表中各施工过程的工程量,按材料名称、规格、数量、使用时间计算汇总而得。其表格形式如表5.4所示。

表5.4　主要材料需要量计划表

序　号	材料名称	规　格	需要量		需要时间					备　注
			单位				××月			
					旬	下旬	上旬	中旬	下旬	

对于某分部分项工程是由多种材料组成时,应按各种材料分类计算,如混凝土工程应换算成水泥、砂、石、外加剂和水的数量列入表格。

3)构件和半成品需要量计划

建筑结构构件、配件和其他加工半成品的需要量计划主要用于落实加工订货单位,并按照所需规格、数量、时间,组织加工、运输和确定仓库或堆场,可根据施工图和施工进度计划编制。其表格形式如表5.5所示。

表5.5　构件和半成品需要量计划表

序　号	构件、半成品名称	规　格	图号、型号	需要量		使用部位	制作单位	供应日期	备　注
				单位	数量				

4)施工机械需要量计划

施工机械需要量计划主要用于确定施工机械的类型、数量、进场时间,可据此落实施工机械来源,组织进场。其编制方法是将单位工程施工进度计划表中的每一个施工过程每天所需的机械类型、数量和施工日期进行汇总,即得施工机械需要量计划。其表格形式如表

5.6 所示。

表 5.6　施工机械需要量计划表

序　号	机械名称	型　号	需要量		现场使用起止时间	机械进场或安装时间	机械退场或拆卸时间	供应单位
			单位	数量				

5.5　单位工程施工平面图设计

　　施工平面图既是布置施工现场的依据,也是施工准备工作的一项重要依据,它是实现文明施工、节约并合理利用土地、减少临时设施费用的先决条件。因此,它是施工组织设计的重要组成部分。施工平面图不仅要在设计时周密考虑,而且还要认真贯彻执行,这样才会使施工现场井然有序,施工顺利进行,保证施工进度,提高效率和经济效果。

施工平面图

　　单位工程施工平面图的绘制比例一般为 1∶200～1∶500。

5.5.1　单位工程施工平面图的设计依据、内容和原则

1)设计依据

　　单位工程施工平面图的设计依据是:建筑总平面图、施工图纸、现场地形图、水源和电源情况、施工场地情况、可利用的房屋及设施情况、自然条件和技术经济条件的调查资料、施工组织总设计、本工程的施工方案和施工进度计划、各种资源需要量计划等。

2)设计内容

　　①已建和拟建的地上、地下的一切建筑物、构筑物及其他设施(道路和各种管线等)的位置和尺寸;
　　②测量放线标桩位置、地形等高线和土方取弃场地;
　　③自行式起重机的开行路线、轨道式起重机的轨道布置和固定式垂直运输设备位置;
　　④各种搅拌站、加工厂以及材料、构件、机具的仓库或堆场;
　　⑤生产和生活用临时设施的布置;
　　⑥一切安全及防火设施的位置。

3)设计原则

　　①在保证施工顺利进行的前提下,现场布置紧凑,占地要省,不占或少占农田。

②临时设施要在满足需要的前提下,减少数量,降低费用。途径是利用已有的,多用装配的,认真计算,精心设计。

③合理布置现场的运输道路及加工厂、搅拌站和各种材料、机具的堆场或仓库位置,尽量做到短运距、少搬运,从而减少或避免二次搬运。

④利于生产和生活,符合环保、安全和消防要求。

5.5.2 单位工程施工平面图的设计步骤

单位工程施工平面图的设计步骤如图5.9所示。

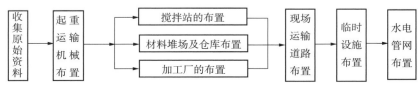

图5.9 单位工程施工平面图的设计步骤

1)起重运输机械的布置

起重运输机械的位置直接影响搅拌站、加工厂及各种材料、构件的堆场或仓库等位置和道路、临时设施及水、电管线的布置等,因此它是施工现场全局的中心环节,应首先确定。由于各种起重机械的性能不同,其布置位置也不相同。

(1)固定式垂直运输机械的位置

固定式垂直运输机械有井架、龙门架、桅杆等,这类设备的布置主要根据机械性能、建筑物的平面形状和尺寸、施工段划分的情况、材料来向和已有运输道路情况而定。其布置原则是:充分发挥起重机械的能力,并使地面和楼面的水平运距最小。布置时应考虑以下几个方面:

①当建筑物各部位的高度相同时,应布置在施工段的分界线附近;当建筑物各部位的高度不同时,应布置在高低分界线较高部位一侧,以使楼面上各施工段的水平运输互不干扰。

②井架、龙门架的位置以布置在窗口处为宜,以避免砌墙留茬和减少井架拆除后的修补工作。

③井架、龙门架的数量要根据施工进度、垂直提升构件和材料的数量、台班工作效率等因素计算确定,其服务范围一般为 50~60 m。

④卷扬机的位置不应距离起重机械过近,以便司机能够看到整个升降过程。一般要求此距离大于建筑物的高度,水平距外脚手架 3 m 以上。

(2)有轨式起重机的轨道布置

有轨式起重机的轨道一般沿建筑物的长向布置,其位置和尺寸取决于建筑物的平面形状和尺寸、构件自重、起重机的性能及四周施工场地的条件。通常轨道布置方式有两种:单侧布置、双侧布置(或环状布置),如图5.10所示。当建筑物宽度较小、构件自重不大时,可采用单侧布置方式;当建筑物宽度较大、构件自重较大时,应采用双侧布置(或环形布置)方式。

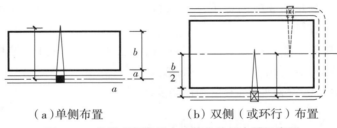

（a）单侧布置　　　　　　（b）双侧（或环行）布置

图 5.10　轨道式起重机在建筑物外侧布置示意图

轨道布置完成后,应绘制出塔式起重机的服务范围。它是以轨道两端有效端点的轨道中点为圆心,以最大回转半径为半径画出两个半圆,连接两个半圆,即为塔式起重机服务范围。塔式起重机服务范围之外的部分则称为"死角"。

在确定塔式起重机服务范围时,一方面要考虑将建筑物平面最好包括在塔式起重机服务范围之内,以确保各种材料和构件直接吊运到建筑物的设计部位上去,尽可能避免死角,如果确实难以避免,则要求死角范围越小越好,同时在死角上不出现吊装最重、最高的构件,并且在确定吊装方案时提出具体的安全技术措施,以保证死角范围内的构件顺利安装。为了解决这一问题,有时还将塔吊与井架或龙门架同时使用,但要确保塔吊回转时无碰撞的可能,以保证施工安全。另一方面,在确定塔式起重机服务范围时,还应考虑有较宽敞的施工用地,以便安排构件堆放及搅拌出料进入料斗后能直接挂钩起吊。主要临时道路也宜安排在塔吊服务范围之内。

（3）无轨自行式起重机的开行路线

无轨自行式起重机械分为履带式、轮胎式、汽车式 3 种起重机。它一般不用作水平运输和垂直运输,专用作构件的装卸和起吊。吊装时的开行路线及停机位置主要取决于建筑物的平面布置、构件自重、吊装高度和吊装方法等。

2）搅拌站、加工厂及各种材料、构件的堆场或仓库的布置

搅拌站,各种材料、构件的堆场或仓库的位置应尽量靠近使用地点或在塔式起重机服务范围之内,并考虑到运输和装卸的方便。

①当起重机的位置确定后,再布置材料、构件的堆场及搅拌站。材料堆放应尽量靠近使用地点,减少或避免二次搬运,并考虑运输及卸料方便。基础施工时使用的各种材料可堆放在基础四周,但不宜距基坑（槽）边缘太近,以防压塌土壁。

②当采用固定式垂直运输设备时,材料、构件堆场应尽量靠近垂直运输设备,以缩短地面水平运距;当采用轨道式塔式起重机时,材料、构件堆场以及搅拌站出料口等均应布置在塔式起重机有效起吊服务范围之内;当采用无轨自行式起重机时,材料、构件堆场及搅拌站的位置应沿着起重机的开行路线布置,且应在起重臂的最大起重半径范围之内。

③预制构件的堆放位置要考虑到吊装顺序。先吊的放在上面,后吊的放在下面,预制构件的进场时间应与吊装就位密切配合,力求直接卸到其就位位置,避免二次搬运。

④搅拌站的位置应尽量靠近使用地点或靠近垂直运输设备。有时在浇筑大型混凝土基础时,为了减少混凝土运输,可将混凝土搅拌站直接设在基础边缘,待基础混凝土浇完后再转移。砂、石堆场及水泥仓库应紧靠搅拌站布置。同时,搅拌站的位置还应考虑到使这些大宗材料的运输和装卸较为方便。

⑤加工厂(如木工棚、钢筋加工棚)的位置,宜布置在建筑物四周稍远位置,且应有一定的材料、成品的堆放场地;石灰仓库、淋灰池的位置应靠近搅拌站,并设在下风向;沥青堆放场及熬制锅的位置应远离易燃物品,也应设在下风向。

3)现场运输道路的布置

现场运输道路应按材料和构件运输的需要,沿着仓库和堆场进行布置。尽可能利用永久性道路,或先做好永久性道路的路基,在交工之前再铺路面。

(1)施工道路的技术要求

①道路的最小宽度及最小转弯半径:通常汽车单行道路宽应不小于 3 ~ 3.5 m,转弯半径不小于 9 ~ 12 m;双行道路宽应不小 5.5 ~ 6.0 m,转弯半径不小于 7 ~ 12 m。

②架空线及管道下面道路的通行空间宽度应比道路宽度大 0.5m,空间高度应大于 4.5 m。

(2)临时道路路面种类和做法

为排除路面积水,道路路面应高出自然地面 0.1 ~ 0.2 m,雨量较大的地区应高出 0.5 m左右,道路两侧一般应结合地形设置排水沟,沟深不小于 0.4 m,底宽不小于 0.3 m。路面种类和做法如表 5.7 所示。

表 5.7 临时道路路面种类和做法

路面种类	特点及使用条件	路基土壤	路面厚度/cm	材料配合比
级配砾石路面	雨天能通车,可通行较多车辆,但材料级配要求严格	砂质土	10 ~ 15	体积比: 黏土∶砂∶石子=1∶0.7∶3.5 质量比: ①面层:黏土 13% ~ 15%,砂石料 85% ~ 87% ②底层:黏土 10%,砂石混合料 90%
		黏质土或黄土	14 ~ 18	
碎(砾)石路面	雨天能通车,碎砾石本身含土多,不加砂	砂质土	10 ~ 18	碎(砾)石 > 65%,当地土含量 ≤35%
		砂质土或黄土	15 ~ 20	
碎砖路面	可维持雨天通车,通行车辆较少	砂质土	13 ~ 15	垫层:砂或炉渣 4 ~ 5 cm 底层:7 ~ 10 cm 碎砖 面层:2 ~ 5 cm 碎砖
		黏质土或黄土	15 ~ 18	
炉渣或矿渣路面	可维持雨天通车,通行车辆较少	一般土	10 ~ 15	炉渣或矿渣75%,当地土25%
		较松软时	15 ~ 30	
砂土路面	雨天停车,通行车辆较少	砂质土	15 ~ 20	粗砂 50%,细砂、风砂和黏质土50%
		黏质土	15 ~ 30	
风化石屑路面	雨天停车,通行车辆较少	一般土	10 ~ 15	石屑 90%,黏土 10%
石灰土路面	雨天停车,通行车辆较少	一般土	10 ~ 13	石灰 10%,当地土 90%

（3）施工道路的布置要求

现场运输道路布置时应保证车辆行驶通畅，能通到各个仓库及堆场，最好围绕建筑物布置成一条环形道路，以便运输车辆回转、调头方便；要满足消防要求，使车辆能直接开到消防栓处。

4）行政管理、文化生活、福利用临时设施的布置

办公室、工人休息室、门卫室、开水房、食堂、浴室、厕所等非生产性临时设施的布置，应考虑使用方便，不妨碍施工，符合安全、卫生、防火的要求。要尽量利用已有设施或已建工程，必须修建时要经过计算，合理确定面积，努力节约临时设施费用。通常，办公室的布置应靠近施工现场，宜设在工地出入口处；工人休息室应设在工人作业区，宿舍应布置在安全的上风向；门卫、收发室宜布置在工地出入口处。具体布置时房屋面积可参考表5.8。

表 5.8　行政管理、临时宿舍、生活福利用临时房屋面积参考表

序　号	临时房屋名称	单　位	参考面积/m²
1	办公室	m²/人	3.5
2	单层宿舍（双层床）	m²/人	2.6～2.8
3	食堂兼礼堂	m²/人	0.9
4	医务室	m²/人	0.06（≥30 m²）
5	浴　室	m²/人	0.10
6	俱乐部	m²/人	0.10
7	门卫、收发室	m²/人	6～8

5）水、电管网的布置

（1）施工供水管网的布置

施工供水管网首先要经过计算、设计，然后进行设置，其中包括水源选择、用水量计算（包括生产用水、机械用水、生活用水、消防用水等）、取水设施、贮水设施、配水布置、管径的计算等。

①单位工程施工组织设计的供水计算和设计可以简化或根据经验进行安排，一般 5 000～10 000 m² 的建筑物，施工用水的总管径为 100 mm，支管径为 40 mm 或 25 mm。

②消防用水一般利用城市或建设单位的永久性消防设施。如自行安排，应按有关规定设置，消防水管线的直径不小于 100 mm，消火栓间距不大于 120 m，布置应靠近十字路口或道边，距道边应不大于 2 m，距建筑物外墙不应小于 5 m，也不应大于 25 m，且应设有明显的标志，周围 3 m 以内不准堆放建筑材料。

③高层建筑的施工用水应设置蓄水池和加压泵,以满足高空用水的需要。

④管线布置应使线路长度短,消防水管和生产、生活用水管可以合并设置。

⑤为了排除地表水和地下水,应及时修通下水道,并最好与永久性排水系统相结合,同时根据现场地形,在建筑物周围设置排除地表水和地下水的排水沟。

（2）施工用电线网的布置

施工用电的设计应包括用电量计算、电源选择、电力系统选择和配置。用电量包括电动机用电量、电焊机用电量、室内和室外照明容量等。如果是扩建的单位工程,可计算出施工用电总数,请建设单位解决,不另设变压器;单独的单位工程施工,要计算出现场施工用电和照明用电的数量,选择变压器和导线的截面及类型。变压器应布置在现场边缘高压线接入处,距地面高度应大于 35 cm,在 2 m 以外的四周用高度大于 1.7 m 铁丝网围住,以确保安全,但不宜布置在交通要道口处。

必须指出,建筑施工是一个复杂多变的生产过程,各种材料、构件、机械等随着工程的进展而逐渐进场,又随着工程的进展而消耗、变动,因此,在整个施工生产过程中,现场的实际布置情况是在随时变动的。对于大型工程、施工期限较长的工程或现场较为狭窄的工程,就需要按不同施工阶段分别布置几张施工平面图,以便能把在不同施工阶段内现场的合理布置情况全面地反映出来。

5.6 单位工程施工组织设计实例

5.6.1 工程概况

1）工程建设概况

某电力生产调度楼工程为全框架结构,建筑面积为 13 000 m²,总投资为 3 680 万元。本工程为地下 1 层,地上 18 层,各层层高和用途如表 5.9 所示。

表 5.9 各层层高和用途

层 次	层 高/m	用 途
地下室	4.3	水池泵房
1～3 层	4.8	商场、营业厅、会议室
4～12 层	3.3	办公室、接待室
13～17 层	3.3	电力生产调度中心
18 层	5.6	电力生产调度中心

工期:2012 年 1 月 1 日开工,2013 年 3 月 2 日竣工。合同工期为 15 个月。

2)建筑设计特点

内隔墙:地下室为黏土实心砖,地上为轻质墙(泰柏板)。

防水:地下室地板、外墙做刚性防水,屋面为柔性防水。

楼地面:1~3 层为花岗岩地面,其余均为柚木地板。

外装饰:正立面局部设隐框蓝玻璃幕墙,其余采用白釉面砖及马赛克。

天棚装饰:全部采用轻钢龙骨石膏板及矿棉板吊顶。

内墙装饰:1~3 层为墙纸,其余均为乳胶漆。

门窗:入口门为豪华防火防盗门,分室门为夹板门,外门窗为白色铝合金框配白玻璃。

3)结构设计特点

基础采用 $\phi750$ mm 钻孔灌注桩承载,桩基础已施工完成多年,原设计时无地下室,故桩顶高程为 -2.00 m,现增加地下室一层,基础底高程为 -6.08 m,底板厚 1.45 m,灌注桩在开挖后尚需进行动测检验,合格后方可继续施工。地下室为全现浇钢筋混凝土结构,全封闭外墙形成箱形基础,混凝土强度等级为 C40,抗渗等级 P8。

工程结构类型为框架剪力墙结构体系,抗震设防烈度为 7 度,相应框架梁、柱均按二级抗震等级设计。外墙采用 190 厚非承重黏土空心砖墙。

4)工程施工特点

①地基条件差,地下水位高,利用原已施工的 $\phi750$ mm 钻孔灌注桩尚需进行动测,桩间挖土效率低,截桩工程量大。

②5 层以下及箱形基础混凝土强度等级为 C50,原材料质量要求高。由于水泥用量大,水化热高,底板大体积混凝土裂缝难控制。

③工期紧,且跨两个冬季。

5)水源

由城市自来水管网引入。

6)电源

由场外引入场内变压器。

5.6.2 工程项目经理部的组建

工程项目经理部的组织机构如图 5.11 所示。

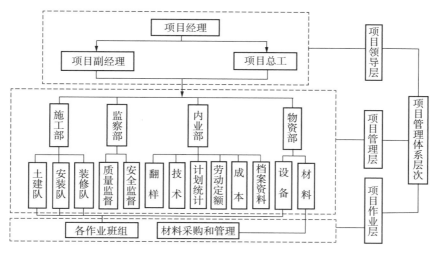

图 5.11　项目管理机构

5.6.3　施工方案

1）确定施工流程

根据本工程的特点,可将其划分为 4 个施工阶段:地下工程、主体结构工程、围护工程和装饰工程。

2）确定施工顺序

（1）地下工程施工顺序

基坑降水→土方开挖→截桩→灌注桩动测→浇底板垫层→扎底板钢筋→立底板模板→在底板顶悬立 200 mm 剪力墙模板→在外墙、剪力墙底 200 mm 处安装钢板止水片→浇底板混凝土→扎墙柱钢筋→立墙柱模板→浇墙柱混凝土→扎±0.00 梁、板钢筋,浇混凝土→外墙防水→地下室四周回填土。

（2）主体结构工程施工顺序

在同一层中:弹线→绑扎墙柱钢筋、安装预埋件→立柱模、浇柱混凝土→立梁、板及内墙模板→浇内墙混凝土→绑扎梁、板钢筋→浇梁、板混凝土。

（3）围护工程施工顺序

围护工程包括墙体工程(搭设脚手架、砌筑墙体、安装门窗框)、屋面工程(找平层、防水层施工、隔热层)等内容。

不同的分项工程之间可组织平行、搭接、立体交叉流水作业,屋面工程、墙体工程、地面工程应密切配合,外脚手架的架设应配合主体工程的施工,并在做散水之前拆除。

（4）装饰工程施工顺序

施工流向为:室外装饰自上而下;室内同一空间装饰施工顺序为天棚→墙面→地面;内外装饰同时进行。

5.6.4 施工方法及施工机械

1）施工降水与排水

（1）施工降水

①本工程地下室混凝土底板尺寸为 25.6 m×25.8 m，现有地面高程为+14.8 m，基底开挖高程为+9.62 m，开挖深度为 5.17 m。地下水位位于地表下 0.5～1.0 m，属潜水型。根据工程地质报告，计划采用管井降水。计划管井深 13.0 m，管井直径 0.8 m，滤水管直径0.6 m。经设计计算管井数为 8 个，滤水管长度为 3.03 m。管井沿基坑四周布置，可将地下水位降至基坑底部以下 1.0 m。

②管井的构造：下部为沉淀管，上部为不透水混凝土管，中部为滤水管；滤水管采用ϕ600 mm 混凝土无砂管，外包密眼尼龙砂布一层；在井壁与滤水管之间填 5～10 mm 的石子作为反滤料，在井壁与不透水混凝土管之间用黏土球填实。

③降水设备及排水管布置：降水设备采用 QY-25 型潜水泵 10 台，8 台正常运行，2 台备用。该设备流量为 15 m³/h，扬程为 25 m，出水管直径为 2 in。井内排水管采用直径为 2 in的橡胶排水管；井外排水管网的布置可根据市政下水道的位置，采用就近布置与下水道相连的方案。

④管井的布置，如图 5.12 所示。

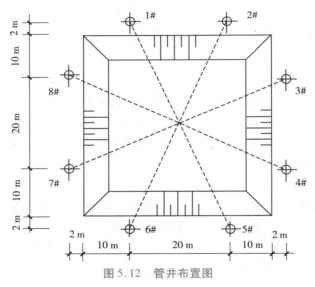

图 5.12 管井布置图

（2）施工排水

本工程因基础挖深大，基础施工期较长，故要考虑因雨雪天而引起的地表水的排水问题，可在基坑四周开挖截水沟；在基坑底部四周布置环向排水沟，并设置集水井由潜水泵排至基坑上截水沟，再排至市政下水道。

2）土方工程

地下室土方开挖深度约 5.0 m，分两层开挖，开挖边坡采用 1∶1。土方除部分留在现场做回填土外，其余用自卸汽车运至场外。第一层开挖深度约 1.5 m，位于灌注桩顶上，用反铲挖掘机开挖；第二层开挖深度约 3.5 m，为桩间掏土，采用机械与人工配合的施工方法施工，机械挖桩之间的土、人工清理桩周围的土，机械施工时要精心，不能碰桩和钢筋。

3）截桩与动测检验

对于桩上部的截除，采用人工施工，配以空压机、风镐等施工机具，以提高截桩效率。桩截除后，用 Q25 t 汽车吊吊出基坑，装汽车运至弃桩处。

截桩完毕后，及时聘请科研单位对桩基进行动测检验。

4）混凝土结构工程

（1）模板工程

①地下室底板模：采用钢模板，外侧用围檩加斜撑固定，内侧用短钢筋点焊在底板钢筋上。

②地下室外墙模板：采用九合板制作，背枋用木方，围檩用 2 根 ϕ48 钢管和止水螺杆组成，内面用活动钢管顶撑在底板上用预埋钢筋固定，外侧活动钢管顶撑。

③内墙模板：内墙模板在绑扎钢筋前先支立一面模板，待扎完钢筋后在支另一面，其材料和施工方法同地下室外墙，墙两侧均用活动钢管顶撑支撑，采用 ϕ20 PVC 管内穿 ϕ12 钢螺杆拉结，以便螺杆的周转使用。

④柱模及梁板模采用夹板、木方现场支立。

（2）钢筋工程

①底板钢筋：地下室底板为整体平板结构，沿墙、柱轴线双向布置钢筋形成暗梁。绑扎时暗梁先绑，板钢筋后穿。施工时采用 ϕ32 钢筋和 L75×8 角钢支架对上层钢筋进行支撑固定。

②墙、柱钢筋：严格按照图纸配筋，非标准层每次竖 1 层，标准层均为每次竖 2 层；内墙全高有 3 次收缩（每次 100 mm），钢筋接头按 1∶6 斜度进行弯折。

③梁、板钢筋：框架梁钢筋绑扎时，其主筋应放在柱立筋内侧。板筋多为双层且周边悬挑长度较大，为固定上层钢筋的位置，在两层钢筋中间垫 ϕ12@1 000 mm 自制钢筋马镫以保证其位置准确。

④钢筋接头：水平向钢筋采用闪光对焊、电弧焊，钢筋竖向接头采用电渣压力焊，ϕ20 以下钢筋除按图纸要求焊接外均采用绑扎接头。

（3）混凝土工程

本工程各楼层混凝土强度等级分布如表 5.10 所示。

表 5.10　各楼层结构混凝土强度等级

强度等级	剪力墙与柱	梁与板
C50	地下室底板至 5 层	—
C40	6～8 层	—
C30	9～18 层	1～18 层
C20	构造柱、圈梁和过梁	

①材料：采用 52.5 级普通硅酸盐水泥；砂石骨料的选用原则是就地取材，要求质地坚硬、级配良好，石子的含泥量控制在 1% 以下，砂中的含泥量控制在 3% 以下，细度模数为 2.6～2.9；外加剂采用 AJ-G1 高效高强减水剂，掺量为水泥质量的 4%。

材料进场后应做下列试验：水泥体积安定性、活性等检验；砂细度检验；石子压碎指标、级配试验；外加剂与水泥的适应性试验。

②C50 混凝土的配合比如表 5.11 所示。

表 5.11　C50 大体积混凝土配合比

材料名称	水泥	砂	石	水	AJ-G1
	kg	kg	kg	kg	kg
材料用量	482	550	1 285	164	19.28
配合比	1	1.14	2.66	0.34	0.04

③混凝土：由于混凝土浇筑量大，故选用两台 JS500 型强制式搅拌机搅拌，砂石料用装载机上料、两台 PL800 型配料机电脑自动计量，减水剂由专人用固定容器投放。混凝土运输采用一台 QTZ40D 型塔吊，以确保计量准确，快速施工，保证浇筑质量。

④混凝土浇筑：在保证结构整体性的原则下，根据减少约束的要求，混凝土底板的浇筑确定采用阶梯式分层（≤500 mm）浇筑法施工，用插入式振捣器振捣，表面用平板振动器振实。由于底板混凝土的强度等级为 C50，且属于大体积混凝土，混凝土内部最高温度大，为防止混凝土表面出现温度裂缝，通过热工计算，决定采用在混凝土表面和侧面覆盖二层草袋和一层塑料薄膜进行保温，可确保混凝土内外温差小于 25 ℃。为进一步核定数据，本工程设置了 9 个测温区测定温度，测温工作由专人负责每 2 h 测一次，同时测定混凝土表面大气温度，测温采用热电偶温度计，最后整理存档。

对于墙、柱混凝土，应分层浇捣，底部每层高度不应超过 400 mm，时间间隔 0.5 h，用插入式振捣器振捣。

对于梁、板混凝土的浇筑，除采用插入式振捣器振捣外，还采用钢制小马镫作为厚度控制的标志，马镫间距为 2 500 mm，表面用平板振动器振实，然后整平扫毛。

在施工缝处继续浇筑混凝土时，必须待以浇筑的混凝土强度达到 1.2 MPa，并清除浮浆及松动的石子，然后铺与混凝土中砂浆成分相同的水泥砂浆 50 mm，仔细振捣密实，使新旧混凝土结合紧密。

⑤混凝土养护：底板大体积混凝土表面和侧面覆盖二层草袋和一层塑料薄膜进行保温

14 d,其他梁、板、柱、墙混凝土浇水养护 7 d。养护期间应保证构件表面充分湿润。

5）脚手架工程

（1）外脚手架

1～3 层外墙脚手架直接从夯实的地面上搭设；4～18 层外墙脚手架，经方案比较后，决定采用多功能提升外脚手架体系。

①脚手架部分：为双挑外脚手架，采用 φ48 普通钢管扣成，脚手架全高 4 层楼高（即 13.2 m），共 8 步，每步高 1 650 mm。第一步用钢管扣件搭成双排承重桁架，两端支承在承力架上，脚手架有导向拉固圈及临时拉结螺栓与建筑物相连。

②提升部分：提升机具采用 10 t 电动葫芦 16 台，提升速度为 60～100 mm/min，提升机安架在斜拉式三脚架上，承力三角架与框架梁、柱紧固，形成群机提升体系。

③安装工艺：预埋螺栓→承力架安装并抄平→立杆→安装承重架上、下弦管并使下弦管在跨中起拱 30 mm→桁架斜横管→桁架间剪刀撑（三把）→桁架上、下弦杆处水平撑→逐步搭设上面 6 步普通脚手架→铺跳板，设护栏及安全网。

④提升：做好提升前技术准备、组织准备、物资准备、通信联络准备等工作，向操作人员做好技术交底和安全交底；在提升前拆除提升机上部一层之内两跨间连接的短钢管，挂好倒链，拉紧吊钩；然后再拆除承力架、拉杆与结构柱、梁间的紧固螺栓，并拆除临时拉固螺栓；最后由总指挥按监视员的报告统一发令提升，提升到位后安装螺栓和拉杆，并把承力架和提升机吊至上层固定好，为下次提升做好准备。提升一层应在 1.5～2 h 完成。

（2）内脚手架

内脚手架采用工具式脚手架。

6）砌体工程

外墙一律采用 190 mm 厚非承重黏土空心砖砌筑，每日砌筑高度小于或等于 2.4 m。砌体砌到梁底一皮后应隔天再砌，并采用实心砖砌块斜砌塞紧。

砌块砌筑时应与预埋水、电管相配合，墙体砌好后用切割机在墙体上开槽安装水、电管，安装好后用砂浆填塞，抹灰前加铺点焊网（出槽≥100 mm）。

所有砌块在与钢筋混凝土墙、柱接头处，均需在浇筑混凝土时预埋圈、过梁抽筋及墙拉结筋，门窗洞口、墙体转角处及超过 6 m 长的砌块墙每隔 3 m 设一道构造柱以加强整体性。

所有不同墙体材料连接处抹灰前加铺宽度≥300 mm 的点焊网，以减少因温差而引起的裂缝。

7）防水工程

（1）地下室底板防水

防水层做在承台以下、垫层以上的迎水面，施工时待 C15 混凝土垫层做好 24 h 后清理干净，用"确保时"涂料与洁净的砂按 1∶1.5 调成砂浆抹 15 mm 厚防水层，施工时基底应保持湿润。防水层施工后 12 h 做 25 mm 厚砂浆保护层。

（2）地下室外墙防水

①基层处理：地下室外墙应振捣密实，混凝土拆摸后应进行全面检查，对基层的浮物、松散物及油污用钢丝刷清除掉，孔洞、裂缝先用凿子剔成宽 20 mm、深 25 mm 的沟，用 1∶1"确保时"砂浆补好。

②施工缝处理：沿施工缝开凿 20 mm 宽、25 mm 深的槽，用钢丝刷刷干净，用砂浆填补后抹平，12 h 后用聚氨酯涂料刷 2 遍做封闭防水。

③止水螺杆孔：先将固定模板用的止水螺杆孔周围开凿成直径 50 mm、深 20 mm 的槽穴，处理方法同施工缝。

④防水层：在冲洗干净后的墙上（70% 的湿度）用"确保时"与水按 1∶0.7 调成浆液涂刷第一遍防水层；3 h 后用"确保时"与水按 1∶0.5 配成稠浆刮补气泡及其他孔隙处，再用"确保时"与水按 1∶1 浆液涂刷第二遍防水层；4~6 h 后用"确保时"1∶0.7 浆液涂刷第三遍防水层；3 h 后用"确保时"1∶0.5 稠浆刮补薄弱的地方，接着用"确保时"1∶1 浆液涂刷第四遍防水；6 h 后用 107 胶拌素水泥喷浆，然后做 25 mm 厚砂浆保护层。以上各道工序完成后，视温度用喷雾养护，以保证质量。

⑤屋面防水：屋面防水必须待穿屋面管道装完后才能开始，其做法是先对屋面进行清理，然后做砂浆找平层，待找平层养护 2 昼夜后刷"确保时"（1∶1）涂料 2 遍，四周刷至电梯屋面机房墙及女儿墙上 500 mm。

8）屋面工程

屋面按要求做完防水及保护层后即做 1∶8 水泥膨胀珍珠岩找坡层，其坡向应明显。找坡层做好养护 3 d 开始做面层找平层，然后做防水层，之后做架空隔热层。

9）柚木底板工程

（1）准备工作

①检查水泥地面有无空鼓现象，如有先返修。

②认真清理砂浆面层上的浮灰、尘砂等。

③选好地板，对色差大、扭曲或有节疤的板块予以剔除。

（2）铺贴

①胶黏剂配合比为 107 胶∶普通硅酸盐水泥∶高稠度乳胶 = 0.8∶1∶10，胶粘剂应随配随用。

②用湿毛巾清除板块背面灰尘。

③铺贴过程中，用刷子均匀铺刷黏结混合液，每次刷 0.4 m、厚 1.5 mm 左右，板块背面满刷胶液，两手用力挤压，直至胶液从接缝中挤出为止。

④板块铺贴时留 5 mm 的间隙，以避免温度、湿度变化引起板块膨胀而起鼓。

⑤每铺完一间，封闭保护好 3 d 后才能行人，且不得有冲击荷载。

⑥严格控制磨光时间，在干燥气候下，7 d 左右可开磨，阴雨天酌情延迟。

10）门窗工程

（1）铝合金门窗

外墙刮糙完成后开始安装铝合金框。安装前每樘窗下弹出水平线,使铝窗安装在一个水平标高上;在刮完糙的外墙上吊出门窗中线,使上下门窗在一条垂直线上。框与墙之间的缝隙采用沥青砂浆或沥青麻丝填塞。

（2）隐框玻璃幕墙

工艺流程:放线→固定支座安装→立梃和横梁安装→结构玻璃装配组件安装→密封及四周收口处理→检查及清洁。

①放线及固定支座安装:幕墙施工前放线检查主体结构的垂直与平整度,同时检查预埋铁件的位置标高,然后安装支座。

②立梃和横梁安装:立梃骨架安装从下向上进行,立梃骨架接长用插芯接件穿入立梃骨架中连接,立梃骨架用钢角码连接件与主体结构预埋件先点焊连接,每一道立梃安装好后用经纬仪校正,然后满焊做最后固定。横梁与立梃骨架采用角铝连接件。

③玻璃装配组件的安装:由上往下进行,组件应相互平齐、间隙一致。

④装配组件的整封:先对密封部位进行表面清洁处理,组件间应表面干净、无油污。

放置泡沫杆时考虑不应过深或过浅。注入密封耐候胶的厚度取两板间胶缝宽度的一半。密封耐候胶与玻璃、铝材应黏结牢固,胶面平整光滑,最后撕去玻璃上的保护胶纸。

11）装饰工程

（1）顶棚抹灰

采用刮水泥腻子代替水泥砂浆抹灰层,其操作要点:

①基层清理干净,凸出部分的混凝土凿除,蜂窝或凹进部分用 1∶1 水泥砂浆补平,露出顶棚的钢筋头、铁钉刷两遍防锈漆。

②沿顶棚与墙阴角处弹出墨线作为控制抹灰厚度的基准线,同时可确保阴角的顺直。

③水泥腻子用 42.5 级水泥∶107 胶∶福粉∶甲基纤维素 ＝1∶0.33∶1.66∶0.08（质量比）专人配置,随配随用。

④批刮腻子两遍成活,第一遍为粗平,厚 3 mm 左右,待干后批刮第二遍,厚 2 mm 左右。

⑤7 d 后磨砂纸、细平,进行油漆工序施工。

（2）外墙仿石砖饰面

①材料。

仿石砖:规格为 40 mm×250 mm×15 mm,表面为麻面,背面有凹槽,两侧边呈波浪形。

克拉克胶黏剂:超弹性石英胶黏剂（H40）,外观为白色或灰色粉末,有高度黏合力。

黏合剂（P6）:白色胶状物,用来加强胶黏剂的黏合力,增强防水用途。

填补剂（G）:彩色粉末,用来填 4～15 mm 的砖缝,有优良的抗水性、抗渗性及抗压性。

②基层处理。清理干净墙面,空心砖墙与混凝土墙交接处在抹灰前铺 300 mm 宽点焊网,凿出混凝土墙上穿螺杆的 PVC 管,用膨胀砂浆填补,在混凝土表面喷水泥素浆（加 3% 的107 胶）。

③砂浆找平。在房屋阴阳角位置用经纬仪从顶部到底部测定垂直线,沿垂直线做标志。抹灰厚度宜控制在 12 mm 以内,局部超厚部分加铺点焊网,分层抹灰。为防止空鼓,在抹灰前满刷 YJ-302 混凝土界面剂一遍,1∶2.5 水泥砂浆找平层完成后洒水养护 3 d。

④镶贴仿石砖。

a. 选砖:按砖的颜色、大小、厚薄分选归类。

b. 预排:在装好室外铝窗的砂浆基层上弹出仿石砖的横竖缝,并注意窗间墙、阳角处不得有非整砖。

c. 镶贴:砂浆养护期满达到基本干燥即开始贴仿石砖,仿石砖应保持干燥但应清刷干净,镶贴胶浆配比为 H40∶P6∶水 = 8∶1∶1。镶贴时用铁抹子将胶浆均匀地抹在仿石砖背面(厚度 5 mm 左右),然后贴于墙面上。仿石砖镶贴必须保持砖面平整,混合后的胶浆须在 2 h 内用完,黏结剂用量为 4 ~ 5 kg/ m^2。

d. 填缝:仿石砖贴墙后 6 h 即可进行,填缝前砖边保持清洁,填缝剂与水的比例为 5∶1。填缝约 1 h 后用清水擦洗仿石砖表面,填缝剂用量 0.7 kg/ m^2。

12) 施工机具设备

主要施工机具如表 5.12 所示。

表 5.12　主要施工机具一览表

序号	机具名称	规格型号	单位	数量	计划进场时间	备注
1	塔吊	QTZ40D	台	1	2012.2	
2	双笼上人电梯	SCD 100/100	台	1	2012.4	
3	井架(配 3 t 卷扬机)	角钢 2×2 m	套	2	2012.4	
4	QY25 型水泵	扬程 25 m	台	10	2012.1	
5	水泵	扬程 120 m	台	1	2012.4	
6	对焊机	B11-01	台	1	2012.1	
7	电渣压力焊机	MHS-36A	台	3	2012.1	
8	电弧焊机	交直流	台	3	2012.1	
9	钢筋弯曲机	WJ-40	台	4	2012.1	
10	钢筋切断机	QJ-40	台	2	2012.1	
11	强制式搅拌机	JS-500	台	1	2012.2	
12	砂石配料机	PL800	套	1	2012.2	
13	砂浆搅拌机	150 L	台	2	2012.2	
14	平板式振动器	2.2 kW	台	2	2012.2	
15	插入式振动器	1.1 kW	台	8	2012.1	
16	木工刨床	HB 300-15	台	2	2012.1	
17	圆盘锯		台	3	2012.1	

5.6.5 主要管理措施

（1）质量保证措施

①建立质量保证体系。

②加强技术管理，认真贯彻国家规范及公司的各项质量管理制度，建立健全岗位责任制，熟悉施工图纸，做好技术交底工作。

③重点解决大体积及高强混凝土施工、钢筋连接等质量难题。装饰工程积极推行样板间，经业主认可后再进行大面积施工。

④模板安装必须有足够的强度、刚度和稳定性，拼缝严密。

⑤钢筋焊接质量应符合规范规定，钢筋接头位置、数量应符合图纸及规范要求。

⑥混凝土浇筑应严格按配合比计量控制，若遇雨天应及时调整配合比。

⑦加强原材料进场的质量检查和施工过程中的性能检测，对于不合格的材料不准使用。

⑧认真搞好现场内业资料的管理工作，做到工程技术资料真实、完整、及时。

（2）安全及消防技术措施

①成立以项目经理为核心的安全生产领导小组，设 2 名专职安全员统抓各项安全管理工作，班组设兼职安全员，对安全生产进行目标管理，层层落实责任到人，使全体施工人员认识到"安全第一"的重要性。

②加强现场施工人员的安全意识，对参加施工的全体职工进行上岗安全教育，增加自我保护能力，使每个职工自觉遵守安全操作规程，严格遵守各项安全生产管理制度。

③坚持安全"三宝"，进入现场人员必须戴安全帽，高空作业必须系安全带，建筑物四周应有防护栏和安全网，在现场不得穿硬底鞋、高跟鞋、拖鞋。

④工地上的沟坑应有防护，跨越沟槽的通道应设渡桥，20～150 cm 的洞口上盖固定盖板，超过 150 cm 的大洞口四周设防护栏杆。电梯井口安装临时工具式栏栅门，高度 120 cm。

⑤现场施工用电应按《施工现场临时用电安全技术规范》（JGJ 46—2005）执行，工地设配电房，大型设备用电处分设配电箱，所有电源闸箱应有门、有锁、有防雨盖板、有危险标志。

⑥现场施工机具，如电焊机、弯曲机、手电钻、振捣棒等应安装灵敏有效的漏电保护装置。塔吊必须安装超高、变幅限位器，吊钩和卷扬机应安装保险装置，有可靠的避雷装置。操作机械设备人员必须考核合格，持证上岗。

⑦脚手架的搭设必须符合规定要求，所有扣件应拧紧，架子与建筑物应拉结，脚手板要铺严、绑牢，模板和脚手架上不能过分集中堆放物品，不得超载，拆模板、脚手架时，应有专人监护，并设警戒标志。

⑧夜间施工应装设足够的照明，深坑或潮湿地点施工应使用低压照明，现场禁止使用明火，易燃易爆物要妥善保管。

（3）文明施工管理

①遵守城市环卫、市容、场容管理的有关规定，加强现场用水、排污的管理，保证排水畅通无积水，场地整洁无垃圾，搞好现场清洁卫生。

②在工地现场主要入口处，要设置现场施工标志牌，标明工程概况、工程负责人、建筑面

积、开竣工日期、施工进度计划、总平面布置图、场容分片包干和负责人管理图及有关安全标志等,标志要鲜明、醒目、周全。

③对施工人员进行文明施工教育,做到每月检查评分,总结评比。

④物件、机具、大宗材料要按指定的位置堆放,临时设施要求搭设整齐,脚手架、小型工具、模板、钢筋等应分类码放整齐,搅拌机要当日用完当日清洗。

⑤坚决杜绝浪费现象,禁止随地乱丢材料和工具,现场要做到不见零散的砂石、红砖、水泥等,不见剩余的灰浆、废铅丝、铁丝等。

⑥加强劳动保护,合理安排作息时间,配备施工补充预备力量,保证职工有充分的休息时间。尽可能控制施工现场的噪声,减少对周围环境的干扰。

(4)降低成本措施

①加强材料管理,各种材料按计划发放,对工地所使用的材料按实收数,签证单据。

②材料供应部门应按工程进度安排好各种材料的进场时间,以减少二次搬运和翻仓工作。

③钢筋集中下料,合理利用钢筋,标准层墙柱钢筋采用2层一竖,柱钢筋及墙暗柱钢筋采用电渣压力焊连接,以利于节约钢材。

④混凝土内掺高效减水剂,以利于减少水化热。

⑤混凝土搅拌机采用自动上料(电脑计量),并使用塔吊运送混凝土,以节约人工,保证质量。

⑥加强成本核算,做好施工预算及施工图预算并力求准确,对每个变更应及时签证。

(5)工期保证措施

①进行项目法管理,组织精干的、管理方法科学的施工班子,明确项目经理的责、权、利,充分调动项目施工人员的生产积极性,合理组织交叉施工,以确保工期按时完成。

②配备先进的机械设备,降低工人的劳动强度,不仅可以加快工程进度,还可以提高工程质量。

③采用"四新"技术,以提高工程质量,加快施工速度,本工程主要采用的"四新"技术有:

a. 竖向钢筋连接采用电渣压力焊;

b. C50高强度混凝土施工技术;

c. 多功能提升外脚手架体系;

d. 高效减水剂技术的应用;

e. YJ-302混凝土界面剂在抹灰工程中的应用;

f. 轻质墙(泰柏板)的应用;

g. "确保时"刚性防水涂料的应用;

h. "克拉克"胶黏剂的应用。

5.6.6 雨期施工措施

①工程施工前,在基坑边设集水井和排水沟,及时排除雨水和地下水,把地下水的水位降至施工作业面以下。

②做好施工现场排水工作,将地面水及时排出场外,确保主要运输道路畅通,必要时路面要加铺防滑材料。

③现场的机电设备应做好防雨、防漏电措施。

④混凝土连续浇筑,若遇雨天,用棚布将已浇筑但尚未初凝的混凝土和继续浇筑的混凝土部位加以覆盖,以保证混凝土的质量。

5.6.7 施工进度计划

本工程±0.00 以下施工合同工期为 3 个月,地上为 11 个月,比合同工期提前 1 个月,施工总进度计划如表 5.13 所示。

表 5.13 施工进度计划表

序号	主要工程项目	第 1 年度												第 2 年度	
		1	2	3	4	5	6	7	8	9	10	11	12	1	2
1	降水、挖土及截桩	▬	▬												
2	地下室主体工程		▬	▬											
3	地上主体工程			▬	▬	▬	▬	▬	▬	▬					
4	砌　墙						▬	▬	▬	▬					
5	顶棚、墙面抹灰							▬	▬	▬	▬	▬			
6	楼地面								▬	▬	▬				
7	外饰面										▬	▬	▬	▬	
8	油漆施工											▬	▬		
9	门窗安装												▬		
10	屋面工程							▬	▬	▬					
11	设备安装			▬	▬	▬	▬	▬	▬	▬	▬	▬	▬	▬	
12	室外工程													▬	▬

5.6.8 施工平面布置图

现场设搅拌站、各种加工场及材料堆场布置,施工布置图如图 5.13 所示。

5.6.9 主要技术经济指标

①工期:本工程合同工期 15 个月,计划 14 个月,提前 1 个月完成。

②用工:总用工数 10.78 完工日。

③质量要求:合格。

④安全:无重大伤亡事故,轻伤事故频率在 1.5‰以下。

⑤节约指标:水泥共 2 800 t,节约 150 t;钢材共 700 t,拟节约 20 t;木材 500 m³,拟节约 17 m³;成本降低率为 4%。

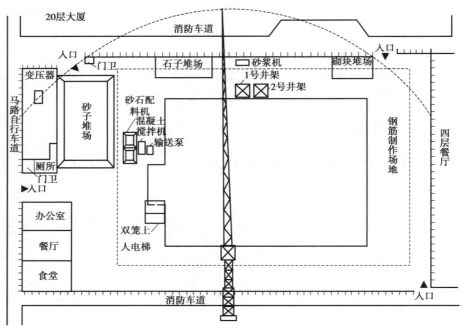

图 5.13　施工平面布置图

项目小结

（1）单位工程施工组织设计的编制依据包括施工图、预算文件、资源供应及施工单位情况、工程勘察资料及相应的规范、标准及文件等；单位工程施工组织设计包括工程概况、施工方案、施工准备及资源准备计划、施工进度计划、施工平面图、主要技术措施及冬雨期施工等内容。

（2）工程概况主要包括工程基本情况，工程特点分析等内容；施工方案是单位工程施工组织设计的核心内容之一，包括施工程序、工艺流程及施工顺序；主要施工过程的施工方法、施工机械及施工工艺等内容。

（3）施工准备及资源准备计划是根据施工方案及施工进度计划安排施工准备及资源准备，主要包括单位工程施工涉及的技术准备、现场准备、资源准备等内容；资料准备包括建筑材料、施工机具、预制构件等准备，数量及时间安排依据施工方案及施工进度计划。

（4）施工进度计划是单位工程施工组织设计的核心内容之一，主要包括施工项目划分、计算工程量、计算施工过程持续时间、绘制施工进度计划草图、调整与优化施工进度计划，绘制施工进度计划图。施工进度计划可以采用横道图、斜线图与网络图的表达方式。

（5）施工平面图是单位工程施工组织设计的核心内容之一，主要包括拟建建筑物及已有建筑物（构筑物）的绘制、水电道路等基础设施绘制、临时设施及消防安全设施绘制、施工材料堆场、建筑机械及施工机具布置等内容。

思考与练习

5.1 试述编制单位工程施工组织设计的依据和内容。

5.2 单位工程施工组织设计包括哪些内容？其中关键部分是哪几项？

5.3 编制单位工程施工组织设计应具备哪些条件？

5.4 施工方案的选择着重考虑哪些问题？

5.5 试分别叙述砖混结构住宅、单层工业厂房的施工特点。

5.6 何谓单位工程的施工程序？确定时应遵守哪些原则？

5.7 什么叫单位工程的施工起点和流向？室内外装修各有哪些施工流向？

5.8 确定单位工程施工顺序应遵守哪些基本原则？

5.9 试分别叙述多层砖混结构住宅、单层工业厂房、多层全现浇钢筋混凝土框架结构房屋的施工顺序。

5.10 试述土方工程、模板工程、钢筋工程、混凝土工程的施工方法选择的内容。

5.11 试述各种技术组织措施的主要内容。

5.12 试述单位工程施工进度计划的编制程序。施工项目的划分应注意哪些问题？

5.13 怎样确定一个施工项目的劳动量、机械台班量和工作持续时间？

5.14 单位工程施工进度计划的编制方法有哪几种？如何检查和调整施工进度计划？

5.15 施工准备计划包括哪些内容？资源需要量计划有哪些？

5.16 单位工程施工平面图的内容有哪些？试述施工平面图的一般设计步骤。

5.17 什么叫塔吊的服务范围？什么叫"死角"？试述塔吊的布置要求。

5.18 固定式垂直运输机械布置时应考虑哪些因素？

5.19 搅拌站的布置有哪些要求？加工厂、材料堆场的布置应注意哪些问题？

5.20 试述施工道路的布置要求。

5.21 现场临时设施有哪些内容？临时供水、供电有哪些布置要求？

5.22 试述单位工程施工平面图的绘制步骤和要求。

项目 6

施工组织总设计

项目导读

本项目介绍了施工组织总设计的编制程序、编制依据及编制内容,主要内容包括工程概况及特点分析、施工部署、施工进度总计划、施工准备及资源总需求计划、施工总平面布置图等。其中,施工部署、施工总进度计划与施工总平面图是施工组织总设计的核心内容。通过学习,学生可熟悉施工组织总设计相关知识,培养具有编制施工组织总设计的能力。

- 重点　施工进度总计划。
- 难点　施工总平面图。
- 关键词术语　施工组织总设计,施工部署,施工进度总计划,施工总平面图。

6.1　概　述

施工组织总设计是以一个建设项目或建筑群为对象,根据初步设计或扩大初步设计图纸以及其他有关资料和现场施工条件编制,用以指导整个施工现场各项施工准备和组织施工活动的技术经济文件。一般由建设总承包单位或工程项目经理部的总工程师编制。

6.1.1　施工组织总设计编制程序

①熟悉有关文件:如计划批准文件、设计文件等;

②进行施工现场调查研究,了解有关基础资料;

③分析整理调查了解的资料,初步确定施工部署;

④听取建设单位、监理单位及有关方面意见,修正施工部署;

⑤估算工程量;

⑥编制工程总进度计划;

施工组织
总设计

⑦编制材料、预制品加工件等用量计划及其加工、运输计划;

⑧编制劳动力、施工机具、设备等用量计划及进退场计划;

⑨编制施工临时用水、用电、用气及通讯计划等;

⑩编制施工临时设施计划;

⑪编制施工总平面布置图;

⑫编制施工准备工作计划;

⑬计算技术经济效果。

施工组织总设计编制程序框架图如图6.1所示。

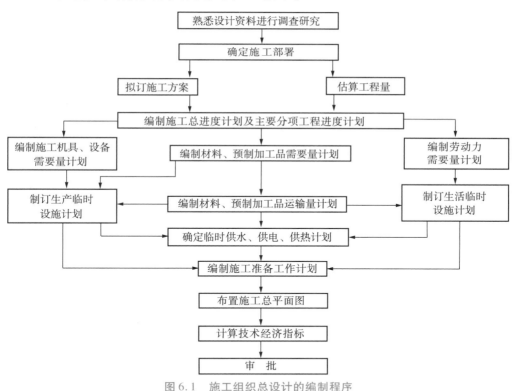

图 6.1 施工组织总设计的编制程序

由编制程序可以看出,编制施工组织总设计时,首先要从全局出发,对建设地区的自然条件、技术经济情况、物资供应与消耗、工期等情况进行调查研究,找出主要矛盾和薄弱环节,重点解决。其次,在此基础上合理安排施工总进度计划,进行物资、技术、施工等各方面的准备工作;编制相应的劳动力、材料、机具设备、运输量、生产生活临时需要量等需要计划;确定各种机械入场时间和数量;确定临时水、电、热计划。最终编制施工准备工作计划和设计施工总平面图,并进行技术经济指标计算。

6.1.2 施工组织总设计的作用

施工组织总设计的作用有以下几点:

①为建设项目或建筑群体工程施工阶段做出全局性的战略部署;

②为做好施工准备工作,保证资源供应提供依据;

③为组织全工地性施工业务提供科学方案和实施步骤;

④为施工单位编制工程项目生产计划和单位工程施工组织设计提供依据;

⑤为业主编制工程建设计划提供依据;

⑥为确定设计方案的施工可行性和经济合理性提供依据。

6.1.3 施工组织总设计的编制准备

1)编制依据

①设计文件及有关资料。主要包括:建设项目的初步设计、扩大初步设计或技术设计的有关图纸、设计说明书、建筑区域平面图、建筑总平面图、建筑竖向设计、总概算或修正概算等。

②计划文件及有关合同。主要包括:国家批准的基本建设计划、可行性研究报告、工程项目一览表、分期分批施工项目和投资计划;地区主管部门的批件、施工单位上级主管部门下达的施工任务计划;招投标文件及签订的工程承包合同;工程材料和设备的订货指标;引进材料和设备供货合同等。

③工程勘察和技术经济资料。建设地区的工程勘察资料:地形、地貌、工程地质及水文地质、气象等自然条件。建设地区技术经济条件:可能为建设项目服务的建筑安装企业、预制加工企业的人力、设备、技术和管理水平;工程材料的来源和供应情况;交通运输情况,水、电供应情况;商业和文化教育水平和设施情况等。

④国家现行的施工及验收规范、操作规程、定额、技术规定和技术经济指标。

⑤类似建设项目的施工组织总设计和有关总结资料。

2)编制内容

施工组织总设计的编制内容主要包括:工程概况和工程特点分析、施工部署和施工方案、施工总进度计划、施工总平面图和技术经济指标。

3)工程概况和工程特点分析

工程概况和特点分析是对整个建设项目的总说明和分析,一般应包括以下内容:

①建设项目主要情况。内容主要包括:工程性质、建设地点、建设规模、总占地面积、总建筑面积、总工期、分期分批投入使用的项目和工期;主要工种工程量、设备安装及其吨数;总投资额、建筑安装工作量、工厂区和生活区的工作量;生产流程和工艺特点;建筑结构类

型,新技术、新材料的复杂程度和应用情况等。

②建设地区的自然条件和技术经济条件。内容主要包括:气象、地形地貌、水文、工程地质和水文地质情况;地区的施工能力、资源供应情况、交通和水电等条件。

③建设单位或上级主管部门对施工的要求。

④其他方面,如土地征用范围、居民搬迁情况等与建设项目施工有关的主要情况。

在对上述情况进行综合分析的基础上,提出施工组织总设计中的施工部署、施工总进度计划和施工总平面图等需要注意和解决的重大问题。

6.2 施工部署

施工部署是对整个建设项目全局作出的统筹规划和全面安排,主要解决影响建设项目全局的重大施工问题。

施工部署所包括的内容,因建设项目的性能、规模和各种客观条件的不同而不同,一般应考虑的主要内容有确定工程开展程序、主要工程项目的施工方案、施工任务的划分与组织安排、全场性临时设施的规划等。

施工部署

6.2.1 确定工程开展程序

确定施工开展程序时,应主要考虑以下几点:

①在保证工期的前提下,实行分期分批施工。这样既能使各具体项目迅速建成,尽早投入使用,又能在全局上实现施工的连续性和均衡性,减少暂设工程数量,降低工程成本。

为了尽快发挥基本建设投资效果,对于大中型工业建设项目,一般均需根据建设项目总目标的要求,在保证工期的前提下分期分批建设。至于分期施工,各期工程包含哪些项目,则要根据生产工艺要求,建设单位或业主要求,工程规模大小和施工难易程度,资金、技术资料等情况,由建设单位或业主和施工单位共同研究确定。

对于大中型的民用建设项目(如居民小区),一般亦应按年度分批建设。除考虑住宅以外,还应考虑幼儿园、学校、商店和其他公共设施的建设,以便交付使用后能保证居民的正常生活。

对于建设项目中工程量小、施工难度不大、周期较短而又不急于使用的辅助项目,可以考虑与主体工程相配合,作为平衡项目穿插在主体工程的施工中进行。

②划分分期分批施工的项目时,应统筹安排各类项目施工,保证重点,兼顾其他,确保工程项目按期投产。按照各工程项目的重要程度,应优先安排的工程项目是:

a.按生产工艺要求,须先期投入生产或起主导作用的工程项目;

b.工程量大、施工难度大、工期长的项目;

c.运输、动力系统,如厂区内外道路、铁路和变电站等;

d.生产上需先期使用的机修、办公楼及部分家属宿舍等;

e.供施工使用的工程项目,如采砂(石)场、木材加工厂、各种构件加工厂、混凝土搅拌站等施工附属企业及其他为施工服务的临时设施。

③所有工程项目均应按照先地下后地上、先深后浅、先干线后支线的原则进行安排。如地下管线和修筑道路的程序,应该先铺设管线,后在管线上修筑道路。

④要考虑季节对施工的影响。例如大规模土方工程和深基础施工,最好避开雨季。寒冷地区入冬以后最好封闭房屋并转入室内作业和设备安装。

6.2.2　主要工程项目的施工方案

施工组织总设计中要拟订一些主要工程项目的施工方案。这些项目通常是建设项目中工程量大、施工难度大、工期长,对整个建设项目的完成起关键性作用的建筑物(或构筑物),以及全场范围内工程量大、影响全局的特殊分项工程。

拟订主要工程项目的施工方案,其目的是进行技术和资源的准备工作,同时也为了施工进程的顺利开展和现场的合理布置。其内容包括:确定施工方法、施工工艺流程、施工机械设备等。对施工方法的确定要兼顾技术工艺的先进性和经济上的合理性;对施工机械的选择,应使主导机械的性能既能满足工程的需要,又能发挥其效能,在各个工程上能够实现综合流水作业,减少其拆、装、运的次数;对于辅助配套机械,其性能应与主导施工机械相适应,以充分发挥主导施工机械的工作效率。

由于机械化施工是实现现代化施工的前提,因此,在拟订主要建筑物施工方案时,应注意按以下几点考虑确定机械化施工总方案的问题:

①所选主导施工机械的类型和数量既能满足工程施工的需要,又能充分发挥其效能,并能在各工程上实现综合流水作业。

②各种辅助机械或运输工具应与主导机械的生产能力协调配套,以充分发挥主导机械效率。如土方工程在采用汽车运土时,汽车的载重量应为挖土机斗容量的整倍数,汽车的数量应保证挖土机连续工作。

③在同一工地上,应力求使建筑机械的种类和型号尽可能少一些,以利于机械管理;尽量使用一机多能的机械,提高机械使用率。

④机械选择应考虑充分发挥施工单位现有机械的能力,当本单位的机械能力不能满足工程需要时,则应购置或租赁所需机械。

⑤所选机械化施工总方案应是技术上先进和经济上合理的。

另外,对于某些施工技术要求高或比较复杂、技术先进或施工单位尚未完全掌握的分部分项工程,应提出原则性的技术措施方案。

6.2.3　施工任务的划分与组织安排

在明确施工项目管理体制、机构的条件下,划分各参与施工单位的工作任务,明确总包与分包的关系,建立施工现场统一的组织领导机构及职能部门,确定综合的和专业化的施工组织,明确各单位之间分工与协作的关系,划分施工阶段,确定各单位分期分批的主攻项目和穿插项目。

6.2.4　全场性临时设施的规划

根据施工开展程序和主要工程项目施工方案,编制好施工项目全场性的施工准备工作计划。其主要内容包括:

①安排好场内外运输,施工用主干道,水、电、气来源及其引入方案;

②安排场地平整方案和全场性排水、防洪方案;

③安排好生产和生活基地建设,包括商品混凝土搅拌站,预制构件厂,钢筋、木材加工厂,金属结构制作加工厂,机修厂等;

④安排建筑材料、成品、半成品的货源和运输、储存方式;

⑤安排现场区域内的测量工作,设置永久性测量标志,为放线定位做好准备;

⑥编制新技术、新材料、新工艺、新结构的试制试验计划和职工技术培训计划;

⑦冬、雨期施工所需的特殊准备工作。

6.3　施工总进度计划

施工总进度
计划

根据建设项目的综合计划要求和施工条件,以拟建工程的投产和交付使用时间为目标,按照合理的施工顺序和日程安排的工程施工计划,称为施工总进度计划。施工总进度计划是施工现场施工活动在时间上的体现。施工总进度计划的作用在于确定各单位工程、准备工程和全工地性工程的施工期限及其开竣工日期,确定各项工程施工的衔接关系。从而确定:建筑工地上的劳动力、材料、半成品、成品的需要量和调配情况;附属生产企业的生产能力;建筑职工居住房屋的面积;仓库和堆场的面积;供水、供电和其他动力的数量等。

6.3.1　编制施工总进度计划的基本要求

编制施工总进度计划的基本要求是:保证拟建工程在规定的期限内完成,迅速发挥投资效益,保证施工的连续性和均衡性;施工总进度计划应按照项目总体施工部署的安排进行编制;施工总进度计划可采用网络图或横道图表示,并附必要的说明。

6.3.2　施工总进度计划的编制原则和内容

1)施工总进度计划的编制原则

①合理安排施工顺序,保证在人力、物力、财力消耗最少的情况下,按规定工期完成施工任务;

②采用合理的施工组织方法,使建设项目的施工保持连续、均衡、有节奏地进行;

③在安排年度工程任务时,要尽可能按季度均匀分配基本建设投资。

2）施工总进度计划的内容

施工总进度计划的内容应包括编制说明，施工总进度计划表（图），分期（分批）实施工程的开、竣工日期及工期一览表，资源需要量及供应平衡表等。

6.3.3 施工总进度计划的编制步骤和方法

1）列出工程项目一览表并计算工程量

首先根据建设项目的特点划分项目，由于施工总进度计划主要起控制性作用，因此项目划分不宜过细，通常按照分期分批投产顺序和工程开展顺序列出工程项目一览表，并突出每个交工系统中的主要工程项目；然后，按初步设计（或扩大初步设计）图纸，并根据各种定额手册或有关资料计算工程量。可根据下列定额、资料，选取一种进行计算：

①万元、十万元投资工程量，劳动力及材料消耗扩大指标。这种定额规定了某种结构类型建筑，每万元或十万元投资中劳动力、主要材料等消耗数量。根据设计图纸中的结构类型，即可估算出拟建工程各分项需要的劳动力和主要材料消耗数量。

②概算指标或扩大结构定额。这两种定额都是在预算定额基础上的进一步扩大，概算指标是以建筑物每立方米体积为单位，扩大结构定额则以每平方米建筑面积为单位。查定额时，首先查阅与本建筑结构类型、跨度、层数、高度相类似的部分；然后查出这种建筑物按定额单位所需的劳动力和各项主要建筑材料的消耗数量，从而便可求得拟计算的建筑物所需的劳动力和材料的消耗数量。

③标准设计或已建的类似建筑物、构筑物的资料。在缺少上述几种定额手册的情况下，可采用标准设计或已建成的类似工程实际所消耗的劳动力和材料加以类推，按比例估算。但是，由于和拟建工程完全相同的已建工程是极为少见的，因此，在采用已建工程资料时，一般都要进行换算调整。这种消耗指标都是各单位多年积累的经验数字，实际工作中常用这种方法计算。

除了房屋外，还必须计算全工地相关工程的工程量，如场地平整的土石方工程量、道路及各种管线长度等，这些可根据建筑总平面图来计算。

2）确定各单位工程的施工期限

建筑物的施工期限，随着各施工单位的机械化程度、施工技术和施工管理的水平、劳动力和材料供应情况等不同，而有很大差别。因此，应根据各施工单位的具体条件，并考虑建筑物的类型、结构特征、体积大小和现场环境等因素加以确定。此外，也可参考有关的工期定额来确定各单位工程的施工期限。工期定额是根据我国有关部门多年来的建设经验，在调查统计的基础上，经分析比对后制订的，是签订承发包合同和确定工期目标的依据。

3）确定各单位工程的开竣工时间和搭接关系

在施工部署中已经确定了工程的开展程序，但对每期工程的每一个单位工程开竣工时

间和各单位工程间的搭接关系,需要在施工总进度计划中予以考虑确定。通常,解决这一问题主要考虑下列因素:

①保证重点,兼顾一般。在安排进度时,要分清主次,抓住重点,同一时期施工的项目不宜过多,以免人力、物力分散。

②满足连续、均衡施工要求。在安排施工进度时,应尽量使各种施工人员、施工机械在全工地内连续施工,同时尽量使劳动力和材料、机械设备消耗在全工地内均衡,避免出现突出的高峰和低谷,以利于劳动力的调度和原材料供应。

③要满足生产工艺要求。要根据工艺所确定的分期分批建设方案,合理安排各个建筑物的施工顺序,使土建施工、设备安装和试生产在时间上、量的比例上均衡、合理,以缩短建设周期,尽快发挥投资效益。

④认真考虑施工总平面图的布置。

⑤合理安排施工顺序。在施工顺序上,应本着先地下后地上、先深后浅、先地下管线后筑路的原则,使进行主要工程所必需的准备工作能够及时完成。

⑥全面考虑各种条件的限制。在确定各建筑物施工顺序时,还应考虑各种客观条件的限制,如施工企业的施工力量,原材料、机械设备的供应情况,设计单位出图的时间,投资数量等对工程施工的影响。

⑦考虑气候条件,合理安排施工项目,尽可能减少冬期、雨期施工的附加费用。

4)安排施工总进度计划

施工总进度计划可用横道图或网络图表达。由于施工总进度计划只是起控制性作用,而且施工条件多变,因此,不必考虑得很细致。当用横道图表达总进度计划时,项目的排列可按施工总体方案所确定的工程开展程序排列。横道图上应表达出各施工项目的开竣工时间及其施工持续时间。网络图中关键工作、关键线路、逻辑关系、持续时间和时差等信息一目了然。横道图的表格格式如表6.1所示。

表6.1 施工总进度计划表

序号	工程名称	建筑面积/m²	结构形式	工作量/万元	工作天数	施工进度表								
						20××年				20××年			
						一季度	二季度	三季度	四季度	一季度	二季度	三季度
						1 2 3	4 5 6	7 8 9	10 11 12	1 2 3	4 5 6	7 8 9

对于跨年度的工程,通常第一年进度按月安排,第二年及以后各年按月或季安排。

5)施工总进度计划的调整和修正

施工进度安排好以后,把同一时期各项单位工程的工作量加在一起,用一定的比例画在总进度表的底部,即可得出建设项目的工作量动态曲线。根据动态曲线可以大致判断各个时期的工程量情况。如果在曲线上存在着较大的低谷或高峰,则需要调整个别单位工程的施工速度或开竣工时间,以便消除低谷或高峰,使各个时期的工作量尽量达到均衡。

在编制了各个单位工程的施工进度以后,有时需要对施工总进度计划进行必要的调整;在实施过程中,也应随着施工的进展及时作必要的调整;对于跨年度的建设项目,还应根据年度国家基本建设投资情况,对施工进度计划予以调整。

6.4 施工准备及总资源需要量计划

施工准备及
总资源
需用量计划

施工总进度计划编制以后,就可以编制施工准备工作计划和各项总资源需要量计划。

6.4.1 编制施工准备工作计划

施工准备工作是为了创造有利的施工条件,保证施工任务能够顺利完成。总体施工准备应包括技术准备、现场准备和资金准备等。技术准备、现场准备和资金准备应满足项目分阶段(期)施工的需要。

(1)技术准备

技术准备主要包括技术力量配备、审查设计图纸、技术文件的编制、办理开工手续等方面。

(2)现场准备

现场准备工作的主要内容是:

①及时做好施工现场补充勘测,了解拟建工程位置的地下有无暗沟、墓穴等;

②砍伐树木,拆除障碍物,平整场地;

③铺设临时施工道路,接通施工临时用供水、供电管线;

④做好场地排水、防洪设施;

⑤搭设仓库、工棚和办公、生活等施工临时用房屋。

(3)资金准备

资金准备主要包括:落实建设资金,办理建筑构件、配件及材料的购买和委托加工手续,组织机械设备和模具等的进场等。

6.4.2 编制各项总资源需要量计划

各项总资源需要量计划是做好劳动力及物资的供应、平衡、调度、落实的依据,其内容一般包括以下几个方面:

1)劳动力需要量计划

首先根据工程量汇总表中列出的各主要实物工程量查套预算定额或有关经验资料,便可求得各个建筑物主要工种的劳动量,再根据总进度计划中各单位工程分工种的持续时间即可求得某单位工程在某段时间内的平均劳动力数。按同样的方法可计算出各个建筑物各主要工种在各个时期的平均工人数。将总进度计划表纵坐标方向上各单位工程同工种的人数叠加在一起并连成一条曲线，即成为某工种的劳动力动态图。根据劳动力动态图可列出主要工种劳动力需要量计划表，如表6.2所示。劳动力需要量计划是确定临时工程和组织劳动力进场的依据。

表6.2 劳动力需要量计划表

序号	工种名称	施工高峰需用人数	××××年				××××年				现有人数	多余(+)或不足(-)
			一季	二季	三季	四季	一季	二季	三季	四季		

2）材料、构件及半成品需要量计划

根据各工种工程量汇总表所列不同结构类型的工程项目和工程量总表，查定额或参照已建类似工程资料，便可计算出各种建筑材料、构件和半成品需要量，以及有关大型临时设施施工和拟采用的各种技术措施用料量，然后编制主要材料、构件及半成品需要量计划，常用表格如表6.3和表6.4所示。根据主要材料、构件和半成品加工需要量计划，参照施工总进度计划和主要分部分项工程流水施工进度计划，便可编制主要材料、构件和半成品运输计划。

表6.3 主要材料需要量计划表

工程名称	主 要 材 料								
	型钢/t	钢板/t	钢筋/t	木材/m³	水泥/t	砖/千块	砂/m³	……	……

表6.4 主要材料、构件、半成品需要量进度计划表

序号	材料、构件、半成品名称	规格	单位	需要量				需要量进度							
				合计	正式工程	大型临时工程	施工措施	××××年				××××年			
								一季	二季	三季	四季	一季	二季	三季	四季

3）施工机具需要量计划

根据施工进度计划、主要建筑物施工方案和工程量，并套用机械产量定额求得；辅助机

械可以根据建筑安装工程每十万元扩大概算指标求得;运输机具的需要量根据运输量计算。主要施工机具、设备需要量表如表 6.5 所示。

表 6.5 主要施工机具、设备需要量计划表

序号	机具设备名称	规格型号	电动机功率	数　量				购置价值/万元	使用时间	备　注
				单位	需用	现有	不足			

施工总平面图

6.5 施工总平面图设计

　　工总平面图是拟建项目施工场地的总布置图。它是按照施工部署、施工方案和施工总进度计划的要求,将施工现场的交通道路、材料仓库、附属生产或加工企业、临时建筑和临时水、电、管线等合理规划和布置,并以图纸的形式表达出来,从而正确处理全工地施工期间所需各项设施与永久建筑、拟建工程之间的空间关系,指导现场进行有组织、有计划的文明施工。施工总平面图按照规定的图例进行绘制,一般比例为 1∶1 000 或 1∶2 000。

　　对于特大型建设项目,当施工工期较长或受场地限制,施工场地需几次周转使用时,可按照几个阶段分别设计施工总平面图。

6.5.1 施工总平面图的设计原则和内容

　　(1)施工总平面图的设计原则
　　施工总平面图的设计必须坚持以下原则:
　　①保证施工顺利进行的前提下,尽量减少施工用地,少占或不占农田,使平面布置紧凑合理;
　　②保证运输方便,减少两次搬运,降低运输费用;
　　③充分利用各种永久建筑、管线、道路,降低临时设施的修建费用;
　　④临时设施应方便生产和生活,办公区、生活区和生产区宜分离设置;
　　⑤满足技术安全、防火、消防和环保要求;
　　⑥遵守当地主管部门和建设单位关于施工现场安全文明施工的相关规定。
　　(2)施工总平面图设计的内容
　　施工总平面图设计应包括下列内容:
　　①建设项目施工用地范围内地形和等高线;建设项目施工总平面图上的一切地上、地下已有的和拟建的建筑物、构筑物及其他设施位置和尺寸。
　　②一切为工程项目建设服务的临时设施的布置,包括:
　　a.施工用地范围,施工用的各种道路;

b. 加工厂、半成品制备站及有关机械的位置；

c. 各种材料、半成品及构配件的仓库和堆场；

d. 行政、生活、文化福利用临时建筑等；

e. 水、电源位置，临时给排水系统和供电线路及供电动力设施；

f. 机械站、车库位置；

g. 一切安全、环境保护及消防设施位置。

6.5.2 施工总平面图设计的依据

施工总平面图设计的依据如下：

①各种勘测、设计资料；

②建设地区自然条件及技术经济条件；

③建设项目的概况、施工部署和主要工程的施工方案、施工总进度计划；

④各种建筑材料、构件、半成品、施工机械和运输工具需要量一览表；

⑤各构件加工厂及其他临时设施的数量和外廓尺寸；

⑥安全、防火规范。

6.5.3 施工总平面图的设计步骤

施工总平面布置图的设计一般应按以下步骤进行：

1）场外交通的引入

设计全厂性施工总平面图时，首先应从研究大宗材料、成品、半成品、设备等进入工地的运输方式入手。当大宗材料由铁路运来时，首先要解决铁路的引入问题；当大批材料是由水路运来时，应首先考虑原有码头的运用和是否增设专用码头问题；当大批材料是由公路运入时，由于汽车可以灵活布置，因此，一般先布置场内仓库和加工厂，然后再布置场外交通的引入。

（1）铁路运输

当大量材料由铁路运入工地时，首先应解决铁路由何处引入及如何布置问题。一般大型工业企业、厂区内都设有永久性铁路专用线，通常可将其提前修建，以便为工程施工服务。但由于铁路的引入将严重影响场内施工的运输和安全，因此，铁路的引入应靠近工地的一侧或两侧。仅当大型工地分为若干个工区进行施工时，铁路才可以引入工地中央。此时，铁路应位于每个工区的侧边。

（2）水路运输

当大量材料由水路运进现场时，应充分利用原有码头的吞吐能力。当需增设码头时，卸货码头不应少于两个，且宽度应大于 2.5 m，一般用石或钢筋混凝土结构建造。

（3）公路运输

当大量材料由公路运进现场时，由于公路布置较灵活，一般先将仓库、加工厂等生产性临时设施布置在最经济合理的地方，再布置通向场外的公路线。

2）仓库与材料堆场的布置

布置仓库与材料堆场时,通常考虑设置在运输方便、位置适中、运距较短且安全防火的地方,并应区别不同材料、设备和运输方式来布置。

当采用铁路运输时,仓库通常沿铁路线布置,并且要留有足够的装卸前线。如果没有足够的装卸前线,必须在附近设置转运仓库。布置铁路沿线仓库时,应将仓库设置在靠近工地一侧,以免内部运输跨越铁路。同时仓库不宜设置在弯道处或坡道上。

当采用水路运输时,一般应在码头附近设置转运仓库,以缩短船只在码头上的停留时间。

当采用公路运输时,仓库的布置较灵活。一般中心仓库布置在工地中央或靠近使用的地方,也可以布置在靠近外部交通连接处。砂、石、水泥、石灰、木材等仓库或堆场宜布置在搅拌站、预制场和木材加工厂附近;砖、瓦和预制构件等直接使用的材料应该直接布置在施工对象附近,以免二次搬运。工业项目建筑工地还应考虑主要设备的仓库(或堆场),一般笨重设备应尽量放在车间附近,其他设备仓库可布置在外围或其他空地上。

3）加工厂和搅拌站的布置

加工厂和搅拌站的布置位置,应使材料和构件的运输费用最少,有关联的加工厂应适当集中。下面分别叙述搅拌站和几种加工厂的布置。

（1）混凝土搅拌站

混凝土搅拌站的布置有集中、分散、集中与分散布置相结合三种方式。当现浇混凝土量大时,宜在工地设置混凝土搅拌站;当运输条件好时,以采用集中搅拌最有利;当运输条件较差时,以分散搅拌为宜。

（2）砂浆搅拌站

砂浆搅拌站多采用分散就近布置。这是因为建筑工地,特别是工业建筑工地使用砂浆为主的砌筑与抹灰工程量不大,且又多为一班制生产,如采用集中搅拌砂浆,不仅会造成搅拌站的工作不饱满,不能连续生产,同时还会增加运输上的困难。

（3）构件预制加工厂布置

混凝土构件预制加工厂应尽量利用建设地区的永久性加工厂。只有其生产能力不能满足建设工程需要时,才考虑设置。其位置最好布置在建设场地中无建筑材料堆放的场地、铁路专用线路转弯处的扇形地带或场外邻近处。

（4）钢筋加工厂

钢筋加工厂可集中布置,亦可分散布置,视工地具体情况而定。一般需进行冷加工、对焊、点焊钢筋骨架和大片钢筋网时,宜采用集中布置加工。这样可以充分发挥加工设备的效能,满足全工地需要,保证加工质量和降低加工成本。但也易于产生集中成批生产与工地需要成套供应之间的矛盾。因此,必须加强加工成本的计划管理,以满足工地的需要。对于小型加工、小批量生产和利用简单机具就能成型的钢筋加工,采用分散布置较为灵活。

（5）木材加工厂

木材加工厂设置与否,是集中还是分散设置,设置规模等,都应视建设地区内有无可供利用的木材加工厂,以及木材加工的数量和加工性质而定。如建设地区没有可利用的木材加工厂,而锯材、标准门窗、标准模板等加工量又很大时,则集中布置木材联合加工厂为好。对于非标准件的加工与模板修理工作等,可分散在工地附近设置临时工棚进行加工。

木材加工厂宜设置在施工区域边缘的下风向位置。其原木、锯材堆场宜设置在靠近铁路、公路和水路沿线。

4)场内运输道路的布置

工地内部运输道路的布置,应根据各加工厂、仓库及各施工对象的位置布置道路,并研究货物周转运行图,以明确各段道路上的运输负担,区别主要道路和次要道路,进行道路的规划。规划这些道路时要特别注意满足运输车辆的安全行驶,在任何情况下不致形成交通断绝或阻塞。在规划厂区内道路时,应考虑以下几点:

(1)合理规划临时道路与地下管网的施工程序

在规划临时道路时,还应考虑充分利用拟建的永久性道路系统,提前修建路基及简单路面,作为施工所需的临时道路。若地下管网的图纸尚未出全,必须采取先施工道路后施工管网的顺序时,临时道路就不能完全建造在永久性道路的位置,而应尽量布置在无管网地区或扩建工程范围地段上,以免开挖管道沟时破坏路面。

(2)保证运输通畅

道路应有两个以上进出口,并应有足够的宽度和转弯半径。现场内道路干线应采用环形布置,主要道路宜采用双车道,其宽度不得小于3.5 m。

(3)选择合理的路面结构

临时道路的路面结构,应根据运输情况、运输工具和使用条件来确定。一般场外与省、市公路相连的干线,因其以后会成为永久性道路,因此一开始就应建成混凝土路面。

5)行政与生活福利临时建筑的布置

临时建筑物的设计,应遵循经济、适用、装拆方便的原则,并根据当地的气候条件、工期长短确定其建筑与结构形式。

行政与生活临时设施包括:办公室、汽车库、职工休息室、开水房、小卖部、食堂、俱乐部和浴室等。要根据工地施工人数计算这些临时设施和建筑面积,应尽量利用建设单位的生活基地或其他永久性建筑,不足部分另行建造。

一般全工地性行政管理用房宜设在全工地入口处,以便对外联系,也可设在工地中部,便于全工地管理。工人用的福利设施应设置在工人较集中的地方或工人必经之路。生活基地应设在场外,距工地500~1 000 m为宜,并避免设在低洼潮湿、有烟尘和有害健康的地方。食堂宜设在生活区,也可布置在工地与生活区之间。

6)临时水电管网及其动力设施的布置

当有可以利用的水源、电源时,可以将水、电从外面引入工地,沿主要干道布置干管、主线,然后与各用户接通。临时总变电站应设置在高压电进入工地处,避免高压线穿过工地;临时电站应设在现场中心,或靠近主要用电区域;临时水池应放在地势较高处。当无法利用现有水、电时,为了获得电源,可在工地中心或工地附近设置临时发电设备,沿干道布置主线;为了获得水源,可以利用地上水或地下水,并设置抽水设备和加压设备(简易水塔或加压泵),以便储水和提高水压,然后由此把水管接出,布置管网。

施工现场供水管网有环状、枝状和混合式3种形式,一般采用枝状布置,因为这种布置的优点是所需给水管的总长度最小;其缺点是管网中一点发生故障时,则该点之后的线路就有断水的危险。从连续供水的要求上看,最为可靠的方式是环状布置。但这种方式的缺点是所需铺设的给水管道最长。混合式布置是总管采用环状,支管采用枝状,这样对主要用水地点可保证连续供水,而且又可减少给水管网的铺设长度。

临时配电线路布置与水管网相似,分环状、枝状和混合式三种。一般布置时,高压线路多采用环状布置,低压线路多采用枝状布置。工地上通常采用架空布置,距路面或建筑物不小于6 m。

根据工程防火要求,应设立消防站,一般设置在易燃建筑物(木材、仓库)附近,并须有通畅的出口和消防车道,其宽度不宜小于6 m,与拟建房屋的距离不得大于25 m,也不得小于5 m;沿道路布置消防栓时,其间距不得大于100 m,消防栓至路边的距离不得大于2 m。

应该指出,以上各设计步骤不是截然分开、各自独立进行的,而是互相联系、互相制约的,需要综合考虑、反复修正才能确定下来。

6.5.4　施工总平面图设计优化

在施工总平面图设计时,为使场地分配、仓库位置确定,管线道路布置更为合理,需要采用一些优化计算方法。下面介绍两种常用的优化计算方法。

1)选点归邻优化法

各种生产性临时设施如仓库、混凝土搅拌站等,各服务点的需要量一般是不同的,要确定其最佳位置必须要同时考虑需要量与距离两个因素,使总的运输吨公里数最小。此时可用选点归邻优化法确定最优设场点位置。

由于现场的道路布置形式不同,可分为两种情况:

(1)道路为无环路的枝状

此时选择最优设场可以忽略距离因素,选点方法为"道路没有圈,检查两个端,小半临邻站,够半就设场"。具体的步骤为:

①计算所有服务点需求量的一半,$Q_b = 1/2Q_j$。

②比较 Q_b 与 Q_j:如果 $Q_j \geq Q_b$,则 j 点为最佳设场点;如果 $Q_j < Q_b$,则合并到邻点 $j-1$ 处,$j-1$ 点用量变为 $Q_j + Q_j - 1$。以此类推,一直到累加够半的时候为止。

(2)道路为环形道路

此时最优点在道路交叉点上。具体的步骤为:

①计算所有服务点需求量的一半,Q_b。

②比较各支路上各服务点 Q_b 与 Q_j:如果 $Q_j \geq Q_b$,则 j 点为最佳设场点;如果 $Q_j < Q_b$,则合并到邻点 $j-1$ 处。

③如果支路上各点均 $Q_j < Q_b$,则比较环路上各点 Q_b 与 Q_j;如果 $Q_j \geq Q_b$,则 j 点为最优设

场点。

④如果环路上也无 $Q_j \geqslant Q_b$，则计算环路上各服务点与道路交叉点的运输吨公里数：$S_i = \sum Q_j D_{ij}$。S_i 的最小值即为最优设场点。

2）区域叠加优化法

施工场地的生活福利设施主要是为全工地服务的,因此它的布置应力求位置适中、使用方便、节省往返时间,被服务点的受益大致均衡。确定这类临时设施的位置可采用区域叠合优化法。区域叠合优化法是一种纸面作业法,其步骤如下:

①在施工总平面图上将各服务点的位置一一列出,按各点所在位置画出外形轮廓图。

②将画好的外形轮廓图剪下,进行第一次折叠,折叠的要求是:折过去的部分最大限度地重合在其余面积之内。

③将折叠的图形展开,把折过去的面积用一种颜色涂上(或用一种线条、阴影区分)。

④再换一个方向,按以上方法折叠、涂色。如此重复多次(与区域凸顶点个数大致相同次数),最后剩下一小块未涂色区域,即为最优最适合区域。

6.6　施工总组织设计案例

6.6.1　工程概况

本工程 1#、2#、3#住宅地下一层,地上 18 层;地下一层为储藏间。其中 1#、2#楼总建筑面积为 16 159.1 m²,建筑总高度为 58.95 m;3#楼总建筑面积为 13 085.6 m²,建筑总高度为58.25 m;4#、5#楼总建筑面积为 19 819.8 m²,建筑总高度为 58.25 m;6#楼总建筑面积为 11 641.5 m²,建筑总高度为 56.55 m;7#楼总建筑面积为 12 454.7 m²,建筑总高度为56.55 m;8#楼总建筑面积为 10 818.4 m²,建筑总高度为 53.55 m,总建筑面积为 83 979.1 m²(不包括地下车库),地下车库面积约 9 050.1 m²。

1）建筑设计

建筑设计概况如表 6.6 所示。

表 6.6　建筑设计概况一览表

占地面积	42 210 m²		首层建筑面积	10 329.1 m²	总建筑面积	93 029.2 m²
层数	地　上	18 层	层高	首　层	4.2 m	地上面积	82 700.1 m²
	地　下	1 层		标准层	2.9 m	地下面积	10 329.1 m²
	裙　房	3 层		地　下	4.0 m		

续表

占地面积	42 210 m²	首层建筑面积	10 329.1 m²	总建筑面积	93 029.2 m²
装饰装修	外墙	主要立面深灰色及浅黄色外墙面砖,局部采用深灰色高级外墙涂料			
	楼地面	铺地砖楼面、花岗岩楼面、水泥砂浆楼地面			
	墙面	墙砖墙面、抹灰墙面			
	顶棚	抹灰顶棚			
	楼梯	金属栏杆扶手楼梯			
防水	地下	防水等级:一级	防水材料:结构自防水,SBS 防水卷材		
	屋面	防水等级:二级	防水材料:SBS 防水卷材		
	厕浴间	聚氨酯涂膜防水层			
	阳台	聚氨酯涂膜防水层			
	雨篷	防水砂浆			
保温节能		外墙采用聚合物砂浆粘贴 35 mm 厚聚苯板;屋面采用 80 mm 厚挤塑聚苯板			

2)结构设计

本工程主体结构形式为剪力墙结构,基础形式为筏板基础,选第三层粉土为基础持力层。本工程的建筑结构安全等级为二级,建筑抗震设防类别为丙类,地基基础设计等级为乙级,设计使用年限为 75 年。

本工程结构设计概况如表 6.7 所示。

表 6.7　结构设计概况一览表

地基基础	埋深	6.0 m	持力层	第三层粉土层	承载力标准值		210 kPa
	筏板	底板厚度:1 000 mm		顶板厚度:150 mm		挡土墙厚度:250 mm	
主体	结构形式			剪力墙			
	主要结构尺寸	梁:200 mm×450 mm;200 mm×450 mm		板厚:100 mm		墙厚:200 mm	
抗震等级设防	2 级		人防等级				
混凝土强度等级及抗渗要求	基础	C30P8	板	C30		楼梯	C30
	梁	C30	墙体	地下室外墙 C30S6,其他 C30			
	柱	C30	其他	垫层 C15,圈过梁、构造柱 C20			

6.6.2 施工部署和施工方案

1)施工工艺流程

（1）施工工艺流程图

根据本工程的建筑、结构设计情况以及综合考虑施工工期、施工季节等因素，遵循"先地下后地上，先主体后装修，先土建后设备安装"的原则，确定本工程的总体施工工艺流程及各阶段施工工艺流程。以地下结构为例，详见图6.2。

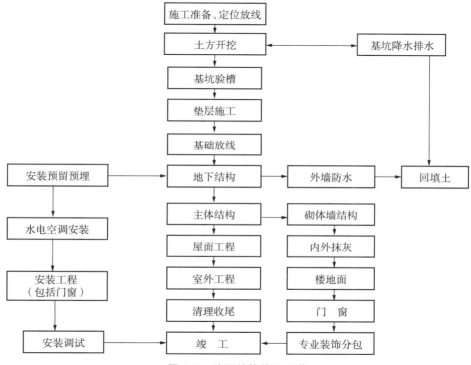

图6.2 地下结构施工工艺

（2）总体施工顺序

本工程总体施工顺序为：先基础及主体结构施工，后安装及装饰施工；根据进度计划的安排，确定各不同专业进场施工的时间，安装专业随主体结构工程及砌筑抹灰的进度进行施工；装饰工程在初装修结束后及时穿插施工，并配合安装工程的施工；土方回填跟随地下室外墙防水边施工边回填。

本工程将于2012年6月进行西半区1#、2#、3#、8#楼的施工准备工作，于9月进行西半区主体工程施工；在2012年8月1#、2#、3#、8#楼地下室结构完成后，立即进行东半区4#、5#、6#、7#楼的施工准备工作，9月份开始进行东半区4座单体的土方开挖工作，同时进行西半区4座单体的主体工程施工；在2012年11月西区4座单体快封顶之际，进行1#、2#、3#楼裙房的施工，同时进行东半区主体结构的施工；2013年3月开始进行4#、5#楼裙房的施工；2013年5月开始进行小区北部地下车库的施工，赶在雨季之前完成地下车库的主体工程；2013

12 月进行最后的竣工清理及验收工作。

（3）施工流水段的划分

● 基础施工阶段

根据本工程的设计特点,筏板基础无后浇带和伸缩缝,必须一次性连续浇筑,不留施工缝。

● 主体施工阶段

本工程 1#、2#、4#楼各为一个施工段。

● 装饰装修阶段

本工程体量较大,装饰装修作业面广,其中要穿插土建粗装修及大量的安装工程施工。为此,本工程装饰装修阶段的施工作业面的划分原则为:全面展开,最大限度地利用施工作业面,及时穿插施工。

2）主要项目的施工方法

（1）主体工程施工方法

● 钢筋工程

钢筋的接头形式:本工程地上部分钢筋的接头形式主要采用搭接和闪光对焊,筏板钢筋采用直螺纹连接。水平接头:梁受力主筋直径≤16 的采用搭接;直径≥18 的采用闪光对焊。竖向接头:剪力墙钢筋直径≤16 的采用搭接;直径≥18 的采用电渣压力焊连接。

板筋的架立:为保证楼板上层筋位置准确,在楼板上层筋下布置马凳筋,采用通长钢筋马凳的形式。马凳高度＝板厚-上下保护层厚度-上层钢筋直径。施工中注意在马凳下部四角刷防锈漆。

钢筋的加工形式:钢筋采用现场堆放、现场加工成型。钢筋配筋工作由负责土建施工的分包专职配筋人员严格按照规范和设计要求执行。结构中所有大于 300 mm 的洞口,在配筋时按照洞口配筋原则全部留置出来,不允许出现现场割筋留洞的现象。

项目根据工程施工进度和现场储料能力编制钢筋加工和供应计划。

● 模板工程

模板的施工:由于模板体系的形式与模板的质量直接影响工程的施工进度和混凝土结构的成型质量,因此模板体系的选择应遵循支拆方便、牢固可靠的原则。本工程计划使用 12 mm 厚竹胶板,标准层配备 3 层模板,周转 6 次使用;竖向剪力墙模板采用 12 mm 厚竹胶板,配备 1 层。

根据本工程的特点,其模板体系选择如下:本工程模板采用 12 mm 厚竹胶板,内钢楞采用 50×80 木方,外钢楞采用 φ48 钢管。支撑采用碗扣式钢管脚手架。为保证结构的整体性,本工程墙柱与顶板梁同时支模、同时进行混凝土浇筑。基础底板四周及独立柱基承台外侧采用 12 mm 厚竹胶板。垫层模板采用 50×100 木板作为垫层侧边模板,用钢管搭三角撑撑住。地下室外墙模板采用 12 mm 厚竹胶板,防水对拉螺栓固定,防水对拉螺栓中间部分焊接（双面焊）-3×50×50 止水铁片。穿墙对拉螺栓设 φ16PVC 套管,对拉螺栓从 PVC 套管穿过,拆模后将其抽出重复利用 2 次。为了防止对拉螺栓在拧紧过程中造成模板局部变形,必须在对应每根对拉螺栓位置增设 φ12 的短钢筋(长度同剪力墙厚度,与 PVC 套管绑扎)支撑模板,如图 6.3 所示。

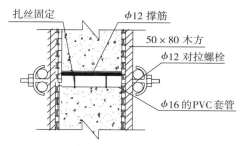

图 6.3 非防水混凝土柱墙对拉螺栓

- 混凝土工程

本工程混凝土浇筑采用墙、梁、板整体现浇的方式;当混凝土浇筑高度大于 2 m 时,端头加软管接长浇筑;混凝土强度等级不同时,应先浇高强度的,后浇低强度的;如留施工缝,须待施工缝处混凝土强度大于 1.2 MPa 时继续浇筑;筏板基础混凝土应连续浇筑不得留施工缝。

混凝土浇筑前的准备工作:

①对施工人员进行混凝土浇筑技术交底。

②检查模板及其支撑(见模板工程)。

③请监理对隐蔽部位进行验收,填好隐蔽验收记录。严格执行"混凝土浇灌令"制度。

④填写混凝土搅拌通知单,通知商品混凝土搅拌站所要浇筑混凝土的强度等级、混凝土量、浇筑日期。

⑤浇筑混凝土楼板时,不得将木板铺放在钢筋网片上,应在板上铺设活动马凳并铺好木跳板。跳板应方便工人操作安全,待混凝土浇到一定位置,随浇随撤掉马凳架。

混凝土的振捣:柱、梁、剪力墙、筏板混凝土均采用插入式振动棒,浇捣厚度不大于400 mm,楼板混凝土采用平板式振捣器振捣。

混凝土养护的要点:柱采用覆膜浇水养护;剪力墙、梁拆模后喷水养护;楼板要保证在浇筑后,覆盖薄膜 7 昼夜内处于足够的湿润状态;防渗混凝土湿润养护至少 14 d。

(2)防水工程施工方案

本工程分别在地下室、卫生间和屋面 3 个部位做防水工序,其中地下室为防水施工的重点。地下室渗漏水质量问题一直非常普遍,其原因复杂,因漏点难找,所以堵漏难度非常大,故必须加强对地下室防水施工的控制。

屋面防水在施工过程中除严格程序和过程控制之外,要重点加强接缝处、阴阳角、机电穿管处、防水收边处、屋顶防雷接地处、阴阳角处等细部节点的防水处理,以确保屋面防水质量达到合格标准。卷材搭接缝以及卷材收头的铺贴是影响铺贴质量的关键,不得随大面一次粘铺,要进行专门的处理:将已铺好卷材搭接缝处表面的防粘隔离层熔掉,为防止烘烤到搭接缝以外的卷材,应使用烫板沿搭接线移动,火焰喷灯随烫板移动;烘烤粘贴时应随烤随粘贴,并须将熔融的沥青挤出,用铁抹子或刮刀刮平,搭接缝或收头粘贴后,用火焰及抹子沿搭接缝边缘再行均匀加热封严。卷材搭接缝处用喷枪加热,压合至边缘挤出沥青粘牢。卷材末端收头用橡胶沥青嵌缝膏嵌固填实。

聚氨脂防水施工时,穿楼板管道埋设套管,避免管道同混凝土间因热胀冷缩产生缝隙。管道安装完毕后,预留洞口应认真仔细填堵,堵洞混凝土中掺10% UEA 膨胀剂。注意局部处理,重点处理好楼板的立管周围、地漏周围和大便器周围。

对阴阳角、穿过防水层的管道根部等部位,在涂膜大面积涂刷之前,应先进行增强涂布,应将玻璃纤维布铺好,然后再涂抹第一道涂膜。管道根部,将管道用砂纸打毛,并用溶剂洗除油污,管道基层应清洁干燥;在管根周围及基层涂刷底层涂料,底层涂料固化后做增强涂布,增强层固化后再涂布第一道涂膜;涂膜固化后沿管道周围密实铺贴十字交叉的玻璃纤维布;增强层固化后再涂布第二道涂膜。

6.6.3 施工总进度计划

施工总进度计划如表6.8所示。

表6.8 施工总进度计划表

序号	分部工程名称	第一年度								第二年度											
		5月	6月	7月	8月	9月	10月	11月	12月	1月	2月	3月	4月	5月	6月	7月	8月	9月	10月	11月	12月
1	基础																				
2	地下室																				
3	主体结构																				
4	外墙																				
5	屋面工程																				
6	室内装修																				
7	室外装修																				
8	安装工程(包括门窗)																				
9	水电安装																				

6.6.4 施工准备

1)施工技术准备计划

编制施工进度控制实施细则,保证工程进度控制目标。编制施工质量控制实施细则,采取有效质量控制措施,保证工程质量控制目标。编制施工成本控制实施细则,保证施工成本控制目标。做好工程技术交底工作,使作业层真正知道其所干工序的操作要求及质量标准;组织工程技术人员认真阅读施工图纸,了解设计意图,弄清工程特点,做好图纸会审,清除图纸漏、错、碰、缺问题,解决施工技术与施工工艺之间的矛盾、施工工艺与施工设计的矛盾。在此基础上,根据工程规模、结构特点、施工图、施工规范和质量标准、操作规程和建设单位要求,做好指导本工程施工全过程的施工组织设计的编制,同时编制复杂分部、分项工程的专项施工方案。

2）劳动组织准备

根据工程实际情况及劳动力的需要量计划,确定本工程的主要劳务施工队,根据施工队的内部工人的技术水平进行优化组合,组成各施工队组。根据不同施工队组施工任务的不同,编制岗前培训计划,进行技能及安全文明施工培训。

3）施工物资准备

根据物资和机械设备的投入计划,编制物资准备计划,通过考察、招标的方式落实施工物资的供应方式,确保工程物资和机械设备及时满足施工需要。

根据工程的总平面布置、工人生活的需要及现场办公的需要,落实临时设施的投入准备。

4）施工现场准备

清除现场障碍物,实现"三通一平"。根据总平面的布置,将现场临时道路进行整平处理,保证前期准备阶段的使用要求。

6.6.5 施工资源管理

1）各项资源的供应方式

本工程拟投入施工力量总规模,在施工高峰期时为 400 人,平均人数为 230 人。本工程所使用到的塔吊、施工电梯从租赁公司租赁,混凝土采用商品混凝土,砂浆使用预拌砂浆。物资供应方式,在施工合同范围内的所有涉及施工用物资材料均由总承包方通过招标集中采购。特殊材料的供应要事先经过考察,具体按照项目管理程序文件执行。资金供应方式按合同约定的方式供应。临时设施提供方式按合同约定的方式由总包方按临建规划布置。

2）劳动力需要量计划

根据施工进度与工程状况,按计划、分阶段进、退场,保证人员的稳定和工程的顺利开展。根据工程总体控制计划、工程量、流水段的划分,装修、机电安装的需要,本工程各阶段劳动力投入如表 6.9、表 6.10 和表 6.11 所示。

表 6.9 基础工程阶段施工劳动力安排

（2012 年 6—9 月）

工　种	木工	钢筋工	混凝土工	架子工	水电工	机械工	普工	其他用工	合　计
人　数	250	180	60	20	25	10	30	30	605

表 6.10 主体工程阶段施工劳动力安排

（2012 年 8 月—2013 年 4 月）

工　种	木工	钢筋工	混凝土工	架子工	水电工	机械工	瓦工	其他用工	合　计
人　数	200	150	60	30	45	15	150	30	680

表 6.11　土建装修及安装阶段劳动力投入表

（2013 年 5—12 月）

工　种	木工	瓦工	普工	电工	管工	焊工	其他用工	合　计
人　数	50	170	40	80	60	12	20	432

　　工人队伍将在工程开工前做好各种准备,进行必需的专业技术及安全等方面的培训,配备必需的生活生产和安全防护用品,一旦开工即可进入工地进行施工。

3)机械设备管理

　　本工程主要施工机械配备详如表 6.12 所示。

表 6.12　主要施工机具、设备需要量计划表

序号	机械名称	型　号	单位	数量	额定功率	进出场时间
1	塔吊	QTZ40	台	8	30 kW	2018 年 6 月
2	施工电梯	CSD 200/200J	台	8	30 kW	2018 年 11 月
3	混凝土搅拌站	JS500	台	2	160 kW	2018 年 6 月
4	拖式混凝土泵	HBT60	台	2	110 kW	2018 年 6 月
5	钢筋成型机	GQ50	台	4	4 kW	2018 年 6 月
6	钢筋成型机	GW40-I	台	4	4 kW	2018 年 6 月
7	交流电焊机	BX3-500	台	4	38 kVA	2018 年 6 月
8	混凝土振捣器	2X-50	台	24	1.1 kW	2018 年 6 月
9	混凝土平板振动器	H21X2	台	10	2.2 kW	2018 年 6 月
10	蛙式打夯机	HW 170	台	5	4 kW	根据实际需要
11	潜水泵	Q100-4	台	10	4.5 kW	根据实际需要

4)施工临时设施及安全防护设施计划

　　本工程施工临时设施计划如表 6.13 所示。

表 6.13　施工临时设施计划表

序号	设施名称	规格/型号/做法	数量	单位	来源
1	工人生活区	双层彩钢板房 3.6 m×6 m	1 080	m²	搭设
2	办公用房	彩钢板房 3.6 m×5 m	306	m²	搭设
3	厕所及淋浴间	砖砌 4 m×5 m	80	m²	搭设
4	钢筋加工棚	型钢组装	120	m²	搭设
5	围墙及大门	彩钢板及砖砌围墙,自动大门	400	m	原有及搭设
6	木工棚	型钢组装	80	m²	搭设
7	砂石料场	砖墙	300	m²	搭设
8	外加剂库	彩钢板房 5 m×6 m	30	m²	搭设

续表

序号	设施名称	规格/型号/做法	数 量	单 位	来 源
9	安装仓库	彩钢板房 3.6 m×5 m	36	m²	搭设
10	安装加工场	钢管	100	m²	搭设
11	养护箱	成品			
12	门卫保安房	砖砌 6 m×6 m	36	m²	原有

本工程 2012 年 6 月进场之前,土方已基本开挖完毕。工程主体结构计划于 2013 年 3 月 31 日封顶,需要经过一个雨期及冬期施工,工程间歇时间较长,不利于工程的工期及质量控制。

6.6.6 施工平面布置

1)施工总平面布置依据

经过现场勘察,施工现场北侧有 1 000 m² 场地可作为现场厕所、生活区等场所。施工平面布置内容详见施工平面布置图,如图 6.4 所示。

2)施工现场的布置原则

施工总平面布置按照经济、适用、合理方便的原则,在保证场内交通运输畅通和满足施工对材料运输及加工要求的前提下,最大限度地减少场内二次运输;在现场交通上,尽量避免各生产单位相互干扰,合理组织现场的物资运输,尽量减少场内物资的二次运输;符合施工现场卫生、安全生产、安全防火、环境保护和劳动保护的要求,满足施工生产和文明施工的需要。

3)临时用电方案

现场临时供电按《工业与民用供电系统设计规范》和《施工现场临时用电安全技术规范》设计并组织施工,供配电采用 TN-S 接零保护系统,按三级配电两级保护设计施工,PE 线与 N 线严格分开使用。经计算,本工程临时用电可选用 4 台容量为 315 kV·A 的变压器分配用电,采用一根 150 mm² 五芯铜线电缆、两根 90 mm² 五芯铜线电缆引至现场三个总箱内。临时用电系统根据各用电设备的情况,采用三相五线制树干式与放射式相结合的配电方式。地平面电缆暗敷设于电缆沟内,楼层干线电缆沿内筒壁卡设,干线电缆选用 XV 型橡皮绝缘电缆。施工配电箱采用统一制作的标准铁质电箱,箱、电缆编号与供电回路对应,施工电梯、塔吊用 35 mm² 五芯电缆单独引线。

施工现场实行封闭管理,围挡采用××市政府批准使用的彩色喷塑压型钢板;大门使用符合 CI 要求的铁大门,大门入口处设门卫值班室且有门卫管理制度。

按照××市建管局的要求,施工场区必须设置"七牌二图"(施工标志牌、安全措施牌、文明施工牌、入场须知牌、管理人员名单及监督电话牌、消防保卫牌、建筑工人维权须知牌和施工现场平面布置图、工程立体效果图)。

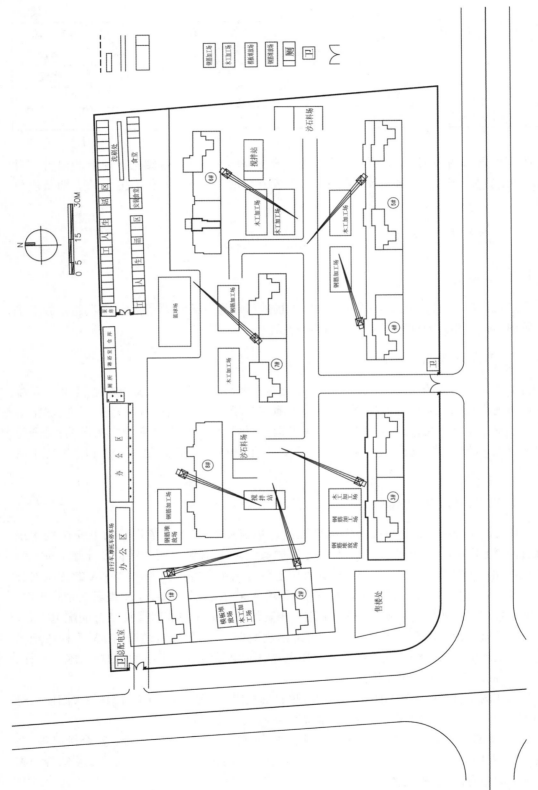

图 6.4 施工现场平面布置图

6.6.7 质量保证措施

1) 冬、雨期及高温季节施工方法和质量保证措施

(1) 冬期施工方案及质量保证措施

入冬前,对现场的技术员、施工员、材料员、试验员及重要工种的班组长、测温人员、司炉工、电焊工、外加剂掺配和高空作业人员进行培训,掌握有关各施工方案、施工方法和质量标准。冬期施工前,测温人员及管理人员专门组织技术业务培训,学习本工作范围内有关知识,明确各自相关职责。

编制冬期施工方案,对面临冬期施工的分项工程制订详细的技术措施,保证工程质量及施工进度,做到连续施工。指定施工员进行气温观测并作记录,通过收听气象预报广播、电视天气预报、网上查询等方式提前了解近期、中期、远期天气情况,并通知相关人员,预先安排、调整施工内容,防止寒流突然袭击。

根据实物工程量提前组织有关机具、保温材料进场。草帘按保温面覆盖一层计算,塑料布按保温面覆盖两层计算。冬季施工前,认真检查一遍现场仓库、宿舍、工作面、供水系统、机械设备等的防火保温情况,以及保温防冻工作,发现问题及时解决。

冬期施工期间,对外加剂添加、原材料加热、混凝土养护和测温、试块制作养护、加热设施管理等各项冬期施工措施由专人负责,及时做好各项记录,并由项目技术负责人和质检员抽查,随时掌握实施状况,发现问题及时纠正,切实保证工程质量。

(2) 雨期施工方案及质量保证措施

雨期到来前应编制详细的雨期施工措施,并要有专人监督、检查其实施情况;雨期应与当地气象部门联系,及时取得天气预报资料;设专人做好天气预报工作,预防暴雨和狂风侵袭。

对材料库、办公室等进行防雨、防潮检修,杜绝漏雨现象。做好现场排水系统,将地面及场内雨水有组织地及时排入指定排放口。在塔吊基础四周、道路两侧及建筑四周设排水沟,保证水流通畅,雨后不陷、不滑、不存水。通道入口、窗洞、梯井口等处设挡水设施。

所有机械棚搭设严密,防止漏雨,机电设备采取防雨、防淹、防雷措施。电闸箱要防止雨淋,不漏电,接地保护装置灵敏有效,各种电线防浸水漏电。砌体不得过湿,防止发生墙体滑移。加强对已完砌体垂直度和标高的复核工作。

浇筑框架混凝土时,先需了解2~3日的天气预报,尽量避开大雨;浇混凝土遇雨时,立即搭设防雨棚,用防水材料覆盖已浇好的混凝土。遇大雨停止外装修、砌体工程施工,并作好成品防雨覆盖措施,雨后及时修补已完成品及半成品。

2) 高温季节施工措施

重点做好夏季的安全生产和防暑降温工作,要保障广大职工的安全和健康,防止各类事故的发生,确保夏季施工顺利进行。

加强对夏季安全生产工作的领导,加强宿舍、办公室、厕所的环境卫生,疏通排水沟道,定期喷洒杀虫剂,防止蚊、蝇滋生,避免常见传染病的流行。

在高温期间应根据生产和职工健康的需要,合理安排生产班次和劳动作息时间,现场配备充足的绿豆汤、茶水等防暑用品。应尽量避开午间烈日直射进行露天作业。

项目小结

(1)施工组织总设计包括工程概况及特点分析、施工部署、主要施工方法、施工准备及各项资源需求计划、施工总进度计划、施工总平面图等内容。施工组织设计还涉及编制依据与编制程序。

(2)施工部署是施工组织总设计的核心内容之一,主要包括施工开展顺序、主要项目的施工方案、组织任务划分与组织安排、全场性临时设施的规划等内容。

(3)施工总进度计划是施工组织总设计的核心内容之一,主要包括施工项目划分,确定各单位工程竣工期限,确定各单位工程的开、竣工时间与搭接时间,安排施工总进度计划,施工总进度计划的调整和修正等内容。

(4)施工平面图是施工组织总设计的核心内容之一,主要包括施工平面图的设计原则、依据与内容,平面图设计的步骤。重点内容涉及交通引入、仓库堆场布置、加工厂及搅拌站布置、场内运输设施布置、临时设施及水电设施布置等内容。

思考与练习

6.1 施工组织总设计是什么?

6.2 施工组织总设计的作用和编制依据是什么?

6.3 施工组织总设计的内容有哪些?其编制程序如何?

6.4 施工部署的主要内容有哪些?

6.5 试述施工总进度计划的作用和编制步骤。

6.6 什么是施工总平面图?施工总平图设计的内容有哪些?

6.7 施工总平面图设计的原则和依据是什么?

6.8 施工总平面图的设计步骤有哪些?

6.9 现场临时设施主要包括哪些?

项目 7

绿色施工与智能建造技术

项目导读

本项目介绍了绿色施工技术相关的内容,主要包括绿色施工概述、绿色施工技术措施与管理制度等以及基于 BIM 技术的绿色施工的发展。其中,绿色施工技术措施是本项目学习重点,基于 BIM 技术的绿色施工发展是本项目的学习难点。通过学习,熟悉绿色施工的概念与内涵,掌握绿色施工要点及相关技术措施,了解基于 BIM 技术的绿色施工的相关内容。

- 重点　绿色施工。
- 难点　智能建造技术。
- 关键词　绿色施工,BIM 技术,智能建造技术。

7.1　绿色施工概述

7.1.1　绿色施工的概念和原则

1)绿色施工的概念

绿色施工是指在工程建设中,在保证质量、安全等基本要求的前提下,通过科学管理和技术进步,最大限度地节约资源与减少对环境负面影响的施工活动,实现节能、节地、节水、节材和环境保护(即"四节一环")。绿色施工作为建筑全寿命周期中的一个重要阶段,是实现建筑领域资源节约和节能减排的关键环节。绿色施工应是可持续发展理念在工程施工中全面应用的体现,绿色施工并不仅仅是指在工程施工中实施封闭施工,没有尘土飞扬,没有噪声扰民,在工地四周栽花、种草,实施定时洒水等这些内容,它涉及可持续发展的各个方面,如生态与环境保护、资源与能源利用、社会与经济发展等。

2)绿色施工的原则

实施绿色施工,应依据因地制宜的原则,贯彻执行国家、行业和地方相关的技术政策,符合国家的法律、法规及相关的标准规范,实现经济效益、社会效益和环境效益的统一。施工企业应运用 ISO 14000 环境管理体系和 OHSAS 18000 职业健康安全管理体系,将绿色施工有关内容分解到管理体系目标中去,使绿色施工规范化、标准化。

7.1.2　绿色施工的发展现状

近些年,绿色施工逐渐成为建筑行业出现频率较高的词。但实际上,绿色施工技术并不是独立于传统施工技术的全新技术,而是用"可持续"的眼光对传统施工技术的重新审视,是符合可持续发展战略的施工技术。

承包商以及建设单位为了满足政府及大众对文明施工、环境保护及减少噪声的要求,为了提高企业自身形象,一般均会采取一定的技术来降低施工噪声、减少施工扰民、减少环境污染等,尤其在政府要求严格、大众环保意识较强的城市进行施工时,这些措施一般会比较有效。但是,大多数承包商在采取这些绿色施工技术时是比较被动、消极的,对绿色施工的理解也是比较单一的,还不能够积极主动地运用适当的技术、科学的管理方法以及系统的思维模式、规范的操作方式从事绿色施工。真正的绿色施工应当是将"绿色方式"作为一个整体运用到施工中去,将整个施工过程作为一个微观系统进行科学的绿色施工组织设计。绿色施工技术除了文明施工、封闭施工、减少噪声扰民、减少环境污染、清洁运输等外,还包括减少场地干扰、尊重基地环境,结合气候施工,节约水、电、材料等资源或能源,环保健康的施工工艺,减少填埋废弃物的数量,以及实施科学管理、保证施工质量等。

7.1.3　绿色施工要点

1)环境保护技术要点

(1)扬尘控制

建筑工程中在土方作业、结构施工、工程安装、装饰装修、建(构)筑物拆除、建(构)筑物爆破拆除等时,要采取洒水、地面硬化、围挡、密网覆盖、封闭等,防止扬尘产生。

(2)噪声与振动控制

现场噪声排放不得超过国家标准《建筑施工场界噪声限值》的规定。在施工场地对噪声进行实时监测与控制。监测方法执行国家标准《建筑施工场界噪声测量方法》。使用低噪声、低振动的机器,采取隔声与隔振措施,避免或减少施工噪声和振动。

(3)光污染控制

尽量避免或减少施工过程中的光污染,夜间室外照明灯加设灯罩,透光方向集中在施工范围。电焊作业采取遮挡措施,避免电焊弧光外泄。

（4）水污染控制

施工现场污水排放应达到国家标准《污水综合排放标准》的要求。在施工现场针对不同污水,设置相应的处理设施,如沉淀池、隔油池、化粪池等。基坑降水尽可能少地抽取地下水。对于化学品等有毒材料、油料的储存地,应该严格做好隔水层设计,做好渗漏液体收集和处理。

（5）土壤保护

保护地表环境,防止土壤侵蚀、流失。因施工造成的裸土,应及时覆盖砂石或种植速生草种,以减少土壤侵蚀;因施工造成容易发生地表径流土壤流失的情况,应设置地表排水系统、稳定斜坡、植被覆盖等措施,减少土壤流失。

（6）建筑垃圾控制

加强建筑垃圾的回收再利用,建筑垃圾的回收与再利用率应达到30%。对于碎石类、土石方类建筑垃圾,可采用地基填埋、铺路等方式提高利用率,力争再利用率大于50%。

（7）地下设施、文件和资源保护

施工前应调查清楚地下各种设施,做好保护计划,保证施工场地周边的各类管道、管线、建筑物、构筑物的安全运行。施工过程中一旦发现文物,应立即停止施工,保护好现场并报告文物部门,协助做好文物保护工作。

2）节材与材料资源利用技术要点

（1）节材措施

图纸会审时,应审核节材与材料资源利用的相关内容。根据施工进度、库存情况等合理安排材料的采购、进场时间和批次,减少库存。材料运输工具适宜,装卸方法得当,防止损坏和散落。根据现场平面布置情况就近卸载,避免和减少二次搬运。现场材料堆放有序。储存环境适宜,措施得当。保管制度健全,责任落实。施工中采取技术和管理措施调高模板、脚手架等的周转次数。优化安装工程的预留、预埋、管线路线等方案。

（2）结构材料

推广使用预拌混凝土和商品砂浆。准确计算采购数量、供应频率、施工进度等,在施工过程中进行动态控制。推广使用高强钢筋和高性能混凝土,减少资源消耗。推广钢筋专业化加工和配送。优化钢筋配料和钢构件下料方案。优化钢结构制作和安装方法。大型钢结构宜采用工厂制作,现场拼装;宜采用分段吊装、整体提升、滑移、顶升等安装方法,减少方案的措施用材料。

（3）围护材料

门窗、屋面、外墙等围护结构选用耐候性及耐久性良好的材料,施工确保密封性、防水性和保温隔热材料。

（4）装饰装修材料

贴面类材料在施工前,应进行总体排版策划,减少非整块料的数量;采用非木质的新材料或人造板材代替木质板材;防水卷材、壁纸、油漆及各类涂料基层必须符合要求,避免起皮、脱落。各类油漆及胶黏剂应随用随开启,不用时及时封闭;幕墙及各类预留预埋应与结构施工同步;木制品、木装饰用料等各类板材及玻璃等宜在工厂采购或定制;采用自粘类片材,减少现场液态胶黏剂的使用量。

(5)周转材料

应选用耐用、维护与拆卸方便的周转材料和机具。推广使用定型钢模、钢框胶合板、铝合金模板、塑料模板。多层、高层建筑使用可重复利用的模板体系,模板支撑宜采用工具式支撑。高层建筑的外脚手架,采用整体提升、分段悬挑等方案。现场办公和生活采用周转式活动房。现场围挡应最大限度地利用已有围墙,或采用装配式可重复使用围挡封闭,力争工地临房、临时围挡材料的可重复使用。

3)节水与水资源利用技术要点

(1)提高用水效率

施工现场供水管网应根据用水量设计布置,管径合理、管路简洁,采取有效措施减少管网和用水器具的漏损。施工现场喷洒路面、绿化浇灌宜采用经过处理的中水。现场机具、设备、车辆冲洗用水必须设立循环用水装置。施工现场办公区、生活区的生活用水采用节水系统和节水器具,调高节水器具配置比率。项目临时用水采用节水系统和节水器具,提高节水器具配置比率。项目临时用水应使用节水型产品,安装计量装置,采取针对性的节水措施。

(2)非传统水源利用

优先采用中水搅拌、中水养护,有条件的地区和工程应收集雨水养护;处于基坑降水价阶段的工地,宜优先采用地下水作为混凝土搅拌用水、养护用水、冲洗用水和部分生活用水;现场机具、设备、车辆冲洗、喷洒路面、绿化浇灌等用水,优先采用非传统水源,尽量不使用市政自来水;大型施工现场,尤其是雨量充沛地区的大型施工现场建立雨水收集利用系统,充分收集自然降水用于施工和生活中合适的部位;施工中应尽可能采用非传统水源和循环水再利用。

4)节能与能源利用技术要点

(1)节能措施

制订合理施工能耗指标,提高施工能源利用率。优先使用国家、行业推荐的节能、高效、环保的施工设备和机具,如选用变频技术的施工设备等。在施工组织设计中,合理安排施工顺序、工作面,以减少作业区域的机具数量,相邻作业区充分利用共有的机具资源。安排施工工艺时,应优先考虑耗用电能的或其他能耗较少的施工工艺。避免设备额定功率远大于使用功率或超负荷使用设备的现象。根据当地气候和自然资源条件,充分利用太阳能、地热等可再生能源。

(2)机械设备与机具

建立施工机械设备管理制度,开展用电、用油计量,完善设备档案,及时做好维修保养工作,使机械设备保持低能、高效的状态;选择功率与负载相匹配的施工机械设备,避免大功率施工机械设备低负载长时间运行。机电安装可采用节电型机械设备,如逆变式电焊机和能耗低、效率高的手持电动工具等,以利节电。机械设备宜使用节能型油料添加剂,在可能的情况下,考虑回收利用,节约油量。

（3）生产、生活及办公临时设施

利用场地自然条件,合理设计生产、生活及办公临时设施的体型、朝向、间距和窗墙面积比,使其获得良好的日照、通风和采光。南方地区可根据需要在其外墙设遮阳设施;临时设施宜采用节能材料,墙体、屋面使用隔热性能好的材料,减少夏天空调、冬天取暖设备的使用时间及能量消耗。

（4）施工用电及照明

临时用电优先选用节能电线和节能灯具,临时用电线路合理设计、布置,临时用电设施宜采用自动控制装置。采用声控、光控等节能照明灯具。

5）节地与施工用地保护技术要点

（1）临时用地指标

根据施工规模及现场条件等因素合理确定临时设施,如临时加工厂、现场作业棚及材料堆场、办公生活设施等的占地指标。临时实施的占地面积应按用地指标所需要的最低面积设计。

（2）临时用地保护

应对深基坑施工方案进行优化,减少土方开挖和回填量,最大限度地减少对土地的扰动,保护周边自然生态环境;红线外临时占地应尽量使用荒地、废地,少占用农田和耕地。工程完工后,及时对红线外占地恢复原地形、地貌,使施工活动对周边环境的影响降至最低;利用和保护施工用地范围内原有绿色植被。对于施工周期较长的现场,可按建筑永久绿化的要求,安排场地新建绿化。

（3）施工总平面图布置

施工总平面图布置应做到科学、合理,充分利用原有建(构)筑物、道路、管线为施工服务。施工现场搅拌站、仓库、加工厂、作业棚、材料堆场等布置应尽量靠近已有交通线路或即将修建的正式或临时交通线路,缩短运输距离。临时办公和生活用房应采用经济、美观、占地面积小、对周边地貌环境影响较小,且适合于施工平面布置动态调整的多层轻钢活动板房、钢骨架水泥活动板房等标准化装配式结构,减少建筑垃圾,保护土地。施工现场道路按照永久道路和临时道路相结合的原则布置。施工现场内形呈环形道路,减少道路占用土地。

7.1.4 绿色施工技术措施

1）绿色材料

绿色材料是实现绿色施工的基础和保障。绿色材料是指采用清洁生产技术,不用或少用天然资源和能源,大量利用工农业或城市固态废弃物生产的无毒害、无污染、无放射性,达到使用周期后可回收利用,有利于环境保护和人体健康的建筑材料。绿色材料的定义围绕原料采用、产品制造、使用和废弃物处理4个环节。使用绿色材料可实现对自然环境负荷最小和有利于人类健康两大目标,达到"健康、环保、安全、质量优良"4个目的。

(1)材料选择

①所有施工用辅助材料均应采用对人体无害的绿色材料,要符合《民用建筑室内环境污染控制规范》《室内建筑装饰装修材料有害物质限量》,混凝土外加剂要符合《混凝土外加剂应用规程》《混凝土外加剂中释放氨的限量》,不符合规定的材料不允许进场。

②绿色材料的采购管理。所有进场材料一律通过招标采购。对于招标文件中规定的总承包单位自行采购的所有材料,都采用公开招标形式进行采购。在质量、价格、绿色等方面保证材质一流。

(2)资源再利用

①施工废弃物管理。施工过程中产生的建筑垃圾主要有土、渣土、散落的砂浆、混凝土、剔凿产生的砖石和混凝土碎块、金属、装饰装修产生的废料、各种包装材料和其他废弃物。因此,施工垃圾分类时就是要将其中可再生利用或可再生的材料进行有效的回收处理,重新用于生产。所有建筑材料包装物回收率要达到100%,有毒有害废物分类率达到100%。施工固废物处理后要达到《城市生活垃圾卫生填埋技术标准》《中华人民共和国固体废物环境污染防治法》。严格施工废物回收制度,每季度计算施工废物回收率并制表,总结回收效果,分析原因,纠正回收措施,提高回收利用率。

②就地取材。除业主指定材料外,进口和国产的同一类材料,选择综合性价比较优的国产材料;外省与本地产的同一类材料,选择综合性价比较优的本地材料。

2)绿色施工设施

(1)环境保护设施

现场醒目位置设置环境保护标识牌;建筑废弃物用作现场硬化地面基础;专人洒水,大面积场地安排洒水车控制扬尘;现场施工垃圾分类堆放,并有专人进行处理;现场应设置沉淀池、隔油池、化粪池,并对排放水质进行检查;夜间照明加设灯罩以减少光污染;木工棚设置吸音板降低噪声,现场定期进行噪声的监测并做记录,楼层内设置可移动环保厕所定期清运、消毒;生活、办公区设应急逃生杆和医务室。绿色环保设施如图7.1至图7.5所示。

图7.1　工地医务室

图7.2　工地洗车台

图 7.3 施工现场标牌

图 7.4 楼层移动厕所

图 7.5 工地逃生杆

（2）节材和材料资源利用设施

对于材料应有详细的节约目标和计划，施工现场主要材料包括混凝土、钢筋、木材等。混凝土材料在浇筑过程中应对落地混凝土及时回收利用，浇筑混凝土后的余料进行合理利用。钢筋应严格控制下料长度，采用电渣压力焊或直螺纹套筒连接方式，节约钢筋，并充分利用短、废料钢筋制作马凳和模板定位钢筋。木材在使用过程当中应提高周转次数，短木接长可重复利用，废旧模板用作临边洞口防护、阴阳角成品保护、垫木及脚手架上的防滑条。节材和材料资源利用设施如图 7.6 至图 7.9 所示。

（3）节水与水资源利用设施

对施工现场的办公区、施工区、生活区用水设施配备相应的节水器具，施工现场应设置临时排水系统，合理收集雨水用于降尘喷洒、绿化浇灌、车辆清洗；生活、生产污水经沉淀检测合格后排放。节水与水资源利用设施如图 7.10、图 7.11 所示。

图7.6 钢筋材料分类堆放

图7.7 短木接长再使用

图7.8 阴阳角成品保护

图7.9 楼梯踏步成品保护

图7.10 雨水收集口

图7.11 节水龙头

（4）节能与能源利用设施

施工现场生产、生活、办公过程当中使用的耗能设备不得采用国家明令淘汰的施工设备、机具和产品。照明应采用节能灯具,机械设备应定期维护、保养,监控并记录重点耗能设备的能源利用情况,临时设施应布置合理,采用热工性能达标的活动板房,充分利用太阳能,临电采用自动控制装置,使用节能、高效、环保的施工设备和机具,办公、生活和施工现场用电分别计量,节能照明灯具使用率应大于90%。节能与能源利用设施如图7.12至图7.14

所示。

图 7.12　节能灯具

图 7.13　太阳能热水器

图 7.14　太阳能路灯

（5）节地与土地资源保护设施

施工现场布置应合理，根据不同施工阶段分别设计平面布置图；原有及永久道路兼顾考虑，合理设计场内交通道路；合理选择基坑开挖方式，减少土方开挖；临建可以采用占地面积小、拆装方便的彩钢板活动板房。节地与土地资源保护设施如图 7.15、图 7.16 所示。

图 7.15　生活区多层活动板房

图 7.16　施工现场绿化

7.1.5　绿色施工管理

1）绿色施工管理内容

（1）管理体系

开展绿色施工示范工程活动应遵循分类指导、行业推进、企业申报、先行试点、总结提高、逐步推广和严格过程监管与评价验收标准的原则。验收评审工作依据住房和城乡建设部制定的《绿色施工导则》和国家新颁发的《建筑工程绿色施工评价标准》，及中国建筑业协会印发的《全国建筑业绿色施工示范工程管理办法（试行）》和《全国建筑业绿色施工示范工程验收评价主要指标》进行。

绿色施工管理主要包括组织管理、规划管理、实施管理、评价管理、人员安全与健康管理等 5 个方面。在绿色施工示范工程的创建中，应确定节能、节水、节材、节地的指标和目标，选择合适、合理、科学的统计方法，做好绿色施工示范工程的基本数据的统计评估。全国建筑业绿色施工示范工程由中国建筑业协会负责确立、监管、评审验收、公布工作。

（2）绿色施工现场环保责任管理体系

总部宏观控制,项目经理、总工程师、施工生产副经理和分包管理副经理中间控制,专业责任工程师检查和监控实施过程,形成一个从项目经理部到各分承包方、各专业化公司和作业班组的环境管理网络。

2）申报条件和程序

全国建筑业绿色施工示范工程的申报条件,以中国建筑业协会当年发出的《关于申报第×批"全国建筑业绿色施工示范工程"的通知》为准。

（1）申报条件

①申报工程应具备较为完善的绿色施工实施方案。

②建设规模在 3 万 m^2 以上的房屋建筑工程,具备较大规模的市政工程、铁路、交通、水利水电等土木工程和大型工业建设项目。

③申报工程开工手续要齐全,即将开工,并可在工程施工周期内完成申报文件及其实施方案中的全部绿色施工内容。

④申报工程应投资到位,绿色施工的实施能得到建设、设计、施工、监理等相关单位的支持与配合,且具备开展绿色施工的条件与环境。

⑤在创建绿色施工示范工程的过程中,能够结合工程特点,组织绿色施工技术攻关和创新。

⑥申报工程原则上应列入省（部）级绿色施工示范工程。

（2）申报程序

①各地区各有关行业协会、中央管理的建筑企业按申报条件择优推荐本地区、本系统有代表性的工程。

②申报单位填写《全国建筑业绿色施工示范工程申报表》,连同绿色施工方案,一式两份,按隶属关系由各地区各有关行业协会、中央管理的建筑业企业汇总报中国建筑业协会。

③中国建筑业协会组织专家审核,对列为全国建筑业绿色施工示范工程的目标项目,发文公布并组织监管。

3）企业自查与实施过程检查

（1）企业自查

中国建筑业协会将根据每批全国建筑业绿色施工示范工程的进展情况,统一发文要求承建单位就当前工程的实施情况开展自查。自查内容包括方案是否完善、措施是否得当、有关起始数据是否采集、主要指标是否落实等。绿色施工示范工程的承建单位应及时总结和记录绿色施工阶段成果的量化数据,按照《全国建筑业绿色施工示范工程验收评价主要指标》的要求,按地基与基础工程、结构工程、装饰装修与机电安装工程进行企业自查评价,并将评价结果列入自查报告。承建单位的主管部门要选派熟悉绿色施工情况的工程技术人员协助自查,并对本单位绿色施工实施情况进行阶段性总结。总结报告应凸显"四节一环保"的内容及量化统计数据,由承建单位主管领导签字并盖公章,并按申报时的隶属关系,经各地区、各有关行业协会、中央管理的建筑业企业核实盖章后以书面形式上报中国建筑业协会。企业自评的结果和自查报告将作为实施过程检查和最终验收的依据之一。

（2）实施过程检查

①中国建筑业协会统一组织实施过程检查,对申报项目创建绿色施工示范工程作进一步了解,及时掌握相关资料与数据。按照住房和城乡建设部制定的《绿色施工导则》和国家新颁发的《建筑工程绿色施工评价标准》,以及中国建筑业协会印发的《全国建筑业绿色施工示范工程管理办法(试行)》和《全国建筑业绿色施工示范工程验收评价主要指标》,对项目进行逐条评价,与企业进行交流,提出改进建议,促进绿色施工切实落实到施工过程之中,实现真正意义上的绿色施工。

②实施过程检查组由中国建筑业协会选派 3～5 名专家组成。各地区、各有关行业协会、中央管理的建筑业企业委派代表协助组织检查。承建单位的项目经理,公司主管绿色施工的人员陪同检查。

③书面资料:以书面图文形式撰写工程绿色施工实施情况。其主要内容应包括组织机构、工程概况、工程进展情况、工程实施要点和难点、按"四节一环保"介绍绿色施工的实施措施、工程主要技术措施、绿色施工数据统计以及与方案目标值比较、绿色施工亮点和特点、企业自查报告、存在问题及改进措施等。影像资料:可采用多媒体或幻灯片的形式,主要用于会议介绍情况时使用。证明资料包括绿色施工方案,根据绿色施工要求进行的图纸会审和深化设计文件,绿色施工相关管理制度及组织机构等专项责任制度,绿色施工培训制度,绿色施工相关原始耗用台账及统计分析资料,采集和保存的过程管理资料、见证资料、典型图片或影像资料,有关宣传、培训、教育、奖惩记录,企业自评记录,通过绿色施工总结出的技术规范、工艺、工法等成果。

④检查组进行实施过程检查主要包括情况介绍、现场检查、资料查看、答疑、评价打分、讲评。

4）验收评审

绿色施工示范工程在即将竣工时申请验收评审。

（1）验收评审申请

绿色施工示范工程承建单位完成了绿色施工方案中提出的全部内容后,应准备好评审资料,并填写《全国建筑业绿色施工示范工程评审申请表》,一式两份,按申报时的隶属关系提出验收评审申请。

验收评审资料包括:《全国建筑业绿色施工示范工程申报表》及立项与开、竣工文件;《全国建筑业绿色施工示范工程成果量化统计表》及与绿色施工方案的数据对比分析;相关的施工组织设计和绿色施工方案;绿色施工综合总结报告(扼要叙述绿色施工组织和管理措施,综合分析施工过程中的关键技术、方法、创新点和"四节一环保"的成效以及体会与建议);工程质量情况(监理、建设单位出具的地基与基础和主体结构两个分部工程质量验收的证明);综合效益情况(有条件的可以由财务部门出具绿色施工产生的直接经济效益和社会效益);工程项目的概况,绿色施工实施过程采用的新技术、新工艺、新材料、新设备及"四节一环保"创新点等相关内容;相关绿色施工过程的证明资料。

（2）专家组

绿色施工示范工程验收评审专家从中国建筑业协会专家库中遴选。评审专家须经由中国建筑业协会组织的专家绿色施工专项培训，具备评审资格。每项示范工程评审专家组由3~5人组成，评审专家实行回避制，专家不得聘为本单位绿色施工示范工程的专家组成员。各地区、各有关行业协会、中央管理的建筑业企业委派代表协助组织评审。

（3）绿色施工示范工程的评审

绿色施工示范工程验收评审的主要内容：提供的评审资料是否完整齐全；是否完成了申报实施规划方案中提出的绿色施工的全部内容；绿色施工中各有关主要指标是否达标；绿色施工采用新技术、新工艺、新材料、新设备的创新点以及对工程质量、工期、效益的影响。

绿色施工示范工程验收评审工作的主要程序：听取承建单位情况介绍、现场查看、随机查访、查阅证明资料、答疑、评价打分、综合评定、讲评。评审意见形成后，由评审专家组组长会同全体成员共同签字生效。

（4）评审结果

绿色施工示范工程评审按绿色施工水平高低分为优良、合格和不合格3个等级。根据评价打分情况，原则上得分60分以下为不合格，60~80分为合格，80分以上为优良。通过验收评审合格的绿色施工示范工程，向社会公示，并颁发证书。

7.2 智能建造与 BIM 技术

7.2.1 智能建造及其发展趋势

1）智能建造概述

数字技术驱动的新浪潮之下，建筑的"数字化""智慧化"成为了建筑产业转型升级的核心引擎，驱动着建筑产业的变革与创新发展。狭义智能建造指

计算机信息技术在建筑工程项目施工组织设计中的应用

的是利用智能装备、智能施工机械或自动化生产设备进行制造与施工，如3D打印、智能施工机器人、机械手臂、无人机测绘等。广义的智能建造基于人工智能控制系统、大数据中心和智能机械装备、物联网，能实现智能设计、智能制造、智能施工和智能运维的全生命周期的建造过程，智能系统就像大脑，能根据信息分析进行判断和决策；大数据中心就像神经系统，能接收传达信息；智能装备、自动化机械等就像四肢，去实现系统的指令。不同于传统的建造方式，广义的智能建造在项目伊始，智能系统进行生产规划、计算建造流水节拍、调配资源、监控调控建造过程，直至项目结束，是一种新的项目建造体系，设计、制造、施工建造是一个整体，是一种新的思维方式。智能建造涉及设计施工运维、BIM装配化3D打印、智能智慧乃至 AI 等，远超传统土木范畴的内容。

智能建造技术涉及建筑工程的全生命周期，主要包括智能规划与设计、智能装备与施工、智能设施与防灾和智能运维与服务4个模块。其主要技术有 BIM 技术、物联网技术、3D

打印技术、人工智能技术、云计算技术和大数据技术,不同技术之间相互独立又相互联系,搭建了整体的智能建造技术体系。

人工智能背景下,建筑行业和建筑工程技术专业转型升级,适应社会发展是大势所趋。智能建造符合建筑行业升级的需求和我国新旧动能转换的政策导向,是建筑行业发展的趋势。当前智能时代下世界各国正加快调整产业结构、增强核心创新能力,大力发展绿色制造、智能制造、人工智能与机器人等新理念或新产业,推动了"信息化"与"工业化"深度融合的工业生产重大变革。信息技术变革为全球基础设施工程建设带来了前所未有的挑战和机遇,土木工程建造朝着机械化、自动化、智能化方向发展。

智能建造技术的发展在我国尚处于起步阶段,多为通过引进国外核心技术,学习国外先进企业的创新建造技术来加快国内智能建造技术的发展,但缺少基础技术的理论支持及理论上更深层次的探讨,因此需寻求核心关键技术的突破和各技术之间融合发展,开拓全新的技术领域,打造符合我国发展的智能建造技术体系,完善技术的创新方案。

智能建造技术的发展必将为建筑行业带来革命性的变化,现有应用从设计阶段的 BIM 技术到施工阶段的物联网技术、3D 打印技术、人工智能技术,再到运维阶段的云计算技术和大数据技术均有不同程度的涉及,但随着智能建造技术深入发展,新一代信息技术增多、应用点广且过于繁杂,只有做好程序化、标准化应用才能达到理想的效果。多种技术的融合应用将会成为今后智能建造技术在建筑行业应用的重点。随着物联网、大数据、云计算技术的快速发展,智能建造技术的研究将更加注重与 3D 打印和人工智能等实体建造技术的结合,从而推动智能化建造系统的研发。

2)智能建造的技术和管理体系

智能建造是以建造过程中所使用的材料、机械、设备的智能为前提,在建造的设计与仿真、构件加工生产、安装、测控、结构和人员的安全监测、建造环境感知中采用信息技术与先进建造技术的建造方式。智能建造包括以下多方面的技术和管理体系:

①三维建模及仿真分析技术(BIM & Simulation)。借助 BIM 技术,可以对复杂的构件进行三维建模,在此基础上,对其受力特征、建造全过程、与周边环境的关系进行仿真模拟。

②工厂预制加工技术(Prefabrication & 3D print)。根据数字化的几何信息,借助先进的数控设备或者 3D 打印技术,对构件进行自动加工并成形。预制加工技术的应用同时促进了模块化生产和现场装配。

③机械化安装技术(Mechanization & Robot)。采用计算机控制的机械设备或机器人,根据指定的建造过程,在现场对构件进行高精度的安装。

④精密测控技术(Precision measurement & Control)。利用 GPS、三维激光扫描仪等先进的测量仪器,对建造空间进行快速放样定位和实时监测。

⑤结构安全、健康监测技术(Structural safety & Health monitoring)。利用先进的传感技术、数据采集技术、系统识别和损伤定位技术,分析结构的安全性、强度、整体性和可靠性,对破坏造成的影响进行预测,以尽早修复,或利用智能材料自动修复损伤破坏。

⑥建造环境感知技术(Construction environment perception)。对建造周边环境进行分析识别、确定位置、匹配感知、实时预测与预警的技术。

⑦人员安全与健康监测技术（Personnel safety & Health monitoring）。对施工人员的生理指标进行监测，对其施工行为进行警示指导，保证其安全健康的技术。

⑧信息化管理技术（Information management）。智能建造除了以上技术体系外，还包括以 BIM 为平台、以建造领域知识本体为基础，构建规则、利用推理方法的智能信息化管理体系，其主要由项目信息管理平台、多方协同工作网络平台、4D 施工管理系统以及现场信息采集与传输系统组成，对建造过程中涉及的多方、动态的信息进行智能管理。

3）国内外智能建造发展现状与未来趋势

（1）BIM 技术

美国国家 BIM 标准（NBIMS）给出的概念："BIM 是设施物理和功能特性的数字表达；BIM 是一个共享的知识资源，是一个分享有关这个设施的信息，为该设施从概念到拆除的全寿命周期中的所有决策提供可靠依据的过程；在项目不同阶段，不同利益相关方通过在 BIM 中插入、提取、更新和修改信息，以支持和反映各自职责的协同工作。"BIM 技术可在设计、施工、运维等建筑全生命期发挥作用，方便建筑业工作人员进行更快捷、智慧的管理。

目前，很多国家或地区已明确工程建设项目必须应用 BIM 技术，见表 7.1。

表 7.1　国外 BIM 应用情况

国家或地区	年份	政府规定
美国	2007	所有重要项目通过 BIM 进行空间规划
英国	2016	实现 3D、BIM 全面协同，且全部文件以信息化管理
韩国	2016	实现全部公共设施项目使用 BIM 技术
新加坡	2015	建筑面积大于 5 000m² 的项目均须提交 BIM 模型
北欧	2007	强制要求建筑设计部分使用 BIM

从表 7.1 可看出，在美国及北欧等开展 BIM 时间较早的国家中，强制要求应用 BIM 技术早于其他国家十几年，英国、新加坡、韩国等国家近年也实现了部分或全部应用 BIM 技术，其他一些国家（如日本、澳大利亚等）虽未作强制要求但结合国情也发布了相关的 BIM 标准、行动方案并成立了相关联盟。

我国的 BIM 技术应用虽然起步较晚，交叉学科领域研究较少，多以施工阶段应用为主，但发展迅速，大多数企业都逐渐重视 BIM 技术在工程各阶段的应用价值。目前，设计企业应用 BIM 主要包括方案设计、扩初设计、施工图、设计协同及设计工作重心前移等方面，从而使设计初期方案更具有科学性，以更好地协调各专业人员，并将主要工作放到方案设计和扩初设计阶段，使设计人员能将更多的精力放在创造性劳动上。施工企业应用 BIM 主要是错漏碰缺检查、模拟施工方案、三维模型渲染及进行知识管理，做到直观解决建筑模型构件之间的碰撞、优化施工方案，在时间维度上结合 BIM 以缩短施工周期，并通过三维模型渲染为客户提供虚拟体验，最终达到提升施工质量，提高施工效率，提升施工管理水平的目的。运维阶段 BIM 应用主要有空间管理、设施管理和隐蔽工程管理，为后期的运营维护提供直观的查找手段，降低设施管理的成本损失，通过模型还可了解隐蔽工程中的安全隐患，达到提高运维管理效率的目的。近年来,BIM 技术在我国应用的案例也有很多,如"中国尊"、国家会展中心、凤凰国际传媒中心、望京 SOHO 等项目,在深化设计、辅助施工、族库建立及可视化控制等方面发挥了巨大的作用。

（2）物联网技术

物联网是新一代信息技术的重要组成部分,也是信息化时代的重要发展阶段,其英文名称是 Internet of things（IOT）,即物物相连的互联网。因此,将其应用到建筑业等领域是物联网发展的核心,利用物联网改善管理人员的环境是物联网发展的灵魂。美国、欧盟及韩国等自 2009 年就将物联网技术列为关键发展技术,并制定了相关发展路线图。2012 年,我国开始将物联网技术引入建筑行业,以实现建筑物与部品构件、人与物、物与物之间的信息交互。在建筑行业应用物联网技术可大幅提高企业的经济效益,例如采用 RFID 技术对材料进行编码可实现对预制构件的智能化管理（图 7.17）,结

图 7.17 预制构件 RFID 标签

合网络还可以做到精准定位。此外,基于物联网搭建施工管理系统,可及时发现工程进度问题并快速采取措施避免经济损失,中建三局利用物联网与信息化技术在工业化住宅建造阶段中进行研发与应用,并取得了成果。

（3）3D 打印技术

3D 打印运用所需物品的原材料（如金属、粉末、水泥等）进行逐层、快速的生产工作,《经济学人》杂志认为 3D 打印技术为"第三次工业革命",将广泛用于建筑行业的设计、施工、管理等方面,其自动化、高效率、材料丰富给建筑业带来了更加丰富的建筑结构,颠覆了传统的土木工程建造技术。国外 3D 打印技术发展较早,发达国家积极采取措施推动 3D 打印技术发展,由美国、德国、英国等发达国家首先在制造业推广。3D 打印技术解决了现有建筑物形状单一的问题,可以打造出多种多样的建筑,设计师也可先将设计的建筑物模型打印出来,再面对实物进行建筑分析和优化,显示不同建筑类型的可行性,可对建筑施工产生较好的指导作用。过去的 20 多年,中国在 3D 打印领域取得了丰硕的科研成果。一些科技公司利用 3D 打印技术已为许多工程打造了各类建筑,例如苏州工业园区别墅和当年世界最高的 3D 打印建筑（图 7.18）,这些都意味着我国向 3D 打印技术世界领先水平迈出了一大步,未来随着 3D 打印技术的发展,各领域将逐渐深化对该技术的应用与拓展。

（a）苏州工业园别墅区　　　　　　（b）6 层公寓楼

图 7.18　3D 打印建筑案例

（4）人工智能技术

人工智能是计算机学科的一个分支,主要研究内容包括知识表示、自动推理和搜索方法、机器学习和知识获取、知识处理系统、自然语言理解、计算机视觉、智能机器人、自动程序设计等。美国、英国及德国为代表的人工智能技术走在世界前列,政府发布的政策、投入的资金及技术研发程度都为人工智能技术的发展做出了巨大贡献,人工智能技术开启了"第四次工业革命"。2017 年,全球人工智能核心产业规模已超过 370 亿美元,中国人工智能核心产业规模占比超过 15%。随着可收集数据质量和数量不断提升,人工智能加快了技术的革新和商业运营模式的发展。预计到 2020 年,全球人工智能核心产业将达到 1 300 亿美元,我国人工智能核心产业也将突破 220 亿美元的规模。

目前,人工智能技术在建筑业的应用已相当广泛。在建筑规划中结合运筹学和逻辑数学进行施工现场管理;在建筑结构中利用人工网络神经进行结构健康检测;在施工过程中应用人工智能机械手臂进行结构安装;在工程管理中利用人工智能系统对项目全周期进行管理。如图 7.19 所示为室内装修机器人,人与机器的协同建造,作为技术发展中的重要环节,可在一定程度上推动建筑建造的产业化升级。

图 7.19 室内装修机器人

（5）云计算和大数据技术

云计算是一种可供用户共享软件、硬件、服务器、网络等资源的模式,这些资源储存在云端服务器中,通过很少的交互和管理快速提供给用户,同时根据用户需求进行动态的部署、分配和监控。自 2009 年到 2017 年,全球云计算服务市场规模呈现高速发展的态势,从 586 亿美元迅速增长到 2 602 亿美元,2017 年同比增长 18.5%,意味着逐渐从传统的 IT 服务转型到云服务。我国 2016 年私有云计算整体规模达 344.8 亿元,增长率为 25.1%;预计在 2020 年私有云计算整体规模将达到 976.8 亿元。大数据是采集、处理、分析、管理大规模数据的整合方式,其能力远高于传统数据库软件,且有海量的数据规模、快速的数据流转、多样的数据类型和价值密度低四大特征。云计算技术和大数据技术在建筑行业的应用通常是二者的融合应用,通过云计算技术搭建建设项目云服务平台,结合大数据分析、传感器监测及物联网搭建项目管理系统,在施工现场实现人脸识别、移动考勤、塔式起重机管理、粉尘管理、设备管理、危险源报警、人员管理等多项功能。

7.2.2 BIM 技术简介

BIM（Building Information Modeling）的中文名称为建筑信息模型,是一种以三维数字技术为基础,集成了建筑工程项目各种相关信息的工程数据模型,它具有可视化、协调性、模拟性、优化性和可出图性五大特点。工程建设要历经规划设计、工程施工、竣工验收到交付使用的漫长的过程,传统的项目管理模式下的设计碰撞、限额设计、繁琐冗长的算量过程及准确性、过多洽商变更、施工方案模拟、进度组织、竣工图的应用等问题均没有高效的解决方案。BIM 可以把工程项目的各项相关信息数据作为模型的基础信息,进行建筑模型的建立,项目各利益相关方可以通过 3D 模型对整个项目有一个清晰的了解,包括构件的信息,项目的质量、进度、成本等,可以说 BIM 是一种理念、流程或者浅显地说是一种实现 3D 可视化工程管理的一个工具。同时,BIM 可以贯穿项目的全生命周期。

随着 BIM 技术的发展,BIM 技术备受关注,大量实际建设项目应用 BIM 技术,在实践中验证 BIM 的作用和价值,不同的人从不同角度对 BIM 提出了自己的认识和定义。2009 年美国的麦克格劳. 希尔给出的 BIM 定义比较简洁,也比较全面:BIM 是利用数字模型对建设项目进行设计、施工、运营和管理的过程。BIM 的数字模型用于建筑信息的表达、传递和共享,三维几何模型是用于完整表达出三维建筑实体和空间结构的基本要求;通过参数化的方式记录建筑的 n 维信息,如几何造型的长、宽、高以及面积、体积信息,材料名称、规格型号、质量等级及产地厂家信息,工程量及价格等造价信息、热惰性等热工信息等,这些信息以属性名称和属性值的形式存在,BIM 模型的参数之间通过约束条件确定彼此的关系;建筑信息模型通过在人与计算机之间共享,通过在不同软件间共享来发挥其价值。信息共享的基础是信息标准化和规范化,从当前国内及国际 BIM 应用和技术发展的现状情况看,还缺乏实用的国际标准和国家标准。因此,实现同一 BIM 模型在建设项目不同阶段的不同专业工作之间进行共享和传递,还是一件非常困难的事情,要在建设项目全过程及生命周期使用 BIM 技术开展工作,对软件厂商的选择尤为重要,一般情况下同一厂商的软件产品在信息共享和互通方面具有更大优势。

BIM 既是结果也是过程,通过建模过程得到需要的带有建筑信息的模型,如图 7.20 所示。BIM 技术服务于工程项目的全生命周期,从项目的规划、设计到施工再到建成后的运维甚至改扩建、拆除等。其主要作用是减少和消灭项目生命周期各环节中的不确定性和不可预见性,避免浪费。应用这一技术可以为企业带来巨大的效益,如更精确地估算造价、缩短项目工期、减少投资成本、减少设计变更甚至实现零变更、更好地协调设计、改善后期物业管理效率等。

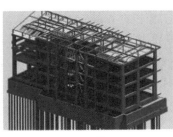

(a)建筑模型　　　　　(b)结构模型　　　　　(c)设备模型

图 7.20　各类 BIM 模型

7.2.3 BIM 软件介绍

BIM 软件可分成以下两大类型：一类为 BIM 核心建模软件，包括建筑与结构设计软件（如 AutodeskRevit 系列、GRAPH1SOFTArch1CAD 等）、机电与其他各系统的设计软件（如 AutodeskRevit 系列、DesignMaster 等）；另一类为基于 BIM 模型的分析软件，包括结构分析软件（如 PKPM、SAP2000 等）、施工进度管理软件（如 MSproject、Naviswork 等）、制作加工图 Shop-Drawing 的深化设计软件（如 Xsteel 等）、概预算软件、设备管理软件、可视化软件等。BIM 软件类型如图 7.21 所示。

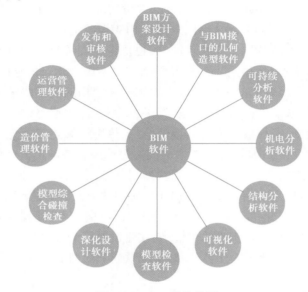

图 7.21　BIM 软件类型

1) BIM 核心建模软件

BIM 核心建模软件开发主流公司主要有 Autodesk、Bentley、Tekla、Gery Technology 和 Graphisoft 公司（Nemetschek 收购），与不同的核心建模软件互通的几何造型、模型碰撞、机电分析等辅助软件也不相同。

（1）Revit

Revit 由 Autodesk 开发，与旗下的 AutoCAD 相独立，与结构分析软件 ROBOT、RISA 通用，支持格式多，如 Sketchup 等导出的 DXF 文件格式可直接转化为 BIM 模型。Revit 成熟的应用程序编程接口 API（Application programming interface）供二次开发者使用，调用程序内的数据操作读写，极大提高了与其他软件的交互能力。2009 年底，基于 Revit API 开发的软件有 150 多种。由于开发环境较为自由，平台、软件和服务三位一体，市场份额不断扩张。同是 Autodesk 公司开发的 AutoCAD 软件在国内建筑设计行业应用广泛，Revit 依赖着良好的 AutoCAD 兼容性，在与 Bentley、Tekla 等公司竞争中占据了先机。Autodesk 公司对中国本土化市场也非常重视，与中国建筑设计研究院建立了长期战略合作伙伴关系，为 Revit 中国本土化解决方案和标准的出台创建了有利条件。Revit 软件开始界面如图 7.22 所示。

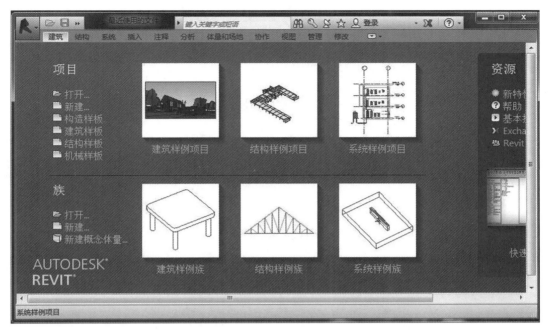

图 7.22 Revit 软件开始界面

Autodesk Revit 2014 及以后的版本是将以前的由 Revit architecture(建筑)、Revit structure(结构)、Revit MEP(设备)三款组件组合在一起的整合版本。

优势:软件上手难度较低,UI 界面简单;第三方对象库开发成熟;建模方便自由;功能齐全,高度集成;市场推广力度最强。

劣势:Revit 的优点也是它的弱点,由于视图基本是即时运算,运行速度较慢,对硬件环境要求高;取消了 AutoCAD 中图层的概念,初学者难以适应,导出文件时无法区分内墙、外墙等。

(2)ArchiCAD

ArchiCAD 属于 Graphisoft 公司面向全球市场的产品,是面世最早的 BIM 建模软件。Graphisoft 被 Nemetschek 收购后,产品系列有 ArchiCAD、AllPLAN、VectorWorks 三个产品,其中 ArchiCAD 在国内应用广泛。ArchiCAD 是专为建筑师设计开发的软件,首先提出了"虚拟建筑"这一概念,在建筑设计功能上相比 Revit 有很大的优势。软件界面如图 7.23 所示。

优势:软件界面直观,新手入门比较容易,具有海量对象库;内存记忆系统,无须即时演算,硬件要求低;扩展插件丰富;支持平台多,可在 Mac 系统运行。

劣势:异形曲面建模不如 Revit 方便;打印不支持预览;非建筑专业设计较薄弱。

(3)Bentley 系列

Bentley 系列分为 Bentley Architecture、Bentley Structural、Bentley Building Mechanical Systems,在工厂设计、道路桥梁、市政和水利工程方面有优势。该系列软件以 MicroStation 作为设计和建模的平台,以 ProjectWise 为协作平台,生成的专业模型通过 Navigator 的功能模块,进行模拟碰撞检测、工程进度模拟等操作。MicroStation 软件界面如图 7.24 所示。

优势:使用流畅,适合大型商业建筑施工设计;涉及建筑、机电、场地及地理信息等,各专

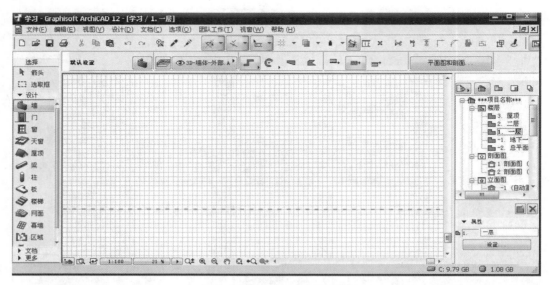

图 7.23　ArchiCAD 软件界面

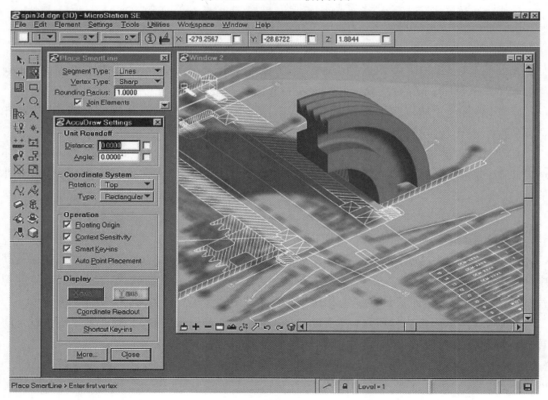

图 7.24　MicroStation 软件界面

业设计和协作能力强；MicroStation 平台优秀，设计建模能力强。

劣势：软件学习成本高，教学资源少，推广落后；软件沿用 CAD 设计思维，理念滞后；对象库少。

（4）Xsteel

Xsteel 是芬兰 Tekla 公司开发的钢结构详图设计软件,它是通过首先创建三维模型以后自动生成钢结构详图和各种报表。

2）BIM 方案设计软件

目前主要的 BIM 方案软件有 Onuma Planning System 和 Affinity 等,其与 BIM 核心建模软件的关系如图 7.25 所示。

图 7.25　BIM 核心建模软件的关系

3）BIM 可持续（绿色）分析软件

BIM 可持续（绿色）分析软件可以使用 BIM 模型的信息对项目进行日照、风环境、热工、景观可视度、噪声等方面的分析,主要软件有国外的 Echotect、IES、Green Building Studio 以及国内的 PKPM 等。

4）BIM 机电分析软件

BIM 机电分析软件国内产品有鸿业、博超等,国外产品有 Designmaster、IES Virtual Environment、Trane Trace 等。

5）BIM 结构分析软件

结构分析软件是目前和 BIM 核心建模软件集成度比较高的产品,基本上两者之间可以实现双向信息交换,即结构分析软件可以使用 BIM 核心建模软件的信息进行结构分析,分析结果对结构的调整又可以反馈到 BIM 核心建模软件中去,自动更新 BIM 模型。ETABS、STAAD、Robot 等国外软件以及 PKPM 等国内软件都可以跟 BIM 核心建模软件配合使用。

6）BIM 模拟施工软件

当前常用的可视化软件包括 3DS Max、Artlantis、AccuRender 和 Lightscape 等。在工程进度模拟应用过程中,经常需要直观地表现施工进度计划的变化,为了满足这一需求,主要使用的软件是 AutoDesk 公司 Navisworks 软件的施工模拟功能。

7）BIM 模型检查软件

BIM 模型检查软件既可以用来检查模型本身的质量和完整性（例如,空间之间有没有重叠,空间有没有被适当的构件围闭,构件之间有没有冲突等）,也可以用来检查设计是否符合业主的要求,是否符合规范的要求等。目前具有市场影响的 BIM 模型检查软件是 Solibri

Model Checker。

有两个根本原因直接导致了模型综合碰撞检查软件的出现：

①不同专业人员使用各自的 BIM 核心建模软件建立与自己专业相关的 BIM 模型,这些模型需要在一个环境里面集成起来才能完成整个项目的设计、分析、模拟,而这些不同的 BIM 核心建模软件无法实现这一点。

②对于大型项目来说,硬件条件的限制使得 BIM 核心建模软件无法在一个文件里面操作整个项目模型,但是又必须把这些分开创建的局部模型整合在一起,研究整个项目的设计、施工及其运营状态。模型综合碰撞检查软件的基本功能包括集成各种三维软件(包括 BIM 软件、三维工厂设计软件、三维机械设计软件等)创建的模型,进行 3D 协调、4D 计划、可视化、动态模拟等,属于项目评估、审核软件的一种。

常见的模型综合碰撞检查软件有 Autodesk Navisworks、Bentley Projectwise Navigator 和 Solibri Model Checker 等。

8)BIM 深化设计软件

Xsteel 是目前最有影响力的基于 BIM 技术的钢结构深化设计软件,该软件可以使用 BIM 核心建模软件的数据,对钢结构进行面向加工、安装的详细设计,生成钢结构施工图(加工图、深化图、详图)、材料表、数控机床加工代码等。

9)BIM 造价管理软件

造价管理软件利用 BIM 模型提供的信息进行工程量统计和造价分析,由于 BIM 模型结构化数据的支持,基于 BIM 技术的造价管理软件可以根据工程施工计划动态提供造价管理需要的数据,这就是所谓 BIM 技术的 5D 应用。国外的 BIM 造价管理有 Innovaya 和 Solibri,鲁班、广联达是国内 BIM 造价管理软件的代表。

鲁班对以项目或业主为中心的基于 BIM 的造价管理解决方案应用给出了如图 7.26 所示的整体框架,这无疑会对 BIM 信息在造价管理上的应用水平提升起到积极作用,同时也是全面实现和提升 BIM 对工程建设行业整体价值的有效实践,能够使用 BIM 模型信息的参与方和工作类型越多,BIM 对项目能够发挥的价值就越大。

10)BIM 运营管理软件

我们把 BIM 形象地比喻为建设项目的 DNA,根据美国国家 BIM 标准委员会的资料,一个建筑物生命周期75%的成本发生在运营阶段(使用阶段),而建设阶段(设计、施工)的成本只占项目生命周期成本的25%。BIM 模型为建筑物的运营管理阶段服务是 BIM 应用重要的推动力和工作目标,在这方面美国运营管理软件 ArchiBUS 是有市场影响的软件之一。

11)BIM 发布审核软件

常用的 BIM 成果发布审核软件包括 Autodesk Design Review、Adobe PDF 和 Adobe 3D PDF,正如这类软件本身的名称所描述的那样,发布审核软件把 BIM 的成果发布成静态的、轻型的、包含大部分智能信息的、不能编辑修改但可以标注审核意见的、更多人可以访问的

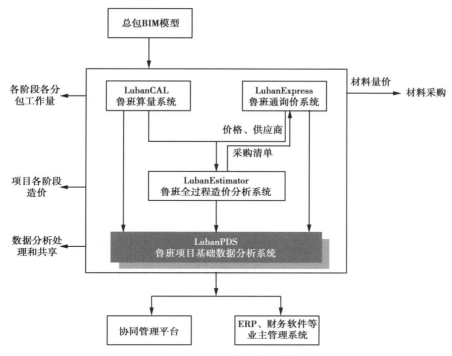

图 7.26　BIM 造价管理软件

格式,如 DWF/PDF/3D PDF 等,供项目其他参与方进行审核或者利用。

7.2.4　BIM 技术在绿色施工中的应用

BIM技术在绿色
施工中的应用

1)BIM 技术在施工准备阶段的应用

(1)施工总体策划

现场模型建立完成后,可以根据模型进行场区的布置和进度计划的安排,合理利用场地,科学安排进度。

①施工平面布置。开工前准备工作中最重要的一项就是现场平面布置,传统的平面布置图只是利用 CAD 在平面图上进行设备、工器具及各种管线、道路走向的标记,这种平面布置最大的弱点就是只能反应出临时建筑、设备与拟建建筑物之间的平面关系,只是一种单纯的平面静态关系,但是施工现场是一个动态变化的现场,而通过 BIM 模型进行的临建、设备的布置,不但能够反应相互之间的平面关系,而且能够反应出相互之间的立体关系,在各专业相互交错的施工过程中优化布置,使资源配置更加合理,再通过动态模拟演示,使现场布置满足动态需求,提高使用率。

②施工进度模拟。施工进度计划是把握整个施工周期脉搏、协调各种资源重要的计划措施,计划的合理性、准确性对整个工程建设的影响巨大,传统的进度计划编制主要考虑时间因素,根据时间的先后顺序安排进度,单纯地从时间的维度上考虑进度,而 BIM 技术是将一维的时间概念与三维模型整合并以时间为轴线模拟整个工程的建设过程,真正实现了 4D

模拟施工,开工前的进度模拟过程不仅考虑了拟建建筑物的建造过程,同时把临建、设备、道路管线、车辆等均考虑到整个建筑过程中,这样不但可以优化施工工序的逻辑关系,检查工序持续的合理性,更可以优化现场资源,检查临建布置的合理性,使资源利用率达到最大化,通过整个建造过程可视化的模拟演示,能够提前发现问题,真正做到事前控制,避免浪费,节约成本,提高效率。让进度安排、资源配置更加合理。如图 7.27 所示为广联达 BIM5D 进度分析界面。

广联达编制
施工组织

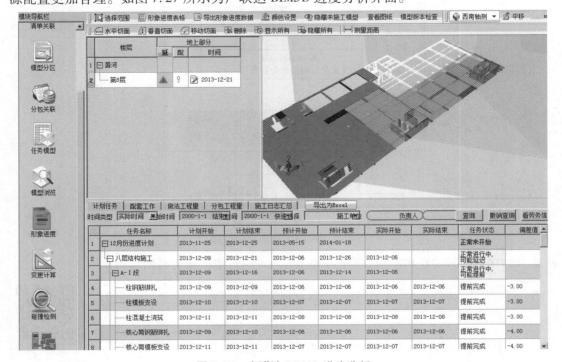

图 7.27　广联达 BIM5D 进度分析

（2）方案可实施性的演示和论证

开始施工前需要对深基坑开挖、高支模施工等重点施工过程的方法提前进行考虑,组织方案的论证。CAD 平面图是方案论证中经常使用的手段,在一些比较复杂的方案中,数量庞大的平面图纸对方案实施的过程不能完全直接地呈现在施工者面前,而建筑模型很好地解决了这一问题,例如在深基坑开挖方案中,可以把开挖的方法、支护结构的形式等做成三维模型,然后对模型中完成任务所采用的方法进行论证,分析方案的可行性,提高决策的科学性。

①三维渲染,宣传展示,给人以真实感和直接的视觉冲击。依据施工计划,形象地展示场地和大型设备的布置情况,复杂节点的施工方案,施工顺序的选择,进行 4D 模拟,对不同的施工方案进行对比选择等。建好的 BIM 模型可以作为二次渲染开发的模型基础,大大提高了三维渲染效果的精度与效率,给业主更为直观的宣传介绍,提升中标几率。例如,浙江建工集团的浙商银行总部大楼、浙报大楼、地铁盖挖逆作施工中的应用都起到了很好的效果。

②快速算量,大幅提升精度。BIM 数据库的创建,通过建立 6D 关联数据库,可以准确快

速计算工程量,提升施工预算的精度与效率。由于 BIM 数据库的数据粒度达到构件级,可以快速提供支撑项目各条线管理所需的数据信息,有效提升施工管理效率。通过 BIM 模型提取材料用料,设备统计,管控造价,预测成本造价,从而为施工单位项目投标及施工过程中的造价控制提供合理依据。

③精确计划,减少浪费。施工企业精细化管理很难实现的根本原因在于海量的工程数据无法快速准确获取以支持资源计划,致使经验主义盛行。而 BIM 的出现可以让相关管理人员快速准确地获得工程基础数据,为施工企业制订精确人材计划提供有效支撑,大大减少了资源、物流和仓储环节的浪费,为实现限额领料、消耗控制提供技术支撑。

(3)碰撞检查

目前 BIM 的碰撞检查应用主要集中在硬碰撞。通常碰撞问题出现最多的是安装工程中各专业设备管线之间的碰撞、管线与建筑结构部分的碰撞以及建筑结构本身的碰撞(图7.28)。应用 BIM 技术进行三维管线碰撞检查,不但能够彻底消除硬碰撞、软碰撞,优化施工设计,减少在建筑施工阶段可能存在的错误损失和返工的可能性,而且优化净空,优化管线排布方案。施工人员可以利用碰撞优化后的三维管线方案,进行施工交底、施工模拟,提高施工质量,同时也提高了与业主的沟通能力。进行碰撞检查前,先应用 BIM 相关软件创建各专业三维 BIM 模型,并且各专业人员要对 BIM 模型的准确性、合理性进行审核,审核完毕后通过 BIM 集成应用平台自动查找工程中结构与结构、结构与机电安装、机电安装各专业之间的碰撞点,并提供相应的碰撞检测报告。施工前根据碰撞检查报告中的位置信息、标高信息,进一步深化施工图纸,及时调整施工方案,可以避免因碰撞返工引起的质量问题,加快施工进度,减少不必要的人工、材料等成本支出。

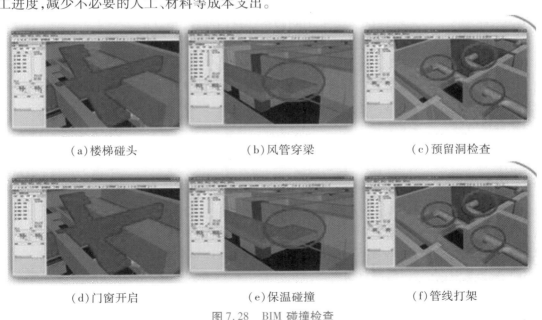

(a)楼梯碰头	(b)风管穿梁	(c)预留洞检查
(d)门窗开启	(e)保温碰撞	(f)管线打架

图 7.28 BIM 碰撞检查

(4)辅助进行图纸会审

开工前建设单位组织施工、设计、监理单位进行图纸会审,意在开工前尽可能多地发现图纸问题,提前采取措施防止问题的出现,最大程度减少不必要的损失,技术人员对一些大的方面的审查基本到位,但一些细节问题(如标高、冲突、位置等)比较不容易被发现,BIM 模型在建模时就可以很直观地发现这些细节问题,再通过碰撞检查等方法,能将图纸问题最大程度的消灭在萌芽状态。

2)BIM 技术在施工实施阶段的应用

(1)为预制加工提供精确尺寸

传统的构件制作完全是由人工根据施工图纸和现场的实际情况进行测量、划分、校核、制作、安装的,在此过程中要受到工期、大量的计算统计过程、材料质量管理、施工人员制作水平等问题的困扰,图纸仅起到了指导施工的作用,直接拿来指导预制加工则无法保证其准确度。BIM 技术的使用则为解决上述技术难题提供了更有力的保证。传统二维图纸中的点和线不具备存储信息的功能,而 BIM 技术则还原建筑、结构、机电系统等专业于本色,以数字化的可视模型来包含实际物体的属性参数、空间关系,每一个模型构件都是有意义的实体存在,准确地反映了实际情况。构件预制加工是预先在建模的时候就将施工所需构件的材质、尺寸、类型等一些参数输入模型中,然后将模型根据现场实际情况进行调整,待模型调整到与现场一致的时候再将构件的材质、尺寸、类型等信息导成一张完整的预制加工图,将图纸发给制作单位进行预制加工,等实际施工时将预制好的构件送到现场安装。

(2)工序模拟

PKPM编制
施工组织

在一些结构形式相对复杂的建筑施工过程中,对结构形式、构造做法、特殊工艺等的把握要求较高,光看蓝图有时难免会出现理解错误、少看、漏看的现象,对工人的技术交底也不能够直观化、可视化,在掌握了基本做法后还需要想像拟建物的具体形状,BIM 模型恰好可以解决这一问题,可以把某一复杂结构部位做成具体模型,施工人员可以很直观地看到这一部位的最终效果和做法,用虚拟的真实效果图进行交底,最大程度地降低技术失误,提高工作效率。由于 BIM 技术是真实地拟建建筑物的模型,可以很直观的分析出哪些部位是安全施工控制重点,并采取何种安全措施,在进行安全交底时,针对模型中的安全控制要点可以形象、直观地进行重点说明。

(3)现场施工进度管理

BIM 模型不是一个单一的图形化模型,它包含着从构件材质到尺寸、数量以及项目位置和周围环境等完整的建筑信息。利用编制项目进度计划的相关软件产生施工进度计划,首先将项目目标进行分解,判断并输入工期的估值,创建时间列表并按大纲的形式将其组织起来,给各个任务配置资源,决定这些任务之间的关系并指定日期。将 BIM 模型的构件与进度表联系,形成 4D 模型以直观展示施工进程。利用 4D 模型模拟实际施工建造过程,通过虚拟建造,可以检查进度计划的工期估值是否合理,即各工作的持续时间是否合理,工作之间的逻辑关系是否准确等,从而对项目的进度计划进行检查和优化。将优化后的四维虚拟建造动画展示给项目的施工人员,可以让他们直观了解项目的具体情况和整个施工过程,更深层次地理解设计意图和施工方案要求,减少因信息传达错误而给施工过程带来不必要的问题,加快施工进度和提高项目建造的质量,保证项目决策尽快执行。在工程施工中,利用 4D 模型可以使全体参建人员很快理解进度计划的重要节点;同时收集项目进展信息资料,进度计划通过实际进展与模型的对应表示,很容易发现施工差距,及时采取措施,进行纠偏调整;

即使遇到设计变更、施工图更改,也可以很快速地联动修改进度计划。BIM 技术让进度控制有依可寻、有据可控,能够精确控制每项工作,为达到进度履约提供了可靠的保障。

(4)文明施工和安全管理

BIM 数据平台不仅可以反映出拟建建筑物的各种信息,还可以对现场安全及文明施工起到有效的指导作用。施工阶段是一个动态的过程,各种安全措施也可能随着工程的进展而不断地变化,根据模型中事先设计好的安全措施,不断地对现场的安全情况进行检查和对比,保证施工安全。在开工前的平面布置中,通过 BIM 模型将道路、临建、设备、工具棚、线路等均进行了统一的布置,不论在尺寸、颜色、标识等方面都进行了详细的说明,对于企业形象宣传、工器具标准化、安全措施合理化等文明施工要求都起到了很好的指导作用,施工中只要按照模型中的要求布置,文明施工的目标就更容易实现。安全管理是企业的命脉,需要在施工管理中编写相关安全管理措施,其主要目的是要抓住施工薄弱环节和关键部位。但传统施工管理中,往往只能根据经验和相关规范要求编写相关安全措施,针对性不强。在 BIM 的作用下,这种情况将会有所改善。传统的施工中,施工场地的布置遵循总体规划,但在施工现场还是可能会由于各专业作业时间的交错、施工界面的交错,使得物料堆放混乱,各专业物料交错,使得工作效率降低,甚至还可能发生安全隐患。BIM 的应用对现场起到了指导作用。BIM 模型表现的是施工现场的实际情况,BIM 根据进度安排和各专业工作的交错关系,通过软件平台,合理规划物料的进场时间、堆放空间并规划取料路径,有针对性地布置临时用水、用电位置,在各个阶段确保现场施工整齐有序,提高施工效率。即使临时出现施工顺序变动或各工种工作时间拖延,BIM 仍可根据信息模型实时分析调整。通过对现场情况的模拟,还可以有针对性地编写安全管理措施。现场防火设备的布置多着眼于平面,以覆盖直径范围为依据,对于实时动态的情况考虑并不完善,由于图纸表现的只有平面,立面的建造是由时间的推进逐步建设起来的,使得在制订方案的时候无法实时全面动态地考虑变化过程。结合施工进度规划、现场进度情况和现场物料布置堆放情况,可较为完善地分析安全死角,具有针对性地对某些局部存在较大安全隐患的部位设置安全消防设施。如在临时配电点,配置较为完善的消防措施。通过 BIM 的软件平台模拟,还可根据各阶段的建筑模型模拟火灾逃生情况,在火灾逃生路径上有针对性地布置临时消防装置,以使在火灾发生时可保证人员安全撤离现场,减少人员和物料的损失。

(5)辅助现场组织协调管理

建设项目施工管理失败的主要原因之一是缺乏足够的信息沟通和共享。工程项目的成功建设依赖于项目各参与方的交流和协作。当前项目参与各方通常将需要传递很多的信息,传播介质以二维的图纸、文字说明为主,由于这些信息并非完全一致和同步更新,交流起来很困难。BIM 利用三维可视化的模型及庞大的数据库支持则可以改善这个问题。在企业内部的组织协调管理工作中,可以搭建总承包单位和分包单位协同工作平台,通过 BIM 模型统计出来的工程量合理安排人员和物资,做到人尽其能、物尽其用;在企业对外的组织协调工作中,有了 BIM 这样一个信息交流的平台,可以使业主、设计院、咨询公司、施工总承包、专业分包、材料供应商等众多单位在同一个平台上实现数据共享,使沟通更为便捷、协作更为紧密、管理更为有效。

（6）现场监控

计算机
施工管理

在施工过程中,还可以用 BIM 与数码设备相结合,实现数字化的监控模式,更有效地管理施工现场,监控施工质量,现场管理人员不用把大量的时间花在现场的巡视监控上,可以把更多的精力用在现场实际情况的提前预控和对重要部位、关键产品的严格把关等准备工作上,这样不仅提高了工作效率,相应减少管理人员数量,还可以帮助管理人员尽早发现并防止质量问题,同时还能使工程项目的远程管理成为可能,使项目各参与方的负责人都能在第一时间了解现场的实际情况。

7.3　智能建造的案例分析

经过建造数字化、信息化阶段的发展与积累,我国建筑行业逐渐进入智能建造阶段,BIM、物联网、大数据、人工智能、移动通信、云计算及虚拟现实等技术的应用对建造管理进行升级改造,让建造管理更加精细化,经某市民服务中心项目应用实践,通过信息化与建造技术的深度融合,加上智能终端与物联技术形成的感知网络,实现基于大数据的项目管理和决策,推动工程建设项目数字化、信息化、工业化、绿色化集成,进而实现建造全过程的智慧管理,促进建筑产业管理模式的改变。

近年来,随着国家政策和行业内在需求的推动,建筑业逐步开始向绿色化、信息化、工业化的方向发展,而计算机和通讯技术的进步,为建筑业的转型升级提供有利的支持。雄安新区作为未来中国特色现代化城市的代表,对信息化、智能化提出了很高的要求,推行同步建设数字孪生城市。数字孪生指的是建筑物建造过程中,物理世界的建筑产品与虚拟空间中的数字建筑信息模型同步生产、更新,形成完全一致的交付成果。而建筑施工过程,正是实现从无到有的关键阶段。建造过程的数字孪生,需要数字化模型、实时的管理信息、覆盖全面的智能感知网络,在该目标下,传统模式信息离散的建造方式已经无法满足要求,必须通过高度集成的信息化平台为项目管理决策提供数据支撑和指导,利用"协同、互联、智慧"方式来实现模式的转变。雄安新区市民服务中心项目通过定制研发智能建造管理平台,集成项目管理（PM）、建筑信息模型（BIM）、移动应用与物联网技术（Mobile）、云技术（Cloud）、数据管理与服务（DM）等先进的信息化技术,实现建造过程数字孪生的初步探索。

7.3.1　工程概况

雄安新区市民服务中心项目位于容城县以东,是雄安新区第一个公共建筑工程。该工程占地24.24 万 m^2,总建筑面积10.54 万 m^2,由 8 栋建筑单体组成。园区是短期内新区建设的根据地,承担着政务服务、规划展示、会议举办、企业办公等多项功能,是雄安新区功能定位与发展理念的率先呈现。

7.3.2　数字孪生工地的管理目标及解决思路

要实现施工过程的数字孪生,需要将施工现场"人、机、料、法、环"五大要素的信息进行采集和管理,依靠交互、感知、决策、执行和反馈,将信息技术与施工技术深度融合与集成,实现建造过程的真实环境、数据、行为 3 个透明,推进施工现场的管理智慧化、生产智慧化、监控智慧化、服务智慧化。针对以上目标的解决方案分析,传统的项目管理信息是离散的,但总体层面可分为 3 个大类,一是图纸及构件信息;二是生产及环境信息;三是过程管理信息。而经历多年的实践积累,施工企业在这 3 个大方向上都有一定的信息化工作基础。基于此,首先要做的是定制一套信息集成平台,做好信息的采集与储存,然后通过对数据的分类和提取,将有效信息以展示大屏和应用的形式发送,最终为项目管理者提供项目全面、实时的信息和便捷高效的管控渠道。利用信息集成平台辅助管理,项目趋近于透明化、管理更为智慧高效、生产更为绿色环保,是新时代下智能建造的必然选择。

7.3.3　智能建造平台架构

为实现数字孪生工地目标,中建集团的联合团队定制研发"透明雄安"智能建造管理平台。该平台分为 3 个层面:第一层是感知层,即数据采集层,智能建造所依据的感知层是基于物联网所支持的一系列传感器应用,这也包括移动终端的应用;第二层是数据分析层,从感知层所采集到的一系列信息或数据,如何传递到后台的实际应用,这就是数据分析层的主要职责,数据分析层是通过互联网连接不同数据服务器进行数据分析统计;第三层是应用层,以 BIM 信息为载体,以云计算为支撑手段,通过 PC 及移动通讯设备实现各类应用。平台总体架构如图 7.29 所示,所有数据通过有线/无线网络传递,在云服务器中储存管理。

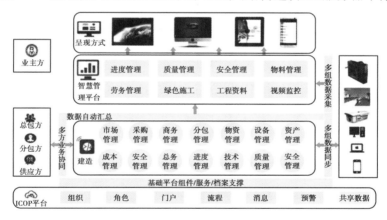

图 7.29　智能建造架构

7.3.4　以智能建造为核心的管理实践

1)透明化的人员管理

施工现场人员管理的基础是劳务实名制,通过对人员进行实名认证,记录其个人履历和劳动合同信息,既有助于提高劳动者自我约束意识,也便于规范项目日常管理,最重要的是可以有效降低劳资纠纷的风险。雄安新区市民服务中心项目工期短、用工量多、场地大,对现场人员进行妥善组织十分困难。现场所有人员信息全部录入建筑工人劳务实名制管理平台,未登记的无法进入办公生活区,现场人员管理主要工作内容如图7.30所示。

图7.30 人员管理主要工作内容

现场入口设置全高闸门禁系统,实名制信息与门禁考勤相结合,人员采用一卡通+人脸识别的双识别方式进行管理。为真实掌握人员分布,了解现场作业监管重点,对比多种智能定位系统,考虑大场区、短工期的特点,选择 GPS 定位方式,向主要劳务及管理人员发放定位器,记录行动轨迹及场内人员分布热点图,实现精细化管控。人员管理信息通过4G 及无线网络传输,汇总至智能建造平台,平台中可查询当前进场人数、工种及所属单位、人员考勤情况、人员分布热点,基本实现人员全透明管理。

2)智能化机械设备管理

(1)塔式起重机运行状态管理

在塔式起重机上安装安全监控管理系统的设备终端,可以记录塔式起重机的实时运行情况,包括大臂运行角度、当前吊重、室外风力等。在项目中设置多台塔式起重机时可对群塔作业进行分析,防止安全事故。该信息可集成至智能建造管理平台中。

(2)大型机械管理

对进场机械进行统一编码,并绑定定位芯片(或运行监控设备),对机械的定位和运行状态进行管控,对设备在项目中的使用时长记录统计,确保在使用寿命范围内安全作业,机械进出场时平台进行记录。

3)可追溯的物资材料管理

为了实现数字城市的目标,本工程所有材料进场及消耗情况通过信息平台进行登记录入。对于施工的主要材料及设备,考虑其对建筑结构及运行有重要意义,结合 BIM 进行全生命期追溯。项目的钢结构构件、机电设备、幕墙门窗等都拥有专业的 BIM 族文件,使用构件的 ID 生成二维码,并将该编码与加工厂的 ERP 系统进行对照关联,在构件上粘贴二维码或 RFID 芯片后可实时记录现场装配式构件的设计、加工、运输、安装的全过程;所形成的构件安装及验收记录上传至平台中,可通过扫码或射频感应设备在现场进行查看,也可经由专用账户在平台系统中进行查询,确保了工程质量的可追溯性。

4)基于 BIM 的现场综合管理

在施工建造管理方面,企业原有的信息化系统具备一定的功能,但各部门板块相对独立,不利于信息共享。考虑到本项目 BIM 技术应用较深入,各专业模型齐全,采用专业轻量化引擎对模型进行处理,并与原有业务进行结合,实现在技术、进度、质量、安全上的综合管理。

（1）协同化技术管理

在平台中设置共享云盘系统,用于项目资料的共享及归档,项目管理人员能根据权限访问提取信息。共享信息主要包含施工图纸、BIM 模型、施工方案、项目组织机构、项目大事记等,各类信息由归口部门信息专员上传及更新,利用手机或网页端可快速查询、在线查看。

（2）创新型进度管控

为科学指导现场进度,做好项目主要节点及里程碑计划的执行与预警分析,尝试将 BIM 模拟进度计划与实际进度进行对比分析。首先按主要分部分项施工顺序编制计划,再将计划任务与轻量化 BIM 模型相关联,同时计划任务节点生成列表,管理人员在现场完成后输入实际完成信息,实现工期进度的对比。当任务的实际开始滞后时将提前预警,任务实际完成时间拖延后会自动提示纠偏,为项目的生产提供了科学的数据支撑。

（3）精细化质量管控

项目质量管理工作使用手机 APP 端进行数据录入,通过填写质量问题及整改数据,逐步建立质量管理数据库,统计每周或每月的质量问题数量、待整改回复问题数量、待复查的问题数量、整改完成率等信息,项目质量管理人员能够通过平台完成质量部门的日常工作,质量管理的表单能够通过 BIM 模型参数相互关联。设置工程质量隐患、重点部位锚点,定时提醒智能巡查。

（4）高效性安全管控

现场安全管理隐患发现后,通过拍照并上传至平台,记录责任单位与个人,并流转至处理责任工程师。平台内可统计近 1 个月的安全隐患数量、待整改回复的隐患数量、待复查的隐患数量、隐患整改完成率以及重大危险源数量等信息。平台的使用提高了安全员日常的工作效率,任务下达后可持续追踪,直至隐患排查整改完毕。为便于复查及管理,平台 BIM 模型界面还以锚点展示形式记录安全巡检及过程检查的现场定位,可直观了解施工现场整体的安全生产状态。

5）全方位环境监控

（1）可视化视频监控

传统的项目视频监控系统虽然能一次展示多画面信息,但难以准确给出监控点位。为解决上述问题,在传统界面的基础上,项目选择采用倾斜摄影还原现场实景总况,并将现场摄像头以锚点形式进行关联,可有针对性地实时调取现场监控画面。在这种模式下,企业及项目管理人员既可了解当前工程的进度状态,还可直观选择锚点,查看监督重点部位的情况,有助于提高管理效率、降低现场安全管理隐患。

（2）多功能环境监测

在施工现场布设自动监测环境仪器,对施工现场的扬尘、噪声、温湿度、风速、风向、工程污水和用水用电量等信息进行实时监测,通过数据分析并及时处理项目环境、能耗情况,对工程现场的温度、湿度、风力、风向、噪声、污水、能源消耗等环境信息进行实时监测。各环境要素超标时进行报警。

6）平台应用方式

平台基于 BS 进行设计，拥有网页+手机 APP 双端登录的优势，可随时对工地信息进行查阅，大幅提升管理效率。项目内业管理人员和企业项目管理人员，主要通过网页端访问，可以进行大型文件的上传和处理或批量导入，可提高信息传递的效率。现场外业管理人员和企业管理人员可通过智能建造 APP 登录。APP 端既能进行现场质量、安全、材料等信息采集，也能查看平台数据源中统计分析后的汇总信息，其功能与 Web 端一致。

7.3.5 智能建造综合应用效果

以智能建造平台为核心的创新项目管理能够实现对工程项目全方位、立体化的管控与协调，应用效果主要体现在以下 7 个方面。

①现场工作协同高效。通过通信录、任务安排、全景监控、云盘等功能，实现各参与方协同高效工作。

②人、机、料准确定位。依托人脸识别系统、智能卡、电子标签等标识装置，实现人员、车辆、机械、材料的信息采集与精准定位。

③关键指标预警联动。通过采用各种传感器、智能监测仪，可以对扬尘超标、混凝土养护温度、高支模变形超限等关键指标进行监控。

④进度质量实时掌握。多种终端功能，如现场拍照巡检、二维码巡检、整改与罚款、远程验收、周计划自动反馈，确保进度质量实时掌握。

⑤资料图纸有序便捷。建立图纸库、规范库、影音资料库、项目成长树，掌握丰富的技术资料。

⑥企业对项目的管理力度增强。能通过接口，从项目管理平台中提取信息数据，为企业管理和资源支撑做好服务。在企业级的平台中，除了企业对项目的各工作及流程外，应加入 GIS 技术，能对多项目（某片区或城市）进行管理，并拥有综合统计分析的功能。

典型案例：
PC结构施工
组织设计

⑦政府、业主、监理管控高效直接。通过接口，政府监管部门从智能建造系统提取信息数据，从而进行管理。智能建造系统增加业主、监理等单位管理及参与的功能。

7.3.6 结语

雄安新区市民服务中心项目通过整合 BIM、大数据、智能化、移动通信、云计算、物联网等信息技术集成应用，全面提高了建造管理能力。施工过程中以智能建造管理平台为核心，采用人和物全面感知、工作互通互联、信息协同共享、决策科学分析、风险智慧预控的新型管理手段，围绕人、机、料、法、环等关键要素，对工程进度、质量、安全等生产过程及商务、技术等管理进行服务，改变了传统工地管理层级多、信息传递困难、决策制订周期长的弊端，推动工地生产的智慧化、透明化、绿色化，是项目在 112 天内高效建造交付的重要技术保障。虽然现阶段的信息技术还不足以完全支撑数字孪生工地的最终目标，但通过信息化技术确实能显著提高建筑业施工现场的生产效率、管理效率和决策能力。相信随着物联网、大数据、云计算、人工智能等技术的进一步发展,系统容量快速提升、数据处理更为智能,"数字城市与现实城市同步规划、同步建设、智慧运营"的目标将很快到来。

项目小结

绿色工地与智能建造是当前建筑施工组织管理方面的热门话题。本项目主要介绍以下4个方面的内容:

(1)绿色施工的核心是"四节一环保",即节能、节材、节地、节水与环境保护,这体现了建筑施工的可持续性理念。本项目分别介绍了绿色施工"四节一环保"的具体措施及方法,并介绍了有关机构对绿色施工的管理制度及管理办法。

(2)以 BIM 技术为基础的智能建造技术代表了今后建筑施工的发展方向。智能建造是BIM、物联网、3D 打印、大数据及云计算等当今热点关键技术的集成;智能建造技术包括三维建模及仿真分析技术、工厂预制加工技术、机械化安装技术、精密测控技术、结构安全和健康监测技术、建造环境感知技术、人员安全与健康监测技术、信息化管理技术等;智能建造技术已是国内发展的热点,今后大有前途。

(3)BIM 技术是建筑信息化模型,是建筑数字化及智能化的基础,主要包括国外 Revit 软件以及国内的广联达等软件。BIM 技术不仅可以解决建筑设计阶段不同专业的碰撞问题,实现绿色施工的施工方案选择、施工进度以及施工现场模拟等,具有根据进度提供实时变化的工程造价 5D 管理功能。

(4)以雄安新区市民服务中心项目为例,介绍了基于 BIM 技术、大数据、云计算、物联网等信息技术的智能建造模式,改变传统施工组织管理层级多、信息传递困难、决策周期长的弊端,推动了工地生产的智慧化、透明化、绿色化。

思考与练习

7.1 绿色施工的概念与原则分别是什么?

7.2 绿色施工的技术措施有哪些?

7.3 简述绿色施工的现场管理的主要内容。

7.4 简述智能建造的概念及其关键技术。

7.5 BIM 技术的常用软件包括哪些?

7.6 简述 BIM 技术在设计阶段的应用及解决的关键问题。

7.7 简述 BIM 技术在绿色施工的应用及其特点。

7.8 结合雄安新区的智能建造应用案例,谈谈你对智能建造的认识。

项目 8

施工进度计划控制

项目导读

　　本项目介绍了施工进度计划的检查与施工进度计划的控制。进度计划的检查主要包括横道图检查、S 曲线检查、前锋线检查与列表检查;采用网络图计划与参数计算分析进行进度计划的调整与控制。通过学习,学生可掌握施工进度计划检查与控制的方法,具有施工进度计划控制的能力。

- ●重点　施工进度计划的检查。
- ●难点　施工进度计划的调整。
- ●关键词术语　施工进度检查、施工进度控制、进度计划调整。

8.1　施工进度计划检查

施工进度计划的检查

　　施工进度控制是指在既定的工期内,编制出最优的施工进度计划,在执行该计划的过程中,必须对施工过程实施动态监测与检查,随时监控项目的进展情况,收集实际进度数据,并将其与计划进度相比较,若出现偏差,便分析产生的原因和对工期的影响程度,找出必要的调整措施,修改原计划,不断地如此循环,直至工程竣工验收。

8.1.1　进度计划检查的系统过程

　　施工项目进度控制的总目标是确保施工项目的既定目标工期的实现,或者在保证施工质量和不增加施工实际成本的条件下,适当缩短施工工期。在项目施工进度计划的实施过程中,由于各种因素的影响,原始计划的安排常常会被打乱而出现进度偏差。因此,在进度计划执行一段时间后,必须对执行情况进行动态检查,并分析进度偏差产生的原因,以便为施工进度计划的调整提供必要的信息。如图 8.1 所示为进度计划检查的系统过程。

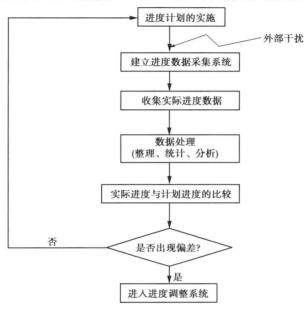

图 8.1 进度计划检查的系统过程

8.1.2 施工进度计划的检查方式

1)检查方式

施工进度的检查方式主要是日常检查和定期检查。

（1）日常检查

随着设计工作的进行,不断地观测进度计划中所包含的每一项工作的实际开始时间、实际完成时间、实际持续时间、目前状况的内容,并加以记录,以此作为进度控制的依据。

（2）定期检查

每隔一定时间对进度计划的执行情况进行一次较为全面、系统的观测、检查。观测、检查有关项目范围、进度计划和预算变更的信息,间隔时间因项目的类型、规模、特点和对进度计划的执行要求程度不同而异。本项目拟订以周、旬、月为观测周期。对监测的结果加以记录,以便及时调整,保证设计进度的实现。

2)获得实际进展的方式

在项目施工过程中,通过以下方式获得项目施工实际进展情况:

①定期、经常地收集由承包单位提交的有关进度报表资料。项目施工进度报表资料不仅是对工程项目实施进度控制的依据,同时也是核对工程进度的依据。进度报表由监理单位提供给施工单位,施工单位按时填写完成后提交项目工程部及监理工程师核查。报表内

容一般应包括工作的开始时间、完成时间、持续时间、逻辑关系、实物工程量和工作量,以及工作时差的利用情况等。进度报表能体现出建设工程实际进展情况。

②由项目工程部及驻地监理人员现场跟踪检查建设工程实际进展情况。为避免项目部超报已完工程量,工程部管理人员及驻地监理人员有必要进行现场实地检查和监督,要求每周检查一次。

③定期召开现场会议。定期组织召开会议,了解每周工程实际进度状况,同时也可以协调有关方面的进度关系。

8.1.3 检查内容

施工进度计划的检查应包括下列内容:
①检查期内实际完成和累计完成工作量;
②实际参加施工的人力、机械数量和生产效率;
③窝工人数、窝工机械台班数及其原因分析;
④进度偏差情况;
⑤进度管理情况;
⑥影响进度的特殊原因及分析。

8.1.4 检查方法

施工进度计划检查的主要方法是比较法,包括横道图比较法、S 形曲线比较法、香蕉曲线比较法、前锋线比较法、列表比较法。其中,横道图比较法主要用于比较工程进度计划中工作的实际进度与计划进度,S 形曲线和香蕉曲线比较法可以从整体角度比较工程项目的实际进度与计划进度,前锋线和列表比较法既可以比较工程网络计划中工作的实际进度与计划进度,还可以预测工作实际进度对后续工作及总工期的影响程度。

1)横道图比较法

横道图比较法是指将项目实施过程中检查实际进度收集到的数据,经加工整理后直接用横道线平行绘于原计划的横道线处,进行实际进度与计划进度的比较方法。采用横道图比较法,可以形象、直观地反映进度与计划进度地比较情况。

【例 8.1】 某工程项目的计划进度和实际进度如图 8.2 所示。

由图 8.2 可见,当前项目已开始两个月(第 9 周末),实际状况为:挖土已经在 0—6 周完成,垫层已经在 5—7 周完成;支模板已于第 6 周初开始,现分析剩余工作还有 1 周可完成;绑钢筋已经于 7 周初开始,由于工作量增加,现仅完成 20%,还需 4 周才能完成;其他尚未开始。

可将实际的开始(结束)时间标在计划的横道图下面,用两种图例,以作对比。根据各项工作的进度偏差,进度控制者可以采取相应的纠偏措施对进度计划进行调整,以确保工程按期完成。

图 8.2 所表示的比较方法仅适用于工程项目中的各项工作都是均匀进展的情况,即每

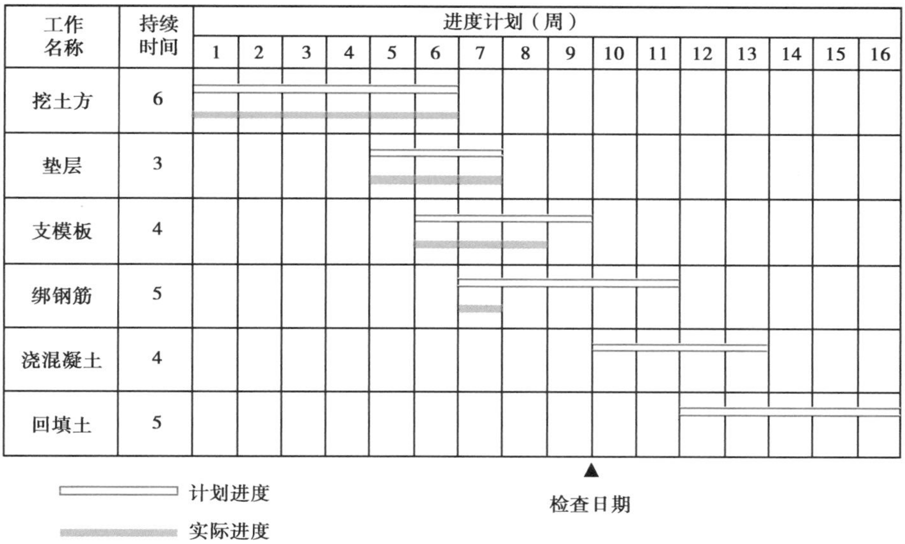

图 8.2 进度计划横道图

项工作在单位时间内完成的任务量都相等的情况。事实上,工程项目中各项工作的进展不一定是匀速的。根据工程项目中各项工作的进展是否匀速,以及进度控制的要求和提供的进度信息不同,可分别采用匀速进展横道图比较法和非匀速进展横道图比较法,此处不作展开。

2)S 形曲线比较法

(1)基本概念

S 形曲线比较法,是以横坐标表示进度时间,纵坐标表示累计完成任务量,绘制出一条按计划时间累计完成任务量的 S 形曲线,将施工项目的各检查时间实际完成的任务量与 S 形曲线进行实际进度与计划进度相比较的一种方法。

从整个施工项目的施工全过程而言,一般是开始和结尾阶段,单位时间投入的资源量较少,中间阶段单位时间投入的资源量较多,单位时间完成的任务量也是呈同样趋势变化的,而随时间进展累计完成的任务量,则应该呈 S 形变化。

(2)绘制步骤

S 形曲线的绘制步骤如下:

①确定工程进展速度曲线。根据每单位时间内完成的任务量(实物工程量、投入劳动量或费用),计算出单位时间的计划量值(q_t)。

②计算规定时间累计完成的任务量。其计算方法是将各单位时间完成的任务量累加求和,可以按下式计算:

$$Q_j = \sum_{t=1}^{j} q_t$$

式中 Q_j——j 时刻的计划累计完成任务量;

      q_t——单位时间计划完成任务量。

③绘制 S 形曲线。按各规定的时间及其对应的累计完成任务量 Q_j 绘制 S 形曲线(图 8.3)。

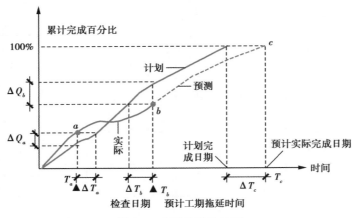

图 8.3　S 形曲线比较图

(3)S 形曲线比较

S 形曲线比较同横道图一样,是在图上直观地进行施工项目实际进度与计划进度相比较。一般情况下,计划进度控制人员在计划时间前绘制出 S 形曲线。在项目施工过程中,按规定时间将检查的实际完成情况,绘制在与计划 S 形曲线同一张图上,可得出实际进度 S 形曲线,比较两条 S 形曲线可以得到如下信息:

①项目实际进度与计划进度比较。如果工程实际进展点落在计划 S 形曲线左侧,表明此时实际进度比计划进度超前,如图 8.3 中的 a 点;如果工程实际进展点落在 S 形曲线右侧,表明此时实际进度拖后,如图 8.3 中的 b 点;如果工程实际进展点正好落在 S 形曲线上,则表示此时实际进度与计划进度一致。

②项目实际进度比计划进度超前或拖后的时间。在 S 形曲线比较图中可以直接读出实际进度比计划进度超前或拖后的时间。图 8.3 中,ΔT_a 表示 T_a 时刻实际进度超前的时间;ΔT_b 表示 T_b 时刻实际进度拖后的时间。

③任务量完成情况,即工程项目实际进度比计划进度超额或拖欠的任务量。在 S 形曲线比较图中也可以直接读出实际进度比计划进度超额或拖欠的任务量。图 8.3 中,ΔQ_a 表示 T_a 时刻超额完成的任务量;ΔQ_b 表示 T_b 时刻拖欠的任务量。

④后期工程进度预测。如果后期工程按原计划速度进行,则可作出后期工程计划 S 形曲线,如图 8.3 中虚线所示,从而可以确定工期拖延预测值 ΔT。

3)前锋线比较法

前锋线比较法是通过绘制某检查时刻工程项目实际进度前锋线,进行工程实际进度与计划进度比较的方法,它主要适用于时标网络计划。

所谓前锋线,是指在原时标网络计划上,从检查时刻的时标点出发,用点画线依此将各项工作实际进展位置点连接而成的折线。前锋线法就是通过实际进度前锋线与原进度计划中各工作箭线交点的位置来判断工作实际进度与计划进度的偏差,进而判定该偏差对后续工作及总工期影响程度的一种方法。

（1）前锋线比较

采用前锋线比较法进行实际进度与计划进度的比较,其步骤为:

①绘制时标网络计划图。

②绘制实际进度前锋线。一般从时标网络计划上方时间坐标的检查日期开始绘制,依次连接相邻工作的实际进展位置点,最后与时标网络计划下方坐标的检查日期相连接。

（2）实际进展标定方法

工作实际进展位置点的标定方法有两种:

①按该工作已完任务量比例进行标定。假设工程项目中各项工作均为匀速进展,根据实际进度,检查时刻该工作已完任务量占其计划完成总任务量的比例,在工作箭线上从左至右按相同的比例标定其实际进展位置点。

②按尚需作业时间进行标定。当某些工作的持续时间难以按实物工程量来计算而只能凭经验估算时,可以先估算出检查时刻到该工作全部完成尚需作业的时间,然后在该工作箭线上从右向左逆向标定其实际进展位置点。

（3）进行实际进度与计划进度的比较

前锋线可以直观地反映出检查日期有关工作实际进度与计划进度之间的关系。对某项工作来说,其实际进度与计划进度之间的关系可能存在以下三种情况:

①工作实际进展点在检查日期左侧,表明该工作实际进度拖后,拖后的时间为二者之差;

②工作实际进展点在检查日期右侧,表明该工作实际进度超前,超前的时间为二者之差;

③工作实际进展点与检查日期重合,表明该工作实际进度与计划进度一致。

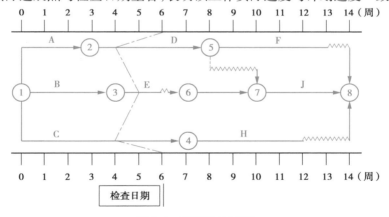

图 8.4　前锋线比较图

【例 8.2】　如图 8.4 所示为某工程前锋线比较图,该计划执行到第 6 周末检查实际进度时,发现工作 A 和 B 已经全部完成,工作 D、E 分别完成计划任务量的 20% 和 50%,工作 C 尚需 3 周完成。图中点画线表示第 6 周末实际进度检查结果。通过比较可以看出:

①工作 D 实际进度拖后 2 周,将使其后续工作 F 的最早开始时间推迟 2 周,并使总工期延长 1 周;

②工作 E 实际进度拖后 1 周,既不影响总工期,也不影响其后续工作的正常进行;

③工作 C 实际进度拖后 2 周,将使其后续工作 G、H、J 的最早开始时间推迟 2 周。由于

工作 G、J 开始时间的推迟,从而使总工期延长 2 周。

通过实际进度与计划进度的比较确定进度偏差后,还可根据工作的自由时差和总时差预测该进度偏差对后续工作及项目总工期的影响。由此可见,前锋线比较法既适用于工作实际进度与计划进度之间的局部比较,还可用来分析和预测工程项目整体进展状况。

以上比较只是针对匀速进展的工作,对于非匀速进展的工作,比较方法较复杂,此处不予阐述。

4)列表比较法

列表比较法,是指记录检查时正在进行的工作名称和已进行的天数,然后列表计算有关参数,根据原有总时差和尚有总时差判断实际进度与计划进度的比较方法。

（1）比较步骤

采用列表比较法进行实际进度与计划进度的比较,其步骤为:

①计算检查时正在进行的工作;

②计算工作最迟完成时间;

③计算工作时差;

④填表分析工作实际进度与计划进度的偏差。

（2）偏差可能

在运用列表比较法时,工作实际进度与计划进度的偏差可能有以下两种情况:

①若工作尚有总时与原有总时相等,则说明该工作的实际进度与计划进度一致;

②若工作尚有总时差小于原有总时差,但仍为正值,则说明该工作的实际进度比计划进度拖后,产生偏差值为二者之差,但不影响总工期。

（3）计划调整

若尚有总时差为负值,则说明对总工期有影响,应当调整。

表 8.1 为某工程部分分部分项工程的列表法实例。

表 8.1　相关参数表

工作代号	工作名称	检查计划时尚需作业周数	到计划最迟完成时尚余周数	原有总时差	尚有总时差	情况判断
2-3	B	4	4	1	0	拖后 1 周,但不影响工期
2-5	C	1	0	0	-1	拖后 1 周,影响工期 1 周
2-4	D	3	4	2	1	拖后 1 周,但不影响工期

8.2　施工进度计划调整

施工进度计划的调整

项目施工进度计划的调整应依据进度计划检查结果,在施工进度计划执行发生偏离的时候,通过对工程量、起止时间、工作关系、资源提供和必要的目标进行调整,或通过局部改变施工顺序,重新作业过程相互协作方式等工作关系进行的调整,更充分利用施工的时间和空间进行合理交叉衔接,并编制调整后的施工进度计划,以保证施工总目标的实现。

8.2.1 原则、影响与措施

1)进度偏差调整原则

①若出现进度偏差的工作为关键工作,必须对原定进度计划采取相应调整措施。

②当出现进度偏差的工作为非关键工作,且工作进度滞后天数已超出其总时差,必须对原定进度计划采取相应调整措施;

③若出现进度偏差的工作为非关键工作,且工作进度滞后天数已超出其自由时差而未超出其总时差,只有在后续工作最早开工时间不宜推后的情况下才考虑对原定进度计划采取相应调整措施;

④若出现进度偏差的工作为非关键工作,且工作进度滞后天数未超出其自由时差,不必对原总进度采取任何调整措施。

2)进度偏差的影响分析

在建设工程项目实施过程中,通过实际进度与计划进度的比较,发现有进度偏差时,需要分析该偏差对后续工作及总工期的影响,从而采取相应的调整措施对原进度计划进行调整,以确保工期目标的顺利实现。

(1)分析进度偏差的工作是否为关键工作

在工程项目的实施过程中,若出现偏差的工作为关键工作,则无论偏差大小,都将对后续工作及总工期产生影响,必须采取相应的调整措施。

若出现偏差的工作不为关键工作,需要根据偏差值与总时差和自由时差的大小关系,确定对后续工作和总工期的影响程度。

(2)分析进度偏差是否大于总时差

在工程项目实施过程中,若工作的进度偏差大于该工作的总时差,说明此偏差必将影响后续工作和总工期,必须采取相应的调整措施。

若工作的进度偏差小于或等于该工作的总时差,说明此偏差对总工期无影响,但它对后续工作的影响程度,需要根据比较偏差与自由时差的情况来确定。

(3)分析进度偏差是否大于自由时差

在工程项目实施过程中,若工作的进度偏差大于该工作的自由时差,说明此偏差对后续工作产生影响,应根据后续工作允许影响的程度而定。

若工作的进度偏差小于或等于该工作的自由时差,则说明此偏差对后续工作无影响。因此,原进度计划可以不作调整。

根据分析项目工程部及监理工程师确认应该调整产生进度偏差的工作和调整偏差值的大小,来确定采取新措施,获得新的符合实际进度情况和计划目标的新进度计划。

3）进度偏差影响到总工期时的调整措施

当工程项目施工实际进度影响到后续工作、总工期时，需要对进度计划进行调整。

（1）选择需缩短持续时间的关键工作

在确定需缩短持续时间的关键工作时，应按以下几个方面进行选择：

①缩短持续时间对质量和安全影响不大的工作；

②有充足备用资源的工作；

③缩短持续时间所需增加的工人或材料最少的工作；

④缩短持续时间所需增加的费用最少的工作。

（2）纠偏措施

当确定为可压缩的关键工作后，可通过以下具体措施进行纠偏：

①在有足够的工作面时，敦促各方单位增加劳动力、材料、设备等的投入加快进度；

②在工作面受到制约时，敦促各方单位将现有的资源进行合理配置并采用加班或多班制工作；

③在劳动力、材料等资源受制约时，将非关键线路上的工作进行适当调整，集中力量完成关键线路上的工作；

④对关键线路上的关键工作进行梳理，可以平行进行的工作采用平行作业，可以搭接进行的工作做好紧后工作，搭接流水作业。

（3）非关键线路偏差

网络进度计划的非关键线路出现偏差时，可通过压缩后续工作的持续时间进行纠偏。

8.2.2 关键线路长度调整

当进度计划的计算工期不能满足要求工期时，在不改变网络计划中各项工作之间的逻辑关系和既定约束条件的前提下，通过压缩关键工作的持续时间来达到优化目标。

在压缩过程中，不能将关键工作压缩成非关键工作，但允许不经压缩而被动地成为非关键工作；当出现多条关键路线时，必须将各条关键路线上工作的持续时间压缩成同一数值。

1）关键线路长度调整步骤

①计算网络计划中的时间参数，并找出关键线路及关键工作；

②按要求工期计算应缩短的时间 $\Delta T = T_c$（计划）$- T_r$（实际）；

③确定各关键工作能缩短的持续时间；

④选择关键工作，调整其持续时间，并重新计算网络计划的计算工期；

⑤若计算工期仍超过要求工期（$T_c' > T_r$），则重复以上步骤，直到满足工期要求（$T_c' < T_r$）或工期已不能再缩短为止。

⑥当所有关键工作的持续时间都已达到其能缩短的极限而工期仍不满足要求时，应对计划的原技术、组织方案进行调整或对要求工期重新审定。

2）调整过程中应考虑的因素

①缩短持续时间对质量和安全影响不大的工作；

②有充足的备用资源；

③缩短持续时间所需增加的资源、费用最少的工作；

④不能将关键工作压缩成非关键工作，在压缩过程中，会出现关键线路的变化（转移或增加条数），必须保证每一步的压缩都是有效的压缩；

⑤在优化过程中如果出现多条关键路线时，必须考虑压缩公用的关键工作，或将各条关键线路上的关键工作都压缩同样的数值，否则，不能有效地将工期压缩。

8.2.3 非关键工作时差调整

非关键工作时差调整的目的是使资源得到合理地分配和使用，工期合理。

1）分类

（1）"资源有限、工期最短"

通过调整计划安排，在满足资源限制条件下，使工期延长最少的过程。对几项平行作业的工作调整为一项工作安排在与之平行的另一项工作之后，计算由此引起的工期延长量，选工期延长量最小的作为调整对象。

（2）"工期固定、资源均衡"

通过调整计划安排，在工期保持不变的条件下，使资源需用量尽可能均衡的过程。在资源消耗量高峰期，合理使用时差，使同时施工的工作个数减少，以减少此时的资源消耗量。

2）"资源有限、工期最短"的调整步骤和原则

在提供的资源有所限制时，要使每个时段的资源需用量都满足资源限量的要求，并使项目实施所需的时间最短。

（1）调整步骤

通过不断调整进度计划安排，使得在工期延长最短的条件下，逐步达到满足资源限量的目的。

①计算每天资源需用量；

②从开始日期起逐日检查资源数量：

a. 未超限额——方案可行，编制完成；

b. 超出限额——需进行计划调整。

③调整资源冲突。找出资源冲突时段的工作，确定调整工作的次序。

（2）调整原则

先调整使工期延长最小的施工过程。

如图 8.5 所示，有 m 和 n 两项工作资源冲突，把工作中 LS_n 值最大的工作移至 EF_m 值最小的工作之后进行。

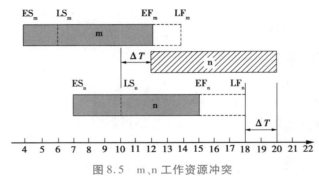

图 8.5　m、n 工作资源冲突

3)"工期固定、资源均衡"的调整步骤

当工期固定时,应使资源安排得更为均衡合理。

（1）优化方法

在可用资源数量充足并保持工期不变的前提下,通过调整部分非关键工作进度的方法,使资源的需求量随着时间的变化趋于平稳。资源均衡可以有效地缓解供应矛盾,减少临时设施的规模,从而有利于工程组织管理,并可降低工程费用。常用的优化方法有极差值最小法和方差值最小法。

（2）极差值最小法的步骤

①按最早开始时间绘制时标网络计划,并计算每天资源需要量,找出关键工作和关键线路、位于非关键线路上各工作的总时差、各工作的最早开始时间以及每天需要的资源的最大数量。

②关键线路上的工作不动,假定每天可能供应的资源数量比资源动态曲线上的最高峰数量小一个单位;

③判断:

$$\Delta T_{i-j} = \mathrm{TF}_{i-j} - (T_{k+1} - \mathrm{ES}_{i-j}) \geq 0$$

a.若不等式成立,则该工作可以后移至高峰之后,即移动 T_{k+1}-ES_{i-j};

b.若不等式不成立,则该工作不能移动,若可移动,计算各工作资源情况。

④画出移动后的网络计划,计算相应每日资源数量,再规定资源限量为资源峰值减1,逐日检查,重复步骤③,直至所有工作都不能向右移动,资源峰值再不能降低为止。

⑤绘制调整后的资源网络计划及资源动态图。

8.2.4　工期-成本调整

工期-成本调整是指寻求工程总成本最低时的工期安排,或按要求寻求最低成本的计划安排的过程。

1)调整方法

工期-成本调整的基本思路是不断地在网络计划中找出直接费用率最小的关键工作,缩短其持续时间,同时考虑间接费用随工期缩短而减少的数值,最后求得工程总成本最低时的最优工期安排或按要求工期求得最低成本的计划安排,如图 8.6 所示。

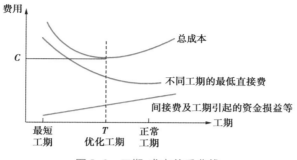

图 8.6 工期-成本关系曲线

2)调整步骤

①绘制正常时间下的网络计划;
②求出网络计划中各项工作采取可行的方案后可加快的时间;
③求出正常工作时间和加快工作时间下工作的直接费,并用下式求出费用变化率;

$$\Delta C_{i-j} = \frac{C_B - C_A}{t_A - t_B}$$

④寻找可以加快的工作;
⑤确定可以压缩的时间、增加的费用;
⑥逐步压缩,每压缩一次,计算一次参数,直到有一条关键线路的全部工作的可缩时间均已用完,或为加快工程施工进度所引起的直接费增加数值开始超过因提前完工而节约的间接费时;
⑦求出优化后的总工期、总成本,绘制工期-成本优化后的网络计划(图 8.7)。

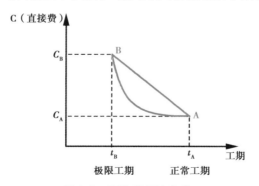

图 8.7 直接费用率曲线

8.3 网络进度计划控制案例

8.3.1 关键线路长度调整

网络进度
计划控制

【案例 1】

1）背景

某单项工程，按图 8.8 所示的进度计划网络图组织施工。

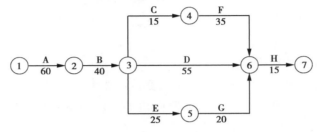

图 8.8 进度计划网络图

事件一：在第 75 d 进行的进度检查时发现：工作 A 已全部完成，工作 B 刚刚开工。建设单位要求施工单位必须采取措施赶工，保证总工期。项目部向建设单位上报了进度计划调整方案，其中调整步骤是分析进度计划检查结果，分析进度偏差的影响并确定调整的对象和目标，选择适当的调整方法，编制调整方案。建设单位认为内容不全。

本工程各工作相关参数见表 8.2。

表 8.2 相关参数表

序号	工作	最大可压缩时间/d	赶工费用/(元·d⁻¹)
1	A	10	200
2	B	5	200
3	C	3	100
4	D	10	300
5	E	5	200
6	F	10	100
7	G	10	120
8	H	5	420

事件二：项目部向施工企业负责人上报阶段项目进度报告，其内容主要包括进度执行情况的综合描述，实际施工进度，资源、供应进度，但遭到施工企业负责人的批评。

2）问题

①事件一中，应如何调整原计划，并列出详细调整过程；试计算经调整后所需投入的赶工费用。

②重新绘制事件一发生后的进度计划网络图，并列出关键线路（以工作表示）。

③事件一中，还应补充调整施工进度计划步骤的哪些内容？

④事件二中，项目进度报告还应补充哪些内容？

3）分析与答案

①原计划调整如下：

a. A 拖后 15 d，此时的关键线路：B→D→H。

（a）其中，工作 B 赶工费率最低，故先对工作 B 持续时间进行压缩。

工作 B 压缩 5 d，因此增加费用为：5×200＝1 000 元；

总工期为：185－5＝180 d；

关键线路：B→D→H。

（b）剩余关键工作中，工作 D 赶工费率最低，故应对工作 D 持续时间进行压缩。

工作 D 压缩的同时，应考虑与之平等的各线路，以各线路工作正常进展均不影响总工期为限。

故工作 D 只能压缩时，因此增加费用为：5×300＝1 500 元；

总工期为：180－5＝175 d；

关键线路：B→D→H 和 B→C→F→H 两条。

（c）剩余关键工作中，存在三种压缩方式：同时压缩工作 C，工作队同时压缩工作 F、工作 D，压缩工作 H。

同时压缩工作 C 和工作 D 的赶工费率最低，故应对工作 C 和工作 D 同时进行压缩。

工作 C 最大可压缩天数为划，故本次调整只能压缩 3d，因此增加费用为：3×100＋3×300＝1 200 元；

总工期为：175－3＝172 d；

关键线路：B→D→H 和 B→C→F→H 两条。

（d）剩下压缩方式中，压缩工作 H 赶工费率最低，故应对工作 H 进行压缩。

工作 H 压缩剖，因此增加费用为：2×420＝840 元；

总工期为：172－2＝170 d。

（e）通过以上工期调整，工作仍能按原计划的 170 d 完成。

b. 所需技人的赶工费为：1 000＋1 500＋1 200＋840＝4 540 元。

②调整后的进度计划网络图如图 8.9 所示。

其关键线路为：A→B→D→H 和 A→B→C→F→H。

③还应补充：对调整方案进行评价和决策；调整；确定调整后付诸实施的新施工进度计划。

④还应补充:工程变更、价格调整、索赔及工程款收支情况;进度偏差状况及导致偏差的原因分析;解决问题的措施;计划调整意见。

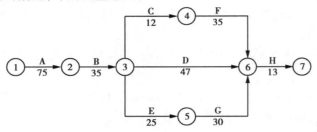

图8.9 调整后的进度计划网络图

【案例2】

某工程双代号时标网络计划如图8.10所示,要求工期为110 d,对其进行工期优化。

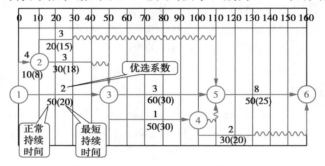

图8.10 某工程双代号网络图(一)

①计算并找出关键线路及关键工作(图8.11)。

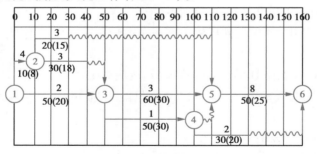

图8.11 某工程双代号网络图(二)

②按要求工期计算应缩短的时间:

$$\Delta T = T_c - T_r = 160 - 110 = 50 \text{ d}$$

③确定各关键工作能缩短的持续时间。

④选择关键工作压缩作业时间,并重新计算工期T_c':

第一次:选择工作①—③,压缩10 d,成为40 d,如图8.12所示;

第二次:选择工作③—⑤,压缩10 d,成为50 d,工期变为140 d,③—④和④—⑤也变为关键工作,如图8.13所示;

第三次:选择工作③—⑤和③—④,同时压缩20 d,成为30 d,工期变为120 d,关键工作没变化,如图8.14所示;

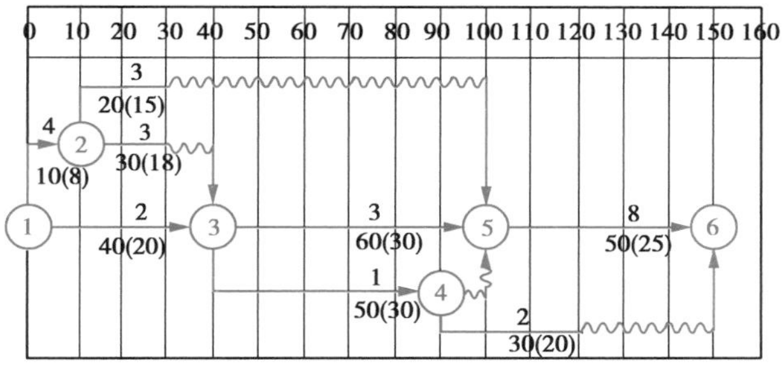

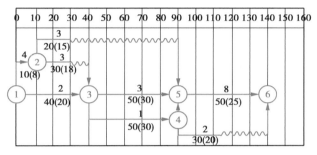

图 8.12　某工程双代号网络图（三）

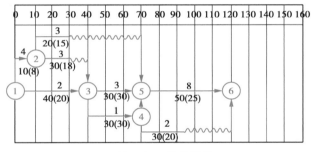

图 8.13　某工程双代号网络图（四）

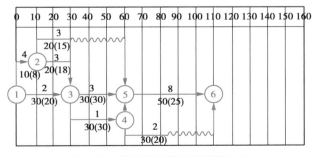

图 8.14　某工程双代号网络图（五）

　　第四次：选择工作①—③和②—③，同时压缩 10 d，①—③成为 30 d，②—③成为 20 d，工期变为 110 d，关键工作没变化，如图 8.15 所示。

图 8.15　某工程双代号网络图（六）

8.3.2　非关键工作时差调整

【案例】　如图 8.16 所示，进行工期不变资源均衡的优化。

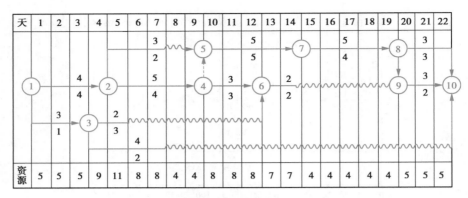

图 8.16　某工程进度计划图（一）

①计算每日所需资源量。

②资源数量最大值减 1，得其资源限量为 10。

③找出高峰时段的最后时间 T_{k+1} 及有关工作的 ES_{i-j} 和 TF_{i-j}，见表 8.3。

表 8.3　非关键工作时差调整表格（一）

工作	2—5	2—4	3—6	3—10
ES	4	4	3	3
TF	2	0	12	15

④计算有关工作时间差值，见表 8.4 和图 8.17。

$$\Delta T_{i-j} = TF_{i-j} - (T_{k+1} - ES_{i-j}) T_{k+1} = 5$$

表 8.4　非关键工作时差调整表格（二）

工作	2—5	2—4	3—6	3—10
ES	4	4	3	3
TF	2	0	12	15
ΔT_{i-j}	1	−1	10	13（max）

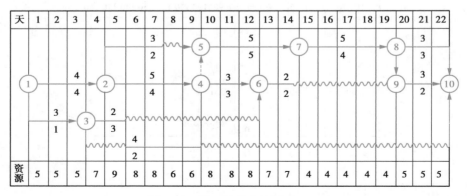

图 8.17　某工程进度计划图（二）

⑤计算每日所需资源量。

⑥6、7 两天资源数量又超过了 8。

⑦找出高峰时段的最后时间 T_h 及有关工作的 ES_{i-j} 和 TF_{i-j}，见表 8.5 和图 8.18。

表 8.5 非关键工作时差调整表格（三）

工作	2—5	2—4	3—6	3—10
ES	4	4	5	5
TF	2	0	10	13

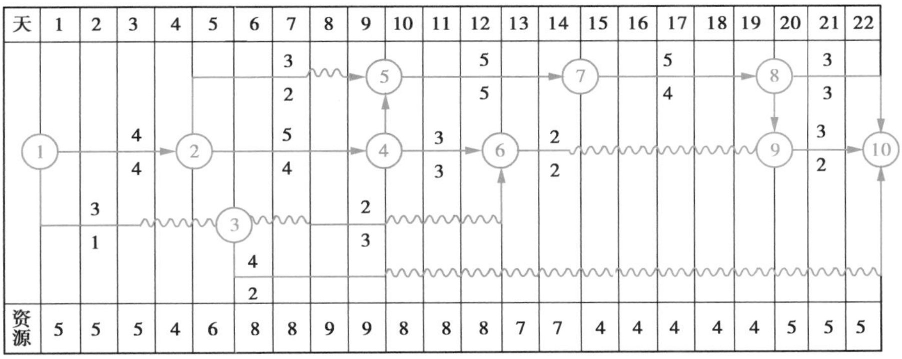

图 8.18 某工程进度计划图（三）

⑧计算每日所需资源量。

⑨8、9 两天资源数量又超过了 8。

⑩找出高峰时段的最后时间 T_h 及有关工作的 ES_{i-j} 和 TF_{i-j}，见表 8.6。

表 8.6 非关键工作时差调整表格（四）

工作	2—4	3—6	3—10
ES	4	7	5
TF	0	8	13

⑪计算有关工作时间差值，见表 8.7 和图 8.19。

$$\Delta T_{i-j} = TF_{i-j} - (T_{k+1} - ES_{i-j})\,T_{k+1} = 9$$

表 8.7 非关键工作时差调整表格（五）

工作	2—4	3—6	3—10
ES	4	7	5
TF	0	8	13
ΔT_{i-j}	−5	6	9（max）

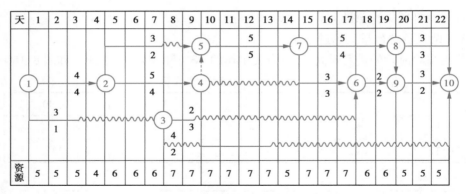

图 8.19　某工程进度计划图（四）

8.3.3　工期-成本调整

【案例】

某项目网络计划如图 8.10 所示,计划工期 210 d,在项目进展到 95 d 时检查发现,工作 4—5 之前的工作已经全部完成,工作 4—5 刚开始,即已拖后 15 d 开始。工作 4—5 是关键工作,其拖后将使总工期延长 15 d。为使该项目按期完成,需要调整工作 4—5 及以后各工作进度。调整原则一要满足工期要求,二要使增加费用最低。图 8.20 中,箭线上方是相应工作的调整费率,即每压缩一天需要增加的费用;箭线下方是该工作正常持续时间,括号内是该工作最短持续时间。

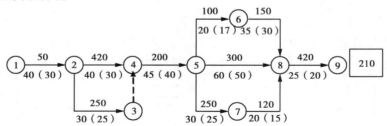

图 8.20　某项目网络计划图(一)

【解】　尚未进行的关键工作是 4—5、5—8 和 8—9,按费率最低的原则,选择调整对象。

①由于三项关键工作中,费率最低的工作是 4—5,因此选择工作 4—5 作为第一次调整的对象(图 8.21)。

a.确定调整时间:工作 4—5 有 5 d 的调整余地,且调整 5 d 不会改变关键线路,因此确定用足 5 d 的调整时间;

b.调整结果:总工期缩短了 5 d,即 210+15−5 = 220 d;增加费用 1 000 元,即 5×200 = 1 000 元。

②剩余的两项关键工作 5—8 和 8—9 中,工作 5—8 费率最低,因此可选择工作 5—8 作为第二次调整的对象(图 8.22)。

a.确定调整时间:工作 5—8 可调整余地为 10 d,但考虑到与之平行作业的其他工作,它们的最小总时差只有 5 d,所以只能先压缩 5 d;

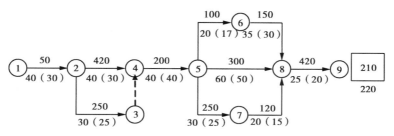

图 8.21 某项目网络计划图(二)

b. 调整结果:总工期又缩短了 5 d,即 220−5＝215 d,需增加费用 1 500 元,即 300×5＝1 500 元。本次调整的结果,使关键线路发生了变化,即除了工作 5—8 和 8—9 是关键工作外,工作 5—6 和 6—8 也变成了关键工作。

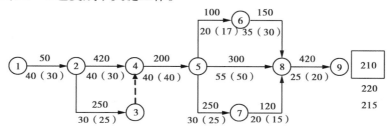

图 8.22 某项目网络计划图(三)

③在工作 5—6 和 6—8 中选择费率最小的工作与工作 5—8 同时调整。则第三次的调整对象为工作 5—6 和工作 5—8(图 8.23)。

a. 确定调整时间:5—6 工作可压缩 3 d,5—8 工作可压缩 5 d,最终确定压缩 3 d;

b. 调整结果:总工期再缩短 3 d,即为 215−3＝212 d,需增加费用为 1 200 元,即 3×100＋3×300＝1 200 元。本次时间的调整并未影响关键线路。

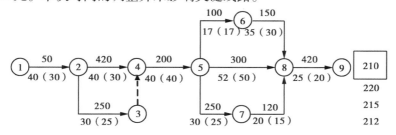

图 8.23 某项目网络计划图(四)

④需要再缩短 2 d 工期,才能满足计划工期的要求,为此要进行第四次调整。同时压缩工作 5—8 和工作 6—8,其费用增加率为 300＋150＝450 元/天。若单独压缩工作 8—9,则增加费率为 420 元/天。因此可选择工作 8—9 作为本次调整对象(图 8.24)。

a. 确定调整时间:工作 8—9 可以压缩 5 d,不过满足计划工期要求的压缩天数仅为 2 d,故确定压缩 2 d;

b. 调整结果:总工期为 210 d,即 212−2＝210 d,需增加费用为 840 元,即 2×420＝840 元。

至此,总工期一共压缩了 15 d,恢复到原先的 210 d 计划工期,但付出的代价是多增加了项目费用,总额为 1 000＋1 500＋1 200＋840＝4 540 元。

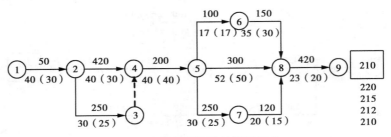

图 8.24 某项目网络计划图(五)

项目小结

（1）项目进度计划检查是进度计划控制基础,主要包括横道图检查、S形曲线检查、前锋线检查与列表检查等方法,涉及日常检查与定期检查方法。

（2）项目进度计划调整与控制是进度计划管理的主要内容。项目进度计划的调整与控制包括关键线路调整、非关键线路调整、工期费用优化等方法。关键线路是项目进度计划调整与控制的关键因素,需要注意关键线路可能会发生变化,即关键线路可能变为非关键线路,而非关键线路也可能变为关键线路。

思考与练习

8.1 什么是项目进度控制? 主要包括哪些内容?

8.2 项目进度计划检查主要包括哪些内容与哪些方法?

8.3 简述项目进度进度计划控制的方式方法。

8.4 简述项目进度计划控制的工期-费用优化方法及其步骤。

参考文献

［1］蔡雪峰.建筑施工组织［M］.武汉:武汉理工大学出版社,1999.

［2］周国恩.工程施工组织［M］.北京:北京大学出版社,2010.

［3］张迪,申永康.建筑施工组织与管理［M］.北京:科学出版社,2017.

［4］徐伟.施工组织设计计算［M］.北京:中国建筑工业出版社,2011.

［5］中国建筑技术集团有限公司.GB/T 50502—2009:建筑施工组织设计规范［S］.北京:中国建筑工业出版社,2009.

［6］江苏中南建筑产业集团有限责任公司,东南大学.JGJ/T 121—2015:工程网络计划技术规程［S］.北京:中国建筑工业出版社,2015.

［7］刘创,周千帆,许立山,等.“智慧、透明、绿色”的数字孪生工地关键技术研究及应用［J］.施工技术,2019,48(1):4-8.